myBook+

Ihr Portal für alle Online-Materialien zum Buch!

Arbeitshilfen, die über ein normales Buch hinaus eine digitale Dimension eröffnen. Je nach Thema Vorlagen, Informationsgrafiken, Tutorials, Videos oder speziell entwickelte Rechner – all das bietet Ihnen die Plattform myBook+.

Und so einfach geht's:

- Gehen Sie auf **https://mybookplus.de**, registrieren Sie sich und geben Ihren Buchcode ein, um auf die Online-Materialien Ihres Buchs zu gelangen
- **Ihren individuellen Buchcode finden Sie am Buchende**

Wir wünschen Ihnen viel Spaß mit myBook+ !

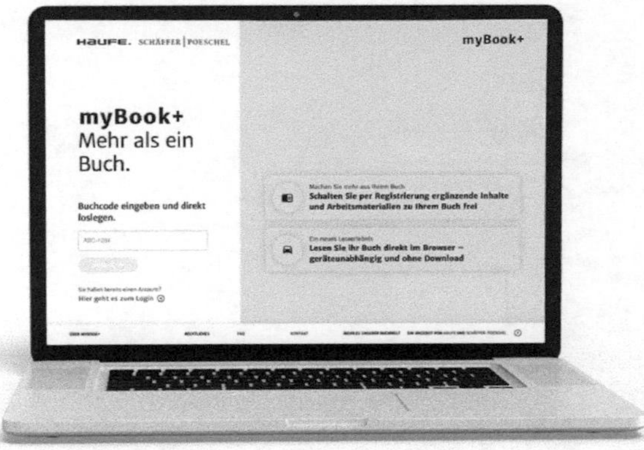

https://mybookplus.de

Best-Ager-Marketing

Hartwin Maas

Best-Ager-Marketing

Wie man die Zielgruppe 50plus verstehen und erreichen kann

1. Auflage

Haufe Group
Freiburg · München · Stuttgart

Bibliografische Information der Deutschen Nationalbibliothek

Die Deutsche Nationalbibliothek verzeichnet diese Publikation in der Deutschen Nationalbibliografie; detaillierte bibliografische Daten sind im Internet über http://dnb.dnb.de/ abrufbar.

Print: ISBN 978-3-648-16966-7 Bestell-Nr. 10953-0001
ePub: ISBN 978-3-648-16967-4 Bestell-Nr. 10953-0100
ePDF: ISBN 978-3-648-16968-1 Bestell-Nr. 10953-0150

Hartwin Maas
Best-Ager-Marketing
1. Auflage, Juni 2023

www.haufe.de
info@haufe.de

Bildnachweis (Cover): © iStock.com/stockfour

Produktmanagement: Kerstin Erlich
Lektorat: Maria Ronniger, Text+Design Jutta Cram, Augsburg

Inhaltsverzeichnis

Vorwort

»Quadratisch, praktisch, gut.« – »Merci, dass es dich gibt.« – »Ich bin doch nicht blöd.« – »Wohnst du noch oder lebst du schon?«

Wahrscheinlich können Sie den einen oder anderen Werbespruch vervollständigen. Es ist schließlich nahezu ein Ding der Unmöglichkeit, bei der täglichen Flut an einströmenden Werbebannern beim Surfen, beim Öffnen des E-Mail-Postfachs, beim Gang durch die Stadt oder beim abendlichen Zappen oder Netflixen den Fängen der Werbeindustrie zu entkommen. Sie lungert an allen Ecken und Enden, um uns ihre großartigen Produkte schmackhaft zu machen. Sie überzeugt uns, dass Schokolade gut, weil praktisch und quadratisch ist, kurzerhand beschenken wir am nächsten Morgen unseren verdutzen Kollegen mit Schokolade, zu Hause checken wir die Technik-Neuheiten und befördern endlich mal den nadeligen Weihnachtsbaum vor die Tür, um die heimische Wohnung mit schwedischen Möbeln umzugestalten, denn jetzt haben wir Frühlingsgefühle. Der Geldbeutel ist gezückt, der Vertrag abgeschlossen, die Reise gebucht.

Was hier passiert, nennt sich Massenmarketing. Massenmarketing zielt darauf ab, möglichst viele Verbraucher durch Werbung zum Kauf anzuregen. Dabei ist egal, »wer« die Produkte kauft, denn die gesamte »Masse« an Käufern wird durch massenhaft Werbung adressiert. Ganz anders als zum Beispiel beim Nischenmarketing handelt es sich beim Massenmarketing um eine undifferenzierte Marktstrategie, die eine Marktsegmentierung im Vorfeld unterlässt. Die Produkte, die mittels Massenmarketings beworben werden, benötigen keine Marktsegmentierung: Denn es handelt sich meist um Produkte, die nahezu jeder Mensch benötigt oder gern einkauft, wie es beispielsweise bei Schokolade, Möbeln oder technischen Geräten der Fall ist. Also taucht die Werbung für diese Produkte auch in den Medien auf, die die meisten nutzen, wie Fernsehen, Radio oder im Internet. Das Alter der Kunden spielt dabei keine Rolle, denn schließlich brauchen oder mögen (fast) alle Menschen diese Produkte.[1]

So viel vorweg. Wer denkt, Best Ager könne man mit Produkten von der Stange locken und den Markt mit Massenprodukten zu überschwemmen sei erfolgreich, hat sich geschnitten. Das Gegenteil ist der Fall: Best Ager sind eine heterogene Zielgruppe – sie lassen sich nicht einfach in eine Schublade pressen. Sie haben viel zu viele unterschiedliche Eigenschaften und können deshalb unmöglich mittels einer undifferenzierten Marketingstrategie, wie dem Massenmarketing, eingefangen werden. Beispielsweise ist festzustellen, dass viele der Best Ager sich durch die Digitalisierung

1 Vgl. Fedorow, 2010, S. 42

ausgebremst fühlen, einige halten sogar am Status quo fest. Im Marketing werden die Schwerpunkte teilweise falsch gesetzt. Ob sich Angebote etablieren, hängt auch davon ab, ob Menschen aus der Gruppe der Best Ager überzeugt werden können. Um Schwerpunkte richtig zu setzen, ist ein ganzes Bündel an Maßnahmen notwendig, beginnend mit der eigenen Standortbestimmung.

Wenn wir die Best Ager für uns gewinnen wollen, brauchen wir ein feineres Netz. Genau dieses Netz soll dieses Buch sein. Möglichst kleinteilig begibt es sich auf die Spuren der Best Ager. Gemeinsam wollen wir die Altersgruppe kennenlernen und uns ihren Facetten widmen. Dabei hilft mir meine Profession als Forscher am Institut für Generationenforschung. In unserem Team aus Soziologen, Psychologen, Philosophen und Wirtschaftswissenschaftlern untersuchen wir seit 2018 das Verhalten und die Wahrnehmungen unterschiedlicher Generationen. Dabei wissen wir: Jede Generation hat ihre Eigenheiten, die auf einen Großteil der Menschen innerhalb dieser Generation zutreffen. Aber niemals auf alle! Genau das ist die Schwierigkeit, wenn wir etwas über die Best Ager herausfinden wollen. Sie passen eben nicht alle in eine Schublade.

Hinweis

Aktuelle Beiträge und Forschungsergebnisse des Instituts für Generationenforschung finden Sie hier: https://www.generation-thinking.de/maas-medien-generationz

Doch wer sind die Best Ager eigentlich? Der Begriff »Best Ager« kommt aus dem Marketing und ist ein sehr unscharfer. Er wird in vielen unterschiedlichen Kontexten verwendet und verschieden definiert. Was allen Begriffsdefinitionen jedoch gemeinsam ist: Der Begriff »Best Ager« bezeichnet Menschen, die im wahrsten Sinne des Wortes »im besten Alter« sind. Er bezieht sich immer auf das Alter – genauer: auf ein fortgeschrittenes Alter. Wo genau diese Altersgrenze zu den Best Agern liegt, ist unklar. Im Allgemeinen werden alle über 50-Jährigen durch den anglisierten positiv klingenden Begriff »Best Ager«[2] definiert. Es ist eine Bezeichnung, die jeder Mensch einmal erhalten wird, wenn er sich in einem bestimmten Alter befindet. »Im besten Alter« sind sie genau deswegen, weil das Wohlstandsniveau bei den über 50-Jährigen so hoch ist wie bei keiner anderen Alterskohorte. Sie sind »im besten Alter« zu konsumieren – und daher auch für das Marketing so interessant. Best Ager sind kaufkräftig, konsumfreudig, qualitätsbewusst.

Die gegenwärtigen Best Ager sind Angehörige der Generation Babyboomer, der größten Alterskohorte seit dem Zweiten Weltkrieg. Über 30 Millionen Menschen in Deutschland sind über 50. Doch diese sind nicht alle Best Ager! Denn etwa ab dem

2 Im englischsprachigen Raum wird der Begriff »Over-50s« verwendet, den Begriff »Best Ager« gibt es dort nicht. Er ist eine deutsche Erfindung.

71. Lebensjahr ist ein Rückgang des individuellen Konsums festzustellen. Weniger Lebensmittel, Dienstleistungen, Reisen, Technik… Beispielsweise nehmen die Ausgaben für Reisen direkt nach Renteneintritt um ca. 6 Prozent zu, sinken aber ab dem 71. Lebensjahr wieder. Die Alterskohorte der 50- bis 70-Jährigen bildet in diesem Buch die Hauptfokusgruppe für das Marketing.

Definition Best Ager

Der Begriff »Best Ager« wird verwendet, um eine Alterskohorte von Menschen zu beschreiben, die besonders kaufkräftig ist. In der Regel verfügen Menschen im Alter von 50 bis 70 Jahren über ein hohes Wohlstandsniveau und sind damit »im besten Alter« für hohe Konsumausgaben.

Das Buch ist wie ein Wegweiser: Es zeigt uns die Richtung an, in die wir auf dem Weg zu den aktuellen Best Agern gehen müssen, und zeigt mögliche Pfade auf, die wir bei den zukünftigen Best Agern einschlagen müssen – den Weg dorthin aber, den müssen wir selbst gehen. Auf unserer Reise können wir die Best Ager immer schon am Horizont erblicken. Sie sind schließlich auch unübersehbar. Als größte Alterskohorte seit dem Zweiten Weltkrieg stolpert man unweigerlich in nahezu allen Lebensbereichen über die Best Ager. Das wird auch noch einige Jahre so bleiben. Gegenwärtig dominieren sie immer noch viele Schlüsselpositionen in unserer Gesellschaft. Eine Marketingstrategie, die sich geschickt auf die Best Ager einstellt, kann für das Unternehmen ein Segen sein.

Im Buch wird dargestellt, welche Angebote es für die Best Ager gibt und welche fehlen. Sie finden Dos und Don'ts der Digitalisierung, konkrete Tools und Handlungsempfehlungen sowie Best-Practice-Beispiele mit Erfolgskriterien.

1 We are the champions? – Die aktuellen Best Ager

»We are the champions« – einer der bekanntesten Songs bei Siegerehrungen. Ein Song, der 1977 von Queen produziert wurde. Brian May, ein Bandmitglied von Queen, erzählte der Daily Mail über den Song: »We wanted to get the crowds waving and singing. It's very unifying and positive.«[3] Der Song sorgt für Gänsehaut und transportiert ein großartiges Gemeinschaftsgefühl, zumindest für den Moment. Als dieser Song herauskam, waren die jüngsten der heutigen Best Ager noch Kinder und die älteren Best Ager im Jugendalter. Knapp 50 Jahre ist es her und noch immer ist »We are the champions« bei allen Generationen bekannt.

Nichts beschreibt wohl besser die demografische Lage der Best Ager in Deutschland als dieser Song. Die Best Ager sind die unschlagbaren Champions der Soziodemografie: Da die Best Ager die Alterskohorte der 50- bis 70-Jährigen umfasst, können sie der Generation der Babyboomer zugeordnet werden. Und die hat es zahlenmäßig in sich: Sie ist mit Abstand die größte Jahrgangskohorte in der Bundesrepublik. Nach dem Zweiten Weltkrieg kam es zu einem sprunghaften Anstieg der Geburtenrate in Deutschland – dem Babyboom. Gestoppt wurde der quantitative Siegeszug der Alterskohorten 1950 bis 1968 erst, als 1968 die sogenannte Antibabypille erfunden wurde. Betrug die Geburtenrate bis 1968 pro Familie noch etwa 2,5 Kinder, sank sie danach unter 1,5 Kinder pro Familie. Heute sind es durchschnittlich 1,3 Kinder pro Familie.

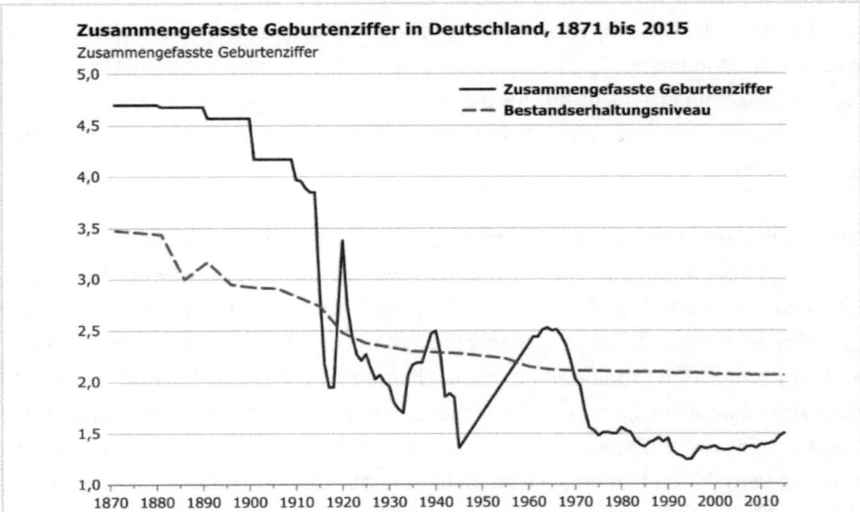

Abb. 1: Zusammengefasste Geburtenziffer in Deutschland, 1871 bis 2015 (Quelle: Statistisches Bundesamt, Europarat, Berechnungen verschiedener Autoren)

3 Vgl. Mayer, 2022, o. S. zitiert nach Daily Mail, 1978, o. S.

Champions sind die Best Ager durch ihre zahlenmäßige Dominanz bis heute: Sie bekleiden noch immer einen Großteil der Schlüsselpositionen in unserer Gesellschaft. Sei es in der Wirtschaft oder in der Politik – Jahrelang hatten die Babyboomer die Chance, der Gesellschaft ihren Stempel aufzudrücken. Die polemische Darstellung aus Social Media: »Boomer vs. Gen Z« kommt nicht von ungefähr. Schließlich bringt Dominanz immer Macht mit sich und Macht kann dafür sorgen, dass die Ansprüche anderer Generationen beschnitten werden. Für eine positive wirtschaftliche Entwicklung sind die Babyboomer dennoch ein Muss. Denn gehen sie in Rente, hinterlassen sie ein Vakuum, dass durch die vergleichsweise wenigen Personen, die aus der Generation X nachrücken, zahlenmäßig nur schwer gefüllt werden kann. In den kommenden Jahren wird sich das in einer Überlastung des Rentensystems niederschlagen.

Doch so unkompliziert, wie die aktuelle Situation der Best Ager erscheinen mag, hatten sie es nicht immer. Denn die Führungspositionen mussten erst einmal gegenüber vielen anderen behauptet werden. »Ellenbogenmentalität« heißt die Eigenschaft, die einigen von ihnen bis heute nachgesagt wird. Sich selbst den Weg freizuschaufeln war für die Babyboomer bereits in der Jugendphase ein Thema: Die Jugend der Babyboomer war geprägt vom intensiven Wunsch, sich von den Eltern abzugrenzen. Jugendliche lehnten sich auch gegen gesellschaftliche Normen und Werte auf – und gegen das, was im boomenden Nachkriegsdeutschland politisch nicht aufgearbeitet war: die Nazivergangenheit und die Tatsache, dass viele Nazis unbestraft blieben und ohne persönliche Einbußen wieder in das gesellschaftliche System integriert worden waren. Die 68er revoltierten, die APO und auch die RAF entstanden. Doch viele kehrten nach ihrem Studium der Revolution den Rücken und kletterten mit neuen Idealen die Karriereleiter hinauf – nicht nur für das eigene Selbstwertgefühl, sondern vor allem auch für den Nachwuchs. Die Babyboomer wollten, dass es ihren Kindern mal besser ginge als ihnen.

Die Babyboomer sind in einer sehr progressiven Zeit groß geworden. Der Zweite Weltkrieg lag hinter ihnen und vor ihnen lag der wirtschaftliche Erfolg Deutschlands. So hatte der VW-Konzern in den 1950er-Jahren den millionsten Käfer verkauft. *Made in Germany* wurde von einem ursprünglich von den Engländern eingeführten Warnhinweis vor schlechten Produkten aus Deutschland zur weltweiten Qualitätsmarke. Mit dem wirtschaftlichen Erfolg kamen auch Freiheit, Wohlstand und Sicherheit und, wie beschrieben, die Antibabypille. Diese sorgte nicht nur für ein Ende des Babybooms, sondern verhalf den Frauen auch zu mehr Selbstbestimmung. Die tradierten Tugenden wie Fleiß und Ehrgeiz taten ein Übriges: Die Generation der Babyboomer wollte Karriere machen und den neu erworbenen Wohlstand sichern.

Abb. 2: Bevölkerungsentwicklung in der Bundesrepublik Deutschland (Quelle: Statistisches Bundesamt)

Die Babyboomer teilen durch ihren ähnlichen Geburtszeitpunkt gemeinsame Erfahrungen. Die gemeinsamen Erfahrungen wiederum führten dazu, dass die Babyboomer ähnliche Einstellungen, Meinungen und Wahrnehmungen der Welt herausbildeten. Die wissenschaftliche Disziplin, die sich mit der Frage beschäftigt, wie aus ähnlichen Geburtszeitpunkten ähnliche Merkmale werden, ist die Generationenforschung. Sie geht im Wesentlichen auf den Soziologen Karl Mannheim zurück, der in seinem Essay »Das Problem der Generationen«[4] einen Entwurf erstellte, wie eine Generation entsteht. Eine Gruppe von Menschen, die die gleichen Möglichkeiten haben, bestimmte Erlebnisse zu verarbeiten, bezeichnet Mannheim als »Generationenlagerung«. Die gleichen Möglichkeiten der Verarbeitung der Erlebnisse resultieren daraus, dass die Gruppenmitglieder zu einem ähnlichen Zeitpunkt geboren sind – Mannheim nahm hierfür eine Zeitspanne von 15 Jahren an, in denen man von ähnlichen Verarbeitungschancen ausgehen kann. Wenn eine Generationenlagerung dann tatsächlich ähnliche oder gleiche Erfahrungen macht, spricht man von einem »Generationenzusammenhang«. Und wenn die ähnlichen oder gleichen Erlebnisse nicht nur ähnlich verarbeitet werden, sondern in gemeinsamen politischen, sozialen oder weltanschaulichen Perspektiven auf die Welt münden, ist das dritte Merkmal der Generationeneinheit erreicht.[5] Folgt man der These von der 15-Jahres-Einteilung, so lassen sich nach der Generation der Babyboomer nacheinander die Generation X, dann Y und Z und schließlich die Generation Alpha ausrufen.

4 Mannheim, 1927
5 Maas, 2021b

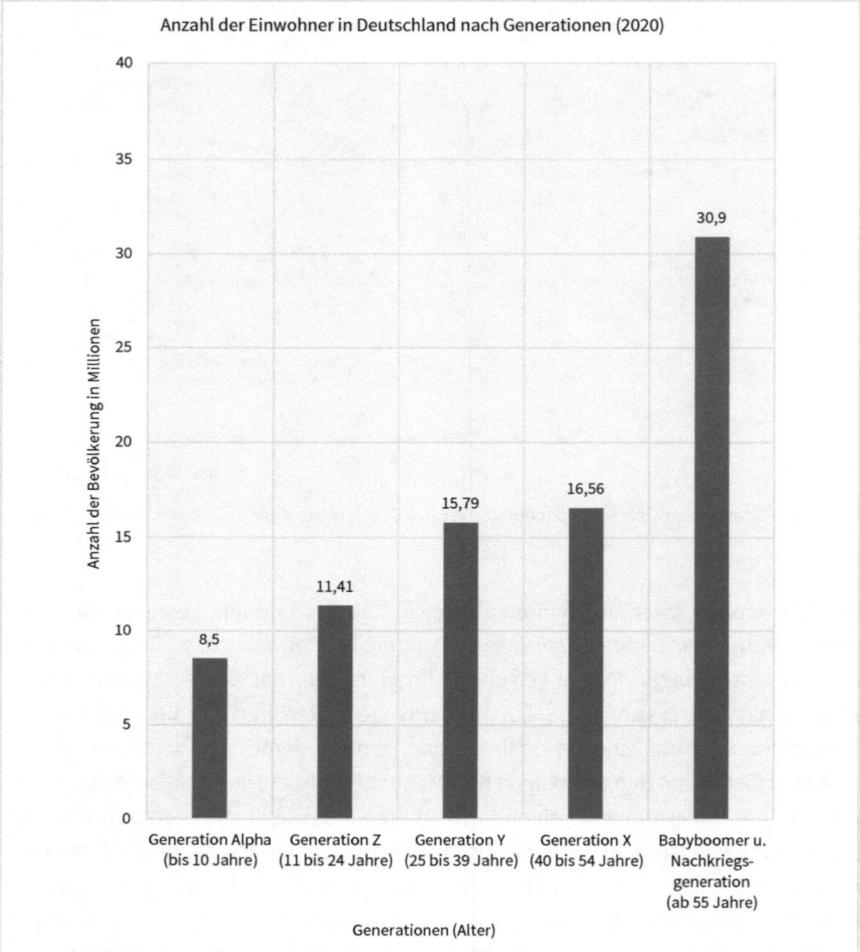

Abb. 3: Anzahl der Einwohner in Deutschland nach Generationen (2020, eigene Darstellung auf Basis der Daten des Statistischen Bundesamts)

Was leider dabei oft vergessen wird: Mannheims Theorie der Generationen fußt auf seiner Beobachtung seiner Zeit. Dass sich Generationen also periodisch ausrufen lassen, ist keineswegs ein Naturgesetz und muss erst einmal empirisch begründet werden. Kein Wunder, dass sich die Generationenforschung häufig der Kritik ausgesetzt sieht, Merkmale zu pauschalisieren und viele Menschen in eine »Schublade« zu schieben. Das ist eine Gefahr, der die Generationenforschung entgeht, indem sie »Alterseffekte« von »Generationeneffekten« trennt. Alterseffekte beschreiben Merkmale, die sich in Abhängigkeit des Alters entwickeln. Jugendliche werden sich in der Pubertät beispielsweise häufig »rebellisch« verhalten, auch wenn sie zu unterschiedlichen Zeitpunkten geboren wurden. In einem höheren Alter werden viele Jugendliche bestimmte Verhaltensweisen abgelegt haben. Ein Generationeneffekt zeichnet sich dagegen dadurch aus, dass die Merkmale exklusiv für eine bestimmte Alterskohorte zutreffend und zeitlich stabil sind. Daher muss die Generationenforschung Merkmale immer mit anderen Alterskohorten vergleichen und untersuchen, ob die Merkmale einer Altersgruppe auch biografisch stabil sind.

2 Von den guten alten Zeiten: Das Potenzial der Best Ager nutzen

»Jeder Versuch, das Produkt zu modernisieren, wird von den Kunden grandios abgelehnt«, berichtete der Geschäftsführer Darren Ehlert über seine Fruchtkaramellen, die offiziell »Böhme Fruchtkaramellen« heißen, der Süddeutschen Zeitung. Seit Jahrzehnten ist das kleine Fruchtkaramell, vielen unter dem Namen »Pfennig-Bonbon« bekannt, ein Verkaufsschlager. Best Ager kennen es schon seit ihrer Kindheit. Auf die Frage, warum Menschen so emotional auf die Bonbons reagieren, antwortete Ehlers: »So genau wissen wir es auch nicht. Wir machen ja praktisch keine Werbung. Die Leute berichten von Erinnerungen an ihre Kindheit, dass sie die Frukas mit ihren Eltern verbinden oder mit dem ersten Besuch bei der Bank oder beim Friseur.«[6]

Wie schafft man es, positive Kindheitserinnerungen an neue Produkte oder Dienstleistungen zu knüpfen? An Produkte, die es in der Kindheit oder Jugendzeit der Best Ager noch nicht gab, wie es beim iPhone, dem Wellnessurlaub, dem Saugroboter oder dem Elektroauto der Fall ist? Genau das ist die Kunst des Best-Ager-Marketings.

2.1 Veränderung des Älterwerdens

Gegen den *Hallux valgus* spezielle Schuheinlagesohlen und Zehenschienen für die Nacht, Anti-Aging-Cremes gegen Falten, Tränensäcke und müde Augen, Haftkleber, damit die Dritten auch dem Biss in den knackigen Apfel standhalten, und straffende Bodylotion gegen Orangenhaut … Auch wenn man von diesen Problemen bisher verschont geblieben ist, möchte man in der Werbung nicht unbedingt auf mögliche Schwierigkeiten und Einschränkungen hingewiesen werden. Das kann sogar diskriminierend wirken. Schließlich ist die defizitäre Darstellung nicht mit positiven Erinnerungen verknüpft. Ganz im Gegenteil, sie ruft negative Assoziationen wie Abbau, Verfall und Bedrohung hervor und sollte deshalb vermieden werden. Wohl kaum jemand möchte sich eingestehen, dass er oder sie diese Produkte benötigt.

Werbung für diese Produkte muss etwas geschickter vorgehen. Sie muss den Menschen ein gutes Gefühl vermitteln. Und das schafft man bei den Best Agern am besten, indem man an vergangene positive Erinnerungen anknüpft. Vermutlich erinnern auch

6 Vgl. Süddeutsche Zeitung, 2023, o. S.

Sie sich am ehesten an Erfahrungen aus Ihrer Kinder- und Jugendzeit. Grund hierfür ist, dass das menschliche Gehirn in seiner Entwicklungsphase noch relativ »offen« für neue Eindrücke ist. Das heißt, alles, was in der Entwicklungszeit auf das Gehirn einwirkt, wird besonders intensiv verarbeitet. Diese Eindrücke hinterlassen »Spuren«, die lebenslang die Pfade vorgeben, wie Eindrücke aus der Umwelt wahrgenommen und verarbeitet werden. Kinder und Jugendliche werden in der Regel durch Emotionen begeistert und nicht durch rein rationale Informationen. Genau diese Erlebnisse prägen sich besonders gut in das Gehirn ein. An die Erlebnisse und die damit verbundenen Emotionen in der Zeit zwischen dem 30. und 40. Lebensjahr hingegen erinnern wir Menschen uns weniger intensiv.

Die Wirkung emotionaler Erlebnisse

Sind Erlebnisse mit Emotionen verknüpft, hinterlassen sie größere »Spuren« im Gehirn als Erlebnisse ohne Emotionen – gerade in der Kindheit und Jugend.

Das kann sich das Marketing zunutze machen, indem es ganz bewusst positive vergangene Erinnerungen aus der Kinder- und Jugendzeit hervorhebt. Besonders an positive Erlebnisse erinnern wir uns intensiv. Daher ist es für ältere Menschen auch ein Kompliment, wenn sie beispielsweise jünger eingeschätzt werden, als sie tatsächlich sind. Schließlich ist ein junges Alter mit positiven Erinnerungen verbunden.

»Forever Young« oder die Abkürzung »YOLO«, was »You only live once« bedeutet, könnten, überspitzt gesagt, die Mottos der heutigen Best Ager sein. Nach dem Beruf in der Rente nochmals neu anzufangen ist heute normal geworden. Man könnte meinen: Gesellschaftlich wird es geradezu eingefordert, für immer jung zu sein. Alter ist ein Tabu? Man denke nur an Weltstars wie Madonna: Falten werden nicht mehr akzeptiert. Sportliche Grenzen werden auch im Alter ausgetestet. Mit 70 das erste Mal die Joggingschuhe zu schnüren ist keine Seltenheit. Mit 80 Jahren nochmals auf den Kilimandscharo oder mit 90 eine Weltreise. Ja, der älteste Blogger in Deutschland ist mittlerweile über 100 Jahre alt.[7] Das Institut für Generationenforschung hat die Menschen in Deutschland im Jahr 2023 gefragt, wie alt sie sich fühlen. Das gefühlte Alter wurde dem tatsächlichen Alter gegenübergestellt.

7 https://opaerzaehldochmalblog.wordpress.com/2022/08/21/der-hundertjahrige-schreibt-weiter/

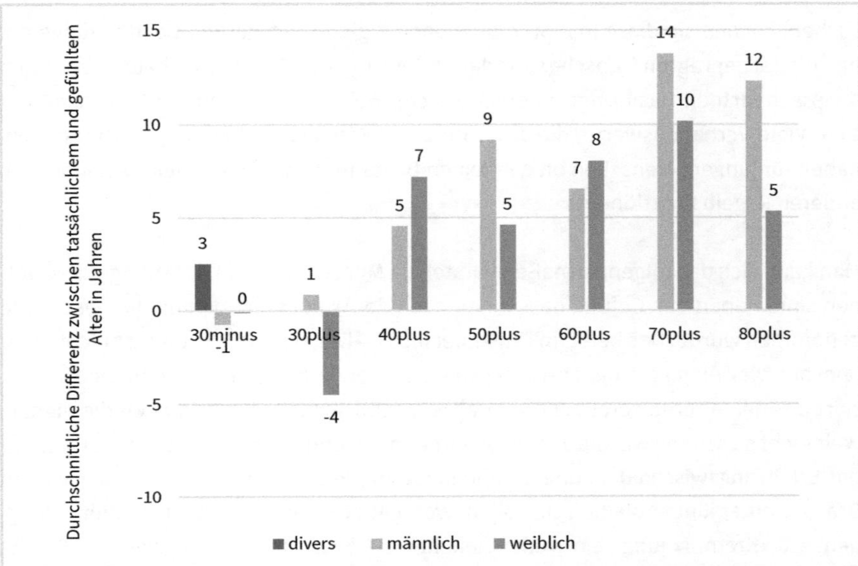

Abb. 4: Gegenüberstellung von gefühltem und tatsächlichem Alter deutscher Bundesbürger (n = 1.006; Befragungszeitraum: Februar 2023)

Zieht man das gefühlte Alter vom tatsächlichen Alter ab, ergibt sich eine Differenz. Die bedeutet zum Beispiel, dass sich Männer im Alter zwischen 30 und 39 Jahren in der Regel ein Jahr jünger fühlen, als sie tatsächlich sind, Frauen jedoch durchschnittlich vier Jahre älter. Männer zwischen 40 und 49 Jahren fühlen sich 5 Jahre und Frauen 7 Jahre jünger, als sie tatsächlich sind. Die Differenz zwischen empfundenem und tatsächlichem Alter nimmt mit steigendem Alter zu. Je älter Menschen sind, desto eher schätzen sie sich jünger ein. Oder in anderen Worten: Ein heute 50-Jähriger fühlt sich näher an der 40 als an der 50 und ein 60-Jähriger fühlt sich eher wie 50. Zwar sind die Best Ager zwischen 50 und 70 Jahre alt, fühlen sich aber eher so, als wären sie zwischen 40 und 60. Und die meisten der 40- bis 60-Jährigen stehen noch in der Rushhour des Lebens, sind sportlich aktiv und kommen zahlreichen alltäglichen Verpflichtungen nach. Wer möchte da denn schon einen Gang zurückschalten und an das Alter denken? Genau das muss das Marketing berücksichtigen: Wer 50-Jährige will, muss Werbung für 40-Jährige schalten. Generell gilt: Für etwa 10 Jahre jüngere werben und man trifft die Zielgruppe der Best Ager ganz gut.

Ein klarer Bruch zwischen den Best Agern und Jüngeren zeigt sich jedoch in puncto Digitalisierung. Auch wenn man nicht älter werden will, hat man hier kaum eine Chance. Denn jüngere Menschen haben einen klaren Vorteil: Sie sind mit der Digitalisierung aufgewachsen. Die älteren dagegen mussten sich den Umgang mit digitalen Geräten aneignen. Während die jüngeren intuitiv digitale Geräte bedienen können, wird die Digitalisierung für die älteren Generationen immer etwas sein, was nachträglich hinzukam. Für sie ist ein Leben ohne digitale Geräte noch vorstellbar. Wenn sie Lösungen suchen, suchen sie diese in erster Linie ohne digitale Hilfsgeräte. Bei den jüngeren, den digital geprägten Menschen, ist das anders: Digitale Geräte sind häufig die ersten Ansprechpartner. Das bringt unterschiedliche Wahrnehmungen der Wirklichkeit mit sich. Viele Verhaltenswerte, die sich Ältere in der analogen Welt angeeignet haben, haben für jüngere Menschen oft gar keinen Bestand mehr, da der digitale Raum nach anderen Regeln funktioniert.

Man kann sich das folgendermaßen vorstellen: Menschen, die in der DDR groß geworden sind, haben das Gefühl, dass ihnen nach der Wiedervereinigung die Geschichte genommen wurde. Das heißt im Umkehrschluss: Alles, was passiert ist, ist nicht mehr relevant, weil niemand mehr in dieser Welt lebt, sondern in einer anderen. Und so passiert das den Älteren gerade: Es geht alles rasend schnell, Ältere können die digitale Welt nicht so schnell wie die Jungen wahrnehmen, und dann laufen sie hinterher. Nur das Erfahrungswissen der Jungen zählt in dieser Welt – und deswegen haben wir den Drang, immer jünger bleiben zu wollen. Wenn Ältere jedoch ihre Vergangenheit leugnen, auf »Krampf« jung sein wollen, leugnen sie auch ihr Erfahrungswissen. Das ist schade, weil ein Erfahrungsschatz verloren geht, von dem die Jüngeren profitieren könnten.

2.2 Einer kauft für vier

Laut Statistischem Bundesamt war die Alterskohorte von 50 bis 65 Jahren im Jahr 2021 die Altersgruppe mit dem höchsten Nettoäquivalenzeinkommen. Das Nettoäquivalenzeinkommen stellt das verfügbare Haushaltsgesamteinkommen geteilt durch die Summe der Bedarfsgewichte der Haushaltsmitglieder dar. So kann mithilfe des Nettoäquivalenzeinkommens ein personeller Wohlstandsindikator aus dem bedarfsgewichteten Pro-Kopf-Einkommen ermittelt werden.[8] Dieser Wert wurde im Dezember 2022 veröffentlicht, und da sich der Wert nur äußerst langsam verändert, wird davon ausgegangen, dass er im Jahr 2023 ähnlich hoch ist.

Der Wohlstandsindikator fällt bei der Altersgruppe von 50 bis 65 Jahren am höchsten aus. Diese Altersgruppe hat insgesamt mit 32.467 Euro das höchste Nettoäquivalenzeinkommen. Selbst wenn man das durchschnittliche Nettoäquivalenzeinkommen der Altersgruppe 50plus aus den Altersgruppen 50–65 Jahre und 65 und älter ermittelt, übersteigt dieses mit 28.786 Euro jährlich das der Altersgruppe von 18 bis 50 Jahren, die mit durchschnittlich 28.337 Euro jährlich weniger Einkommen zur Verfügung hat, das sie ausgeben kann.[9]

8 Vgl. Bäcker/Kistler, 2021
9 Statistisches Bundesamt, 2022, S. 23

Alter (von ... bis ... Jahren)	Nettoäquivalenzeinkommen Durchschnitt pro Jahr
18–25	25.622 €
25–50	31.052 €
50–65	32.467 €
65 und älter	25.105 €

Ausschnitt aus Tabelle Statistisches Bundesamt 2022

Wenn wir uns nun zusätzlich die Bevölkerungspyramide für Deutschland vor Augen führen, wird nochmals die Bedeutung der 50- bis 65-Jährigen im Zusammenhang mit den Konsumausgaben der Bevölkerung bekräftigt. Mit über 40 Prozent bezogen auf die deutsche Gesamtbevölkerung lebten mit Stand 2021 über 34 Millionen Menschen in Deutschland, die älter als 50 Jahre waren.[10] Die Zielgruppe der über 50-Jährigen macht damit annähernd die Hälfte der gesamten Bevölkerung in Deutschland aus. Aufgrund der anhaltend niedrigen Geburtenrate und der steigenden Lebenserwartung wird diese Altersgruppe in den kommenden Jahren die Hälfte der Gesamtbevölkerung in Deutschland ausmachen. Dies zeigt noch einmal, wie bedeutend die Best Ager für den Handel sind. Doch was kaufen die Best Ager mit ihrem verfügbaren Kapital?

Um das herauszufinden, ist es wichtig, die Best Ager im gesellschaftlichen Kontext einzubetten.

Die Rollen der Best Ager

Der Mensch als »homo sociologicus« ist Träger sozial vorgeformter Rollen.[11] Diese Rollen bringen verschiedene Rollenerwartungen mit sich. Diese Rollen und die damit verbundenen Rollenerwartungen existieren unabhängig von der Person, die sie innehat.

Das bedeutet, dass beispielsweise die Rolle der Großmutter und die damit verbundenen Rollenerwartungen innerhalb der Gesellschaft weitgehend unabhängig von Frau X bestehen.[12] Die Rollen, die die Altersgruppe 50plus verkörpert, können daher Indizien dafür sein, wofür diese Altersgruppe ihr Geld ausgibt. Denn das Umfeld formt die Rollen, stellt Rollenerwartungen und lässt auch Ansprüche an die eigene Rolle entstehen. Die sozialen Kontakte, die ein Mensch pflegt, tragen somit wesentlich dazu bei, welche Interessen er verfolgt und welche Produkte er konsumiert. Die

10 Vgl. Statista, 2021
11 Vgl. Dahrendorf, 1986, S. 133
12 Vgl. Dahrendorf, 1974 (1958), S. 30

verschiedenen Rollenbilder sollen anhand eines anschaulichen Beispiels geschildert werden.

Rollenbilder und Rollenerwartungen

Als Beispiel dient eine durchschnittliche Frau in Deutschland im Alter von 58 Jahren und ihr drei Jahre älterer Ehemann. Dieses durchschnittliche Ehepaar hat heutzutage zwei bis drei bereits erwachsene Kinder. Sie sind also Eltern. Auch wenn sie mit ihren mittlerweile erwachsenen Kindern nicht mehr in einem Haushalt leben, sind eine gewisse Fürsorge und Unterstützung noch immer an ihre Rollenbilder als Mutter und Vater geknüpft. Die erwachsenen Kinder haben wiederum auch schon Kinder. Im Durchschnitt werden Frauen in Deutschland mit 56 Jahren Großmutter und bekommen im Laufe der Jahre durchschnittlich 4,1 Enkelkinder.[13] Die 58-jährige durchschnittliche Frau ist also auch Großmutter. Mit einer durchschnittlichen Lebenserwartung von über 80 Jahren ist die Zeitspanne, in der sie Großmutter ist, sehr lang. Ähnliches gilt auch für den durchschnittlichen in Deutschland lebenden Mann. Zwar werden Männer im Durchschnitt etwa drei Jahre später Großvater und haben eine etwas geringere Lebenserwartung als Frauen, womit die Zeitspanne mit den Enkelkindern etwas verkürzt ist, dennoch bleiben den durchschnittlichen Männern auch über 20 Jahre, in denen sie Zeit mit ihren Enkelkindern verbringen können.[14]

Heutzutage übernehmen sowohl die Großmütter als auch die Großväter nicht nur die Rolle des Geschichtenvorlesers. Großeltern haben ebenso die »Rolle als Ersatzeltern, Erziehungsberechtigte, Wertevermittler oder Betreuer des Nachwuchses inne«.[15] Hinzu kommt, dass Großeltern die Familie in familiären Krisensituationen unterstützen und auch in finanziellen Notlagen monetär entlasten. Im Fall einer plötzlichen Arbeitslosigkeit der eigenen Kinder beispielsweise greifen die Großeltern der Familie mit finanziellen Mitteln unter die Arme.[16] Damit nehmen die eigenen Kinder die wichtigste Position bei innerfamilialen Transferleistungen ein. Daran anschließend belegen die Enkelkinder die zweitwichtigste Position bei Transferleistungen im familialen Gefüge.[17] Dies spiegelt sich auch in einer Befragung von 107 Großeltern wider. Demnach bedeutet »ein Großkind zu haben« für 94 Prozent der Befragten – und damit am häufigsten angegeben –»bereit zu sein, dieses zu unterstützen«, und 84 Prozent der Befragten

13 Vgl. Bucher, 2019, S. 27
14 Vgl. ebd., S. 30 f.
15 Jeller, 2019, S. 1.
16 Vgl. ebd., S. 32
17 Vgl. Igel, 2012, S. 144

wählten außerdem die Antwortmöglichkeit, »dass die Zukunft der Familie gesichert ist«.[18]

Neben Geldgeschenken unterstützen sie die erwachsenen Kinder meist auch bei größeren Anschaffungen, wie zum Beispiel der Einrichtung ihres Hauses oder der neuen Wohnung.[19] Die Erbringung von Geschenken an Enkelkinder ist für die Großeltern meist an ritualisierte Begegnungen geknüpft: Vor allem im Rahmen von Familienfesten wie Weihnachten oder Geburtstage bekommen Enkelkinder Geschenke von ihren Großeltern. Betont werden sollte hier außerdem, dass sich keine erkennbaren Unterschiede zwischen Großmüttern und Großvätern bei der finanziellen Unterstützung der Familie zeigen.[20]

Bei einer im Jahr 2013 durchgeführten Studie wurden 60.250 Eltern-Kind-Dyaden aus 13 verschiedenen Ländern befragt. Hierbei wurden im Speziellen die finanziellen Transferleistungen analysiert. Neben finanziellen Leistungen wurde auch die Übernahme von laufenden Kosten und größeren Geschenken berücksichtigt. Die Wissenschaftler fanden heraus, dass finanzielle Transferleistungen überwiegend »generationenabwärts« fließen. Die Großeltern unterstützen ihre eigenen Kinder insbesondere dann, wenn die Kinder ein geringes Einkommen haben oder sie bereits selbst Kinder haben.[21] Höpfinger et al. kamen in ihrer Studie über Großelternschaft zu dem Ergebnis, dass Großeltern eine finanzielle Unterstützung im Notfall häufig als wichtiges Rollenelement der Großelternschaft erachten. Die Erwartung einer finanziellen familialen Solidarität ist bei der älteren Generation stark ausgeprägt, obwohl die Kinder und Enkelkinder diesen Aspekt der innerfamiliären Beziehung weniger betonen.[22]

Häufig ist es so, dass Großeltern ihre Enkelkinder beschenken, wenn sie aufgrund ihres fortgeschrittenen Alters intergenerationelle Hilfe von ihren eigenen Kindern erhalten. Dadurch fühlen sich die Großeltern zumeist verpflichtet, den zeitlichen Aufwand finanziell zu entschädigen.[23] Die Altersgruppe 50plus besitzt auch die finanziellen Mittel, um den Enkelkindern Geschenke oder finanzielle Zuschüsse zukommen zu lassen. Und die Kinder und Enkelkinder schätzen diese materielle Seite der Großmütter und Großväter. Insbesondere das Mitbringen von Geschenken wird bei den Enkelkindern

18 Vgl. Crawford, 1981, S. 499–519
19 Igel, 2012, S. 145
20 Vgl. Jeller, 2019, S. 34
21 Vgl. Brandt/Deindl, 2013, S. 243 ff.
22 Vgl. Höpfinger et al., 2006, S. 93
23 Vgl. Igel, 2012, S. 166

sehr geschätzt. Das Schenken von materiellen Dingen fördert dabei die Herstellung der Enkelkind-Großeltern-Beziehung.[24]

Um nun wieder auf das eingangs thematisierte Beispiel zurückzukommen, kann festgehalten werden, dass dieses um die 60 Jahre alte Ehepaar auf dem Konsumentenmarkt auch mit Produkten für Personen im Alter ihrer Kinder und ihrer Enkelkinder angesprochen werden kann, da sie als Großeltern solche Produkte für ihre Kinder und Kindeskinder kaufen.

Durch die heutzutage hohe Lebenserwartung haben die Eheleute aus dem Beispiel auch selbst noch ein oder sogar zwei lebende Elternteile. Die Urgroßeltern befinden sich mit ca. 85 Jahren bereits im pflegebedürftigen Alter. Die Eheleute haben, auch wenn sie selbst schon Großeltern sind, noch immer die Rolle des Kindes inne, das nach den Jahren, in denen sich die Eltern um sie gekümmert haben, nun zumindest einen kleinen Teil der Fürsorge der Eltern zurückgibt.

An das Rollenbild des erwachsenen Kindes von pflegebedürftigen Eltern sind ebenso wie an andere Rollen Erwartungen geknüpft. Die finanzielle Verantwortung der Familie für die Belange von bedürftigen Eltern wird in Deutschland zwar eher gering eingeschätzt – zu diesem Ergebnis kam eine groß angelegte Studie des Staatsinstituts für Familienforschung an der Universität Bamberg mit 8.929 Befragten. Dennoch zeigen die nachfolgenden Ausführungen und weitere Studien, dass die Bedürfnisse der Best Ager bei Produkten für eine ältere Zielgruppe nicht außer Acht gelassen werden sollten. In den folgenden Ergebnissen waren alle Befragten über 50 Jahre alt. Daraus ging hervor, dass zwar lediglich 3,9 Prozent der Befragten in Deutschland der Meinung waren, dass allein die Familie für die finanzielle Unterstützung von bedürftigen älteren Menschen in der Verantwortung stehen sollte. Dass vor allem die Familie in der Verantwortung der finanziellen Unterstützung stünde, meinten nur 13,5 Prozent der Befragten. In Deutschland vertritt hingegen ein Großteil der Menschen (46,2 Prozent) die Meinung, dass sowohl die Familie als auch der Staat zu gleichen Teilen für die finanzielle Unterstützung von bedürftigen älteren Menschen aufkommen sollte.[25]

24 Vgl. Oerter, 2008, S. 16
25 Vgl. Adam/Mühling, 2014, S. 18

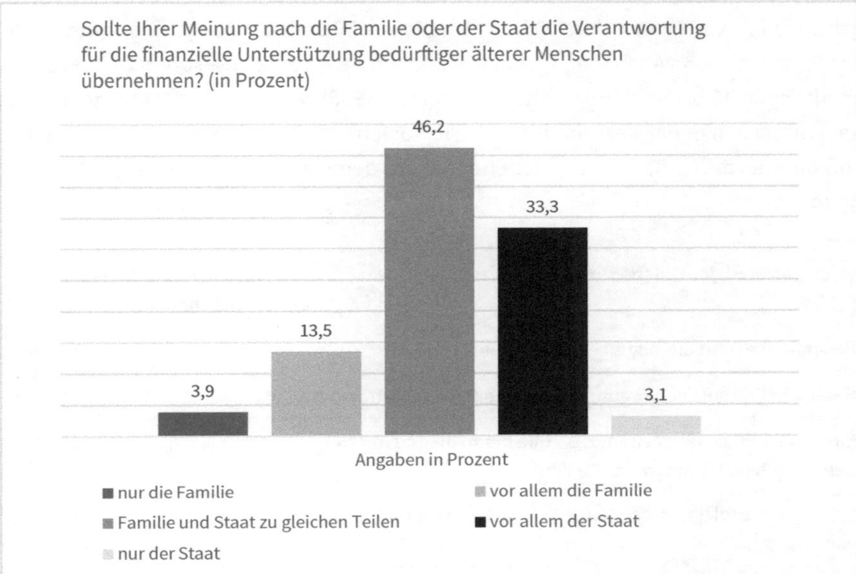

Abb. 5: Wer sollte für die finanzielle Unterstützung bedürftiger älterer Menschen aufkommen? (eigen Darstellung nach Adam und Mühling 2014, S. 18)

Auf die Frage, was das Beste für ältere Väter und Mütter sei, die wegen körperlicher oder seelischer Probleme den Alltag nicht mehr ohne regelmäßige Hilfe meistern können, antwortete etwa ein Viertel der Befragten: »Sie sollten bei einem ihrer Kinder leben«.[26] Etwa ein Drittel gibt an, dass »[e]ines ihrer Kinder [...] sie regelmäßig zuhause besuchen [sollte], um die notwendige Pflege zu leisten«.[27] Und knapp die Hälfte der Befragten entzieht sich der Verantwortung und stellt außerfamiliäre Dienstleister in die Verantwortung für bedürftige ältere Menschen.

Insgesamt wird in Deutschland die familiale Pflege von einem Großteil der Befragten präferiert. Und tatsächlich werden Pflegebedürftige in Deutschland primär durch Angehörige unterstützt. Diese Tatsache kongruiert mit der in Deutschland geregelten Pflegepolitik, die dem Regimetyp des explizierten Familialismus zuzuordnen ist. Die Angehörigen stellen die wichtigste Gruppe der Pflegepersonen innerhalb Deutschlands. Staatlich geförderte finanzielle Leistungen und Freistellungsregelungen unterstützen zwar ausdrücklich die Versorgung von pflegebedürftigen Menschen durch ihre Angehörigen, dennoch wird ein Großteil der Kosten von den Angehörigen getragen. Die folgende Tabelle zeigt die mittleren monatlichen Kosten für die Pflege von bedürftigen älteren Menschen, die für die Angehörigen anfallen. So müssen An-

26 Ebd., S. 21
27 Ebd.

gehörige für Kosten von durchschnittlich bis zu 500 Euro im Monat aufkommen.[28] In der Stichprobe von Adam und Mühling waren die Hauptpflegepersonen zu 33 Prozent im Alter von 40 bis 54 Jahren und zu 50 Prozent 55 Jahre und älter.[29] Damit zeigt sich, dass die Mehrheit der Personen, die für die Kosten von bedürftigen älteren Menschen aufkommen müssen, sich –wie das Ehepaar aus dem Beispiel – im Best-Ager-Alter befindet.

Höchster Grad der Hilfebedürftigkeit	**Mittlere monatliche Kosten für die Hilfe und Pflege**
Besorgungen und Erledigungen außer Haus	145,94 €
Haushaltsführung, Versorgung mit Mahlzeiten und Getränken	243,98 €
Einfachere Pflegetätigkeiten, z. B. Hilfe beim An- und Auskleiden, Waschen, Kämmen und Rasieren	312,20 €
Schwierigere Pflegetätigkeiten, z. B. Hilfe beim Umbetten, Stuhlgang usw.	489,20 €

Mittlere monatliche Kosten für Hilfe und Pflege nach Grad der Hilfebedürftigkeit (in €)
(Adam/Mühling, 2014, S. 38)

Da ein Großteil der Kosten für ältere Bedürftige von den Best Agern getragen wird und diese auch bis zu 40 Prozent der »Besorgungen und Erledigungen außer Haus«[30] tätigen, sollte beim Marketing von Produkten für diese Zielgruppe berücksichtigt werden, dass damit auch die Best Ager angesprochen werden, die diese Produkte für ihre pflegebedürftigen Angehörigen kaufen.

Ein letztes Mal soll hier auf das Best-Ager-Ehepaar aus dem Beispiel eingegangen werden, das mit circa 60 Jahren noch immer berufstätig ist und mitten im Leben steht: Für seine Kinder und Kindeskinder sowie für die eigenen Eltern gibt es eine nicht zu vernachlässigende Summe auf dem Konsumgütermarkt aus. Hinzu kommt, dass die berufstätigen Ehepartner auch für sich einkaufen. Sie möchten sich von ihren eigenen alten Eltern abgrenzen und durch verjüngungsversprechende Produkte jung und vital bleiben. Welche Produkte besonders ansprechend für die Generation 50plus ist und wie diese mit Erfolg vermarktet werden können, wurde bereits in den vorangegangenen Kapiteln besprochen.

28 Vgl. ebd., S. 38 f.
29 Vgl. ebd., S. 36
30 Ebd., S. 36

Eine Großmutter aus der Region Zürich sagte einmal im Interview: »Großmütter und Enkel haben, wenn sie beisammen sind, immer das gleiche Alter! Das heißt, Großmütter passen sich immer dem Alter der Enkelkinder an.«[31] Sowohl Großmütter als auch Großväter orientieren sich auf dem Konsumentenmarkt immer am jeweiligen Alter ihrer Angehörigen und kaufen nicht nur für sich, sondern auch für ihre Angehörigen.

Zusammenfassend kann festgehalten werden, dass die Generation 50plus also nicht nur für sich selbst einkauft, sondern auch als Konsument stellvertretend für die eigenen Kinder, Enkelkinder und Eltern auf dem Markt auftritt. Mit ihrer gewaltigen Kaufkraft sollten ihre Interessen und Bedürfnisse daher selbst bei Produkten, die nicht primär für sie als Zielgruppe bestimmt sind, dennoch berücksichtigt und miteingeschlossen werden. Wie sich anschaulich gezeigt hat, kauft diese eine Generation tatsächlich für vier Generationen ein. Zu Recht können die Best Ager daher als Vier-Generationen-Einkäufer bezeichnet werden.

2.3 Wenn die Babyboomer Best Ager werden: Seniorenmarketing

Die Preisschilder sind doppelt so groß wie gewöhnlich. Alle Waren stehen auf einer angenehmen Höhe – so, dass sich niemand bücken muss. Das Licht im Eingangsbereich ist nicht grell, sondern etwas schummerig. Die Augen haben Zeit, sich an die Lichtverhältnisse im Laden zu gewöhnen. Alle Gänge sind breit, sodass man bequem mit dem Einkaufswagen rangieren kann. Der Boden ist rutschfest. Die Einkaufswagen haben Bremsen. In Wien und Salzburg wurden vor einigen Jahren »50plus«-Supermärkte errichtet. Auch in Chemnitz gibt es ein solches Exemplar – den »Markt der Generationen«.[32] Das Ziel dieser Läden: den Bedürfnissen älterer Menschen beim Einkaufen gerecht werden.

Ein Marketing, das sich ganz auf die Bedürfnisse einer Zielgruppe ausrichtet, ist auf eine einwandfreie und präzise Marktsegmentierung angewiesen.

Marktsegmentierung

Marktsegmentierung bedeutet, dass die Kunden auf dem gesamten Markt nach bestimmten Kriterien aufgeteilt werden. Auf diese Weise entstehen verschiedene Marktsegmente. Zur Segmentierung können ein oder mehrere Kriterien gleichzeitig zum Einsatz kommen. Als Kriterien werden häufig verwendet: Alter, Geschlecht, Einkommenshöhe, kulturelle Zugehörigkeit, Wohnort, Generation, Milieus, Bedürfnisse, Gewohnheiten. Eine gelungene

31 Höpfinger, 2006, S. 2
32 Vgl. Gersmann/Willms, 2005, S. 6.

Marktsegmentierung spricht die Kunden eines Marksegments gezielt an und erhöht die Attraktivität der angebotenen Waren oder Dienstleistungen. Die Wahrscheinlichkeit eines hohen Absatzes steigt. Um Marktsegmentierungen durchzuführen, werden häufig die klassischen Marktforschungsinstrumente, wie qualitative Befragungen, Fokusgruppeninterviews, quantitative Befragungen und Beobachtungen genutzt.

Die Ü50-Märkte haben eine solche Segmentierung vorgenommen. Sie entschieden sich zu einer Segmentierung nach dem Alter, um sich von gewöhnlichen Geschäften abzuheben und gezielt die Absatzmenge bei den über 50-Jährigen zu erhöhen. Da ein höheres Alter bestimmte körperliche Einschränkungen mit sich bringen kann – beeinträchtigtes Sehvermögen, Rückenprobleme, unsicherer Gang, eingeschränkte koordinative Fähigkeiten –, reagiert die Marketingstrategie mit gedämpften Lichtverhältnissen, breiten Gängen, bremsbaren Einkaufswagen, vergrößerten Preisschildern und rutschfestem Boden.

Durch die altersbezogene Marktsegmentierung wurde die Gruppe der über 50-Jährigen zunächst theoretisch mithilfe von Marktforschungsinstrumenten von den unter 50-Jährigen abgegrenzt. Anschließend wurde das Konzept praktisch mit der Eröffnung der Läden umgesetzt. Prinzipiell ist eine Marketingstrategie, deren Segmentierung nur theoretisch auf dem Papier existiert, praktisch aber noch nie umgesetzt wurde, riskant. Schließlich gibt es noch keine Best-Practice-Beispiele, an welchen sich die Umsetzung der Marketingstrategie orientieren könnte. Da die praktischen Erfahrungen fehlen, besteht zudem die Gefahr, dass die Segmentierung die anvisierte Zielgruppe nicht wirklich »trifft«. Im Fall des Ü50-Ladens unterstellten die Marketingexperten bestimmte körperliche Einschränkungen und erstellten auf dieser Basis wiederum bestimmte Designvorgaben. Was also, wenn die über 50-Jährigen gar nicht mit diesen körperlichen Einschränkungen in Verbindung gebracht werden wollen, sie gar als persönliche Brüskierung empfinden? Wenn sich der Gang durch die Eingangstür eines Ü50-Ladens wie ein schmerzliches Eingeständnis unwürdigen Alterns anfühlt? Steht vielleicht sogar der Vorwurf der Altersdiskriminierung im Raum? Wo ich mich nicht wohlfühle, möchte ich auch nicht einkaufen.

Akzeptanzabfragen

Um herauszufinden, ob ein neu eingeführtes Produkt, eine Dienstleistung oder ein Marketingkonzept Zuspruch bei der anvisierten Zielgruppe finden wird, bieten sich Akzeptanzabfragen an. Diese werden im Vorfeld der Einführung durchgeführt. Mittels einer quantitativen Befragung wird abgefragt, wie die Zielgruppe die Einführung wahrnimmt und bewertet.

Wird ein Marketingkonzept von der Zielgruppe akzeptiert, besteht die Chance, dass sie sich mit ihren Wünschen und Bedürfnissen ernst genommen fühlt. Die Kunden machen gute Erfahrungen mit den Neuerungen und fühlen sich im besten Fall langfristig mit ihnen verbunden.

Chancen	Risiken
• Die Zielgruppe fühlt sich mit ihren Wünschen und Bedürfnissen ernst genommen. • Die Zielgruppe macht positive Erfahrungen im Zusammenhang mit den Einführungen und bindet sich langfristig.	• Ein Marketingkonzept auf Basis einer theoretischen Marktsegmentierung ist noch nicht in der Praxis erprobt. Best-Practice-Beispiele zur Orientierung fehlen bei neuen Marketingkonzepten. • Die Akzeptanz für das Marketingkonzept ist nicht vorhanden, da die mit dem Alter assoziierten Eigenschaften von der anvisierten Zielgruppe als diskriminierend, brüskierend oder verletzend empfunden werden.

Chancen und Risiken eines altersspezifischen Marketingkonzepts

Die Auswirkungen der Marktsegmentierung

Eine gelungene altersspezifische Marksegmentierung ist nach innen »homogen« und nach außen »heterogen«. Nach innen homogen bedeutet: Die Kunden in der anvisierten Altersgruppe teilen sich bestimmte Merkmale, die für die wahrgenommene Attraktivität eines Produkts oder einer Dienstleistung wichtig sind. Im Beispiel mit den Ü50-Läden sind es die körperlichen Einschränkungen, die die über 50-Jährigen gemeinsam haben, die dazu führen, dass breite Gänge, große Preisschilder und rutschfeste Böden als attraktiv wahrgenommen werden. Nach außen heterogen bedeutet: Die Kunden der anvisierten Altersgruppe unterscheiden sich von anderen Altersgruppen. Sie sind heterogen. Das zeigt sich, wenn die Ü50-Läden für die unter 50-Jährigen weniger oder nicht interessant sind.

Ist eine Marktsegmentierung nach außen heterogen und nach innen homogen, wurde eine »Nische« erschlossen. Eine Nische bezeichnet eine Personengruppe, für die ähnliche Produkte und Dienstleistungen attraktiv sind. Werden ausschließlich für diese Nische Produkte oder Dienstleistungen entwickelt, spricht man von einer konzentrierten Markt- oder Nischenstrategie.

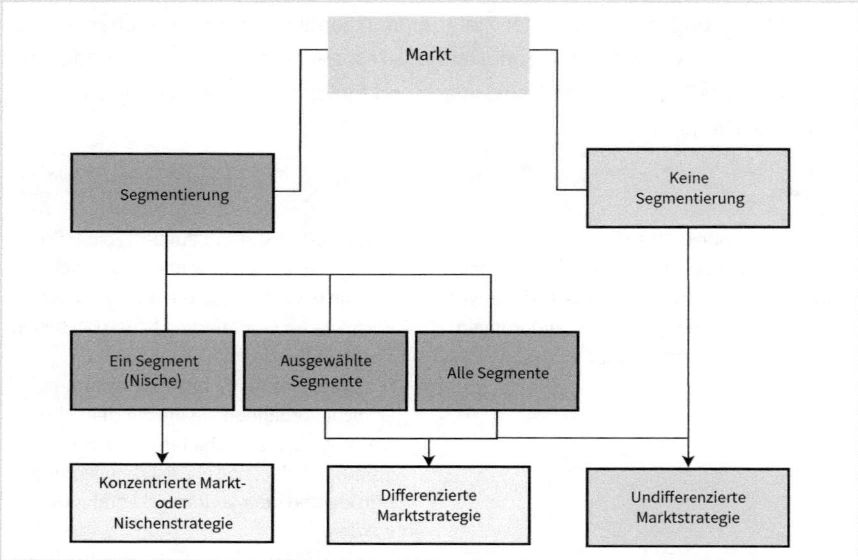

Abb. 6: Die Auswirkungen der Marktsegmentierung auf die Marktstrategie (Quelle: eigene Darstellung auf Basis BWL-Lexikon 2022, o. S.)

Eine konzentrierte Markt- oder Nischenstrategie, die ausschließlich auf ältere Personengruppen zugeschnitten ist, wird als »Seniorenmarketing« bezeichnet:

> »Beim reinen Seniorenmarketing werden Produkte und Dienstleistungen für ältere Verbraucher entweder neu entwickelt und vertrieben oder es werden aus bestehenden Waren, die für andere Zielgruppen konzipiert worden sind, spezielle Angebote für die Kunden der Seniorengeneration erstellt.«
>
> Fedorow, 2010, S. 41

Wer denkt, die Ü50-Läden wären eine Form des Seniorenmarketings, irrt sich. »Einzelne Bausteine werden wir in alle Märkte einbauen«, sagte ein Sprecher der Kette und kündigte damit an, dass zukünftig mehr Märkte der Kette mit dem neuen Marketingkonzept ausgestattet werden sollen. Ursprünglich vielleicht als Form des Seniorenmarketings gedacht, zeigte sich mit Markteinführung, dass nicht nur die über 50-Jährigen als begeisterte Kunden gewonnen werden konnten, sondern auch Eltern, die mit Kinderwagen unterwegs sind. Die breiten, rutschfesten Gänge und das komfortable Design hatten auch den Eltern den Einkauf erleichtert. Streng terminologisch genommen war die vorgenommene Marktsegmentierung nicht erfolgreich. Denn sie war nach außen hin nicht heterogen, sondern in Bezug auf die Eltern mit Kinderwagen auch homogen.

Dem Erfolg des Marketingkonzepts tut die »verfehlte« Marktsegmentierung aber keinen Abbruch. Im Gegenteil: Die neue Zielgruppe der Eltern erweiterte den Kreis der potenziellen Kunden. Einige ausgewählte Segmente treten nun hinzu (vgl. Abb. 6), sodass die Alterssegmentierung nicht nur eine Nischenstrategie, sondern auch eine differenzierte Marktstrategie ermöglicht.

Um also in Zukunft in der Werbekommunikation nicht nur die Altersgruppe Ü50 anzusprechen, sondern auch Eltern, müsste die Marketingstrategie die Eltern integrieren. Um das Marktsegment der über 50-Jährigen und der Eltern gemeinsam ansprechen zu können, müssen die Marketingexperten herausfinden, was die beiden Zielgruppen teilen. Wenn auch aus unterschiedlichen Gründen – bei über 50-Jährigen ist es das Alter, bei den Eltern ist es der Kinderwagen – eint die beiden Zielgruppen das Bedürfnis, komfortabel einzukaufen. Die beiden Marktsegmente – Eltern und über 50-Jährige – werden durch dieses Bedürfnis von den anderen Altersgruppen abgegrenzt. Für die anderen Altersgruppen ist die Möglichkeit, komfortabel einzukaufen, nicht zwangsläufig notwendig.

Eine Marketingstrategie, die in erster Linie zwar ältere Personengruppen anspricht, dabei aber den Fokus auf die Nutzbarkeit des Produkts oder Dienstleistung legt und damit auch für andere Altersgruppen attraktiv erscheinen möchte, wird als »kommuniziertes Seniorenmarketing« bezeichnet:

> »Bei der strategischen Ausrichtung eines kommunizierten Seniorenmarketings werden den älteren Käufern Produkte und Dienstleistungen angeboten, die vom Alter unabhängig sind. Das Alter wird jedoch mit erwähnt, denn dadurch können die Senioren von den Vergünstigungen profitieren. Solche Angebote werden mit besonderen Ermäßigungen als Anreiz verbunden und vermarktet. Beispiele für solche Angebote sind reduzierte Karten für öffentliche Verkehrsmittel oder Veranstaltungen wie Museen.«
>
> Fedorow, 2010, S. 42

Um der Gefahr zu entgehen, dass Produkte oder Dienstleistungen als altersdiskriminierend empfunden werden oder dass beispielsweise die Ü50-Läden Ärger oder Unbehagen hervorrufen, schlimmstenfalls als beschämende Einkaufsatmosphäre wahrgenommen werden, kann das »verdeckte Seniorenmarketing« genutzt werden.

> »Beim verdeckten Seniorenmarketing wird der Fokus der Kunden nicht auf das Alter, sondern auf den Nutzen des Produkts oder der Dienstleistung ausgerichtet. Eigenschaften der Produkte, die sie besonders schätzen, sind beispielsweise Sicherheit, Funktionalität und einfache Bedienbarkeit.«
>
> Fedorow, 2010, S. 41

Die Ü50-Läden könnten mit dem Komfort ihres Designs werben und dabei auf sämtliche Altersreferenzen verzichten. Der Nachteil des verdeckten Seniorenkonzepts ist jedoch, dass sich die anvisierte Zielgruppe, für die das Produkt oder die Dienstleistung konzipiert wurde, nicht angesprochen fühlt, da sie nicht direkt adressiert wird.

	Reines Seniorenmarketing	Kommuniziertes Seniorenmarketing	Verdecktes Seniorenmarketing
Wer fühlt sich angesprochen?	ausschließlich die anvisierte Altersgruppe	mehrere Altersgruppen	anvisierte Altersgruppe fühlt sich eventuell nicht direkt angesprochen
Besteht die Gefahr, dass das Marketingkonzept als altersdiskriminierend wahrgenommen wird?	ja, relativ große Gefahr	ja, aber relativ geringe Gefahr	nein

Vor- und Nachteile der Formen des Seniorenmarketings

2.4 Vom guten Altern

Ein neuer Lebensabschnitt

Herrmann Kruse ist 63 Jahre alt. Jahrelang war er Abteilungsleiter aus Leidenschaft, nun freut er sich auf seine Pension. Endlich Zeit nur für sich. Er will wandern gehen, die frische Bergluft atmen, das Herz wieder richtig rasen spüren. Schon seit einigen Monaten recherchiert er zu den anspruchsvollsten Touren. Alt, nein, alt ist er sicher nicht. Sein Leben nimmt nun eine neue Biegung – und er geht voller Zuversicht voran.

Die Babyboomer, die geburtenstärksten Jahrgänge nach dem Zweiten Weltkrieg, gehen in Rente. Viele von ihnen gehen, wie Herr Kruse, schon vor dem regulären Renteneintrittsalter in den Ruhestand. Bei der Generation davor war der Trend eher, über das Renteneintrittsalter noch zu arbeiten. Im Durchschnitt gehen die Babyboomer laut dem Bundesinstitut für Bevölkerungskunde (BiB) 28 Monate vor der Regelaltersgrenze in Rente. Schon 2030 wird die Zahl der Erwerbstätigen in Deutschland um 20 Prozent gesunken sein. Bis 2035 fallen sieben Millionen Fachkräfte weg.[33] Was für den Arbeitsmarkt fatal ist, kann für das 60plus-Marketing interessant sein. Die meisten Best Ager ab 60 haben mehr Freizeit, die sie genießen können. Mehr Freizeit bedeutet für viele auch mehr Konsum. Die Möglichkeit des frühzeitigen Rentenbezugs ohne Abschläge

33 Vgl. BiB, 2022, o. S.

für besonders langjährige Versicherte besteht seit 2014. Jede:r Dritte ging 2021 diesen Weg. Das heißt, die über 60-Jährigen können sich die Freizeit auch leisten, sie haben Geld – zumindest 82 Prozent von ihnen. Auf der anderen Seite gibt es unter den Rentner:innen 18 Prozent, die finanziell unter der Armutsgrenze leben. Sie haben weniger als 1.100 Euro monatlich zur Verfügung.

So wie Herrn Kruse ergeht es vielen älteren Menschen in Deutschland. Anders als dies noch bei deren Elterngeneration der Fall war, hält das Alter für die Bevölkerungsgruppe der über 50-Jährigen heute eine Pluralität an Lebensentwürfen bereit. Sind die einen noch berufstätig oder richten sich im Job gar noch mal ganz neu aus, haben Familien und Verpflichtungen, erleben andere womöglich gesundheitliche Einschränkungen und stehen vor der Herausforderung (und Chance), sich an die veränderten Lebensumstände neu anzupassen. Man spricht dabei von einer »verstärkten Differenzierung von Altersphasen«.[34]

Die Gerontologie, die Wissenschaft vom Alter(n), grenzt zwei wesentliche Phasen voneinander ab: das sogenannte dritte Lebensalter, das je nach Autor:in etwa ab 65 Jahren angesetzt wird, und die Hochaltrigkeit ab circa 80 Jahren, die als »viertes Lebensalter« bezeichnet werden kann.[35] In diesem Kontext hat auch die Unterscheidung zwischen den sogenannten *alten Alten* und den *jungen Alten* an Popularität gewonnen[36], wobei sich insbesondere Letztere in Marketingkampagnen als relevante Kundengruppen herauskristallisiert haben, eben als Best Ager. Hintergrund dieser Entwicklung ist die sinkende Sterblichkeit: Menschen in Deutschland werden immer älter, wodurch sich die Spanne der Lebensphase des Alters für die Einzelnen auf zuweilen mehrere Jahrzehnte ausdehnt. Immer mehr Menschen haben dabei das Glück, auch bis ins hohe Alter gesund und aktiv am Leben teilhaben zu können.[37] Unsere zunehmend alternde Gesellschaft ist keine Republik der Greise, sondern beheimatet eine Vielfalt unterschiedlicher Menschen, Geschichten und Lebensumstände auch jenseits der 50.

Alt ist also nicht gleich alt. Diese Tendenz setzt sich auch bei unseren Altersbildern fort, also den Vorstellungen, die wir vom Altern haben – auf individueller wie auf gesellschaftlicher Ebene. Nicht nur hat sich unser Verständnis vom »Altsein« geöffnet und schließt eine größere Palette von Lebensentwürfen ein, auch lässt sich ein Wandel hin zu positiveren Assoziationen mit dem Alter verzeichnen, wie etwa die Ergebnisse des Alterssurveys nahelegen.[38] Statt dem Alter ein grundsätzliches Defizit zuzuschreiben – einen Mangel an körperlicher Fitness, geistiger Agilität und sozialer Eingebun-

34 Höpflinger, 2016, S. 291
35 Vgl. Wurm, 2019
36 Vgl. Höpflinger, 2016, S. 291
37 Vgl. Mahne et al., 2017, S. 14 f.
38 Vgl. Beyer et al., 2017, S. 329; Spuling et al., 2020, S. 8; Höpflinger, 2016, S. 290

denheit –, wie es bis in die frühen 1980er-Jahre selbst in der Wissenschaft noch Praxis war, werden heute zunehmend auch die Kompetenzen von Menschen in höherem und hohem Alter betont, so der Alters- und Generationenforscher François Höpflinger.[39] Solche kompetenzorientierten Deutungen können beispielsweise eine größere Gelassenheit im Alter oder die Vorteile eines reichen Erfahrungsschatzes hervorheben.[40] In den Medien etwa sehen wir neben Berichten über Krankheit und Pflegebedürftigkeit zunehmend agile und gesunde Menschen höheren Alters vor der Kamera, die eine klare Botschaft senden: Alter und Aktivität schließen sich keineswegs aus.[41] Altersforscher:innen sprechen dabei von gesellschaftlichen Modellen eines »aktiven, erfolgreichen und gesunden Alterns«[42]:

> »Die neuen Leitbilder des Alters – in einer Gesellschaft ausgedehnter Lebenserwartung – orientieren sich insgesamt stark an gesellschaftlichen Modellen eines selbst- und mitverantwortlichen und sozial aktiven Lebens älterer Menschen.«
>
> Höpflinger, 2016, S. 290

Gesund und agil bis ins hohe Alter – für die meisten von uns dürfte dies wohl der Inbegriff eines *guten Alterns* sein. Wie die Professorin Amei Koll-Stobbe gemeinsam mit Judith Rossow vom Deutschen Zentrum für Altersfragen feststellt, gilt ein solches Bild nicht nur für die meisten Menschen in Deutschland persönlich als erstrebenswert, sondern wird auch gesamtgesellschaftlich hoch angesehen. Jugendlichkeit bis ins hohe Alter lautet die Devise.[43] Die mediale Präsenz jener, die mit 50plus noch lange nicht daran denken, einen Schritt zurückzutreten, trägt dabei erheblich zu einer positiveren Konnotation des Älterwerdens bei.[44] »Begleiterscheinungen« der zunehmenden Lebensreife wie etwa das hohe Maß an Erfahrung oder die zunehmenden Möglichkeiten freier Zeitgestaltung werden aus einer solchen Sicht als *Gewinn* angesehen, im Gegensatz zu den in früheren Jahren präsenteren *defizitorientierten* Vorstellungen. Mit der Pension starten viele, wie auch Herr Kruse im Eingangsbeispiel, im Leben erst noch einmal richtig durch.

2.4.1 Ageism und Altersdiskriminierung

Was auf den ersten Blick nach einer Aufwertung des Alters aussieht, birgt beim näheren Hinsehen auch das Potenzial für die Stigmatisierung und Ausgrenzung alter

39 Vgl. Höpflinger, 2016, S. 290
40 Vgl. Beyer et al., 2017, S. 330
41 Vgl. Mahne et al., 2017, S. 21
42 Höpflinger, 2016, S. 290
43 Vgl. Rossow/Koll-Stobbe, 2015
44 Vgl. Mahne et al., 2017, S. 21

Menschen. Denn wo ein erstrebenswerter Entwurf vorliegt, da muss es auch eine Vorstellung davon geben, was als unerwünschte Form des Alterns gelten kann.

> »Über das jeweils implizite Negativ dieser Bilder wird gleichsam definiert, was als weniger gut und wertgeschätzt gilt. Mit der Aufwertung von Jugendlichkeit im Alter betrifft dies vor allem Merkmale eines deutlichen, sicht- und spürbaren Alters und Einschränkungen der (Möglichkeiten für) Aktivität.«
>
> Rossow/Koll-Stobbe, 2015, S. 31 ff.

Was ist mit denen, die nicht mithalten können? Deren gesundheitlicher Zustand nicht zulässt, nach dem Renteneintritt auf Weltreise zu gehen, intensiv Sport zu treiben, entspannt und gelassen in die Zukunft zu schauen? All jene haben das Ideal eines guten Alterns vermeintlich verfehlt. Nach der These des Gerontologen François Höpflinger hätte besonders die Phase des dritten Lebensalters eine Aufwertung erfahren, während das vierte Lebensalter verstärkt mit einem Mangel in Verbindung gebracht und dadurch degradiert werde.[45] Gesellschaftliche Auseinandersetzungen um ein gutes Altern hätten sich »stark auf die Lebenslage gesunder pensionierter Frauen und Männer im dritten Lebensalter konzentriert, wogegen das vierte Lebensalter stärker mit Konzepten von Fragilität, Vulnerabilität und Pflegebedürftigkeit in Verbindung gebracht wurde«.[46] Defizitorientierte Altersbilder sind also keineswegs verschwunden, sondern begegnen uns besonders im Kontext der vierten Lebensphase und von gesundheitlichen Einschränkungen. Dabei können sie zu Ausgrenzung, Diskriminierung und der Abwendung von älteren Menschen führen und damit auch Isolation und Einsamkeit begünstigen.[47]

In der Altersforschung wird dabei auf den Begriff des **Ageism** verwiesen. Entstanden in den Tagen der amerikanischen Bürgerrechtsbewegung, ist damit ein »sozial geprägtes Einstellungsmuster«[48] gemeint, das sich nach dem Soziologen Kai Brauer sowohl sprachlich als auch im konkreten Handeln sowie in gesellschaftlichen Machtverhältnissen widerspiegele.[49] Ein besonders drängendes Problem stellt die Diskriminierung von Personen aufgrund ihres Alters dar. So beförderten negative und defizitorientierte Einstellungen gegenüber dem Alter diskriminierendes Verhalten, wie Beyer et al. mit Rekurs auf die Ergebnisse des durch das Bundesministerium für Familie, Senioren, Frauen und Jugend (BMFSFJ) geförderten Deutschen Alterssurveys feststellen. Diese altersbezogene Form der Benachteiligung von Menschen wird dabei als »Altersdiskriminierung« bezeichnet.[50]

45 Vgl. Höflinger, 2016, S. 292
46 Ebd., S. 291 f.
47 Vgl. Spuling et al., 2020, S. 8
48 Vgl. Brauer, 2008, S. 1361
49 Vgl. ebd., S. 1361 f.
50 Vgl. Beyer et al., 2017, S. 331

Abwertungen dieser Form lassen sich in ganz alltäglichen Situationen ausmachen, beispielsweise, wenn bei der Besetzung von Stellen ältere Bewerber:innen grundsätzlich hintenangestellt werden – ein Problem, das nicht zuletzt im Marketingbereich selbst äußerst verbreitet zu sein scheint. Im Forbes-Magazin verdeutlicht die Autorin Patti Temple Rocks, warum gerade kreative Arbeitswelten wie PR, Werbung und Marketing besonders anfällig für eine altersdiskreditierende Personalpolitik seien.[51] Den entscheidenden Faktor sieht sie dabei im Streben nach Innovationen. Gefordert würden frische Impulse, unkonventionelle Wege, einfach etwas ganz Neues. So weit verständlich. Weniger verständlich jedoch ist für die Branchenexpertin, dass diese Innovationsfähigkeit in erster Linie jüngeren Menschen zugeschrieben wird.[52] Clevere Ideen und kreative Ansätze jedoch kennen kein Alter. Und die Gleichsetzung von Innovation mit Jugend ist wohl letztlich nicht mehr als das: ein Vorurteil – wenn auch eines, das sich äußerst hartnäckig zu halten scheint. Temple Rocks spricht dabei von einem unbewussten »Age Bias« der Branche.

Selbstverständlich ist Altersdiskriminierung nicht nur der kreativen Welt vorbehalten. In welchen Kontexten den Betroffenen ihre fortgeschrittene Lebensreife zum Nachteil wird, hängt dabei unter anderem vom Alter und Lebenshintergrund ab: Im Rahmen des Deutschen Alterssurvey 2014 gaben die meisten der Altersgruppe der 55- bis 69-Jährigen (7,5 Prozent) an, vor allem im Arbeitsumfeld und bei der Jobsuche Diskriminierung aufgrund ihres Alters erfahren zu haben, während die Befragten über 70 Jahren (7,2 Prozent) besonders von Benachteiligungen im medizinischen Bereich berichteten. Diskriminierende Einstellungen scheinen sich also je nach Situation, Umfeld und Lebensalter ganz unterschiedlich zu äußern. Eine Gruppe, die an dieser Stelle vertiefend in den Blick genommen werden soll, ist jene der älteren Frauen.

2.4.2 Exkurs: Weiblichkeit jenseits der 50

Längst nicht alle gleichaltrigen Menschen jenseits der 50 sind gleichermaßen von Altersdiskriminierung betroffen. Im Rahmen des Alterssurveys etwa berichteten Frauen deutlich häufiger von altersbezogenen Diskriminierungserfahrungen als Männer.[53] In der Soziologie bezeichnet man dies als **»Intersektionalität«**. Gemeint ist eine wechselseitige Beeinflussung verschiedener sozialer Merkmale, in diesem Fall von Alter und Geschlecht, die in ihrem Zusammenwirken bestehende Ungleichheiten verschärfen können. Auch die vom britischen Fernsehsender Channel 4 durchgeführte Studie *Mirror On The Industry* legt die Mehrfachdiskriminierung älterer Frauen nahe. So lässt der ohnehin niedrige Anteil der Darstellung von Menschen über 50 in Werbekampag-

51 Vgl. Temple Rocks, 2020
52 Vgl. Beyer et al., 2017, S. 329
53 Vgl. ebd., S. 341

nen besonders ältere Frauen außen vor. Wenn Clips Charaktere höheren Alters zeigen, handle es sich dabei mit signifikant geringerer Wahrscheinlichkeit um weibliche Personen, so die Ergebnisse der Untersuchung.[54]

Bereits 1972 stellte die Essayistin Susan Sontag fest, dass das Altern für Frauen eine völlig andere Wesensqualität habe, als dies bei Männern der Fall sei.[55] Sie spricht in diesem Kontext von einem »double standard of aging«. In ihrem Aufsatz interessiert sie sich weniger für die Erfahrungen, die damit einhergehen, tatsächlich alt zu sein, sondern mehr für die schon in jungen Jahren präsente Aussicht, älter zu werden und sichtbare Zeichen davonzutragen. Sontag argumentiert, dass Weiblichkeit (bis heute) mit gesellschaftlichen Idealen von Attraktivität, Schönheit und Jugendlichkeit einhergehe, während Männlichkeit eher nach charakterlichen Eigenschaften als nach Äußerlichkeiten bewertet werde. Für Frauen, die sich deutlich stärker mit Erwartungshaltungen gegenüber ihrem Erscheinungsbild konfrontiert sehen würden – nicht zuletzt den eigenen –, scheint der Ausblick auf den vermeintlichen Verlust dieser Qualitäten oft äußerst quälend zu sein. Entsprechend würden Frauen deutlich mehr in ihr Aussehen investieren – in den Versuch, möglichst lange, möglichst jung zu erscheinen.[56]

Dass die »weibliche« Angst vor dem Alter längst nicht nur auf persönliche Befindlichkeiten zurückgeht, sondern sich mit der Erfahrung gesellschaftlicher Benachteiligung aufgrund des Älterwerdens deckt, wie Sontag deutlich macht, zeigt sich nicht zuletzt an prominenten Symbolfiguren wie den Schauspielerinnen Greta Garbo und Marlene Dietrich, deren Tage als schillernde Filmikonen mit vorrückendem Alter ein Ende fanden.

Seit dem Erscheinen des Aufsatzes »The Double Standard of Aging« vor über 50 Jahren hat sich einiges getan. Heute scheinen weibliche Stars nicht mehr in der Versenkung zu verschwinden, wenn sie ein gewisses Alter überschreiten. Von der Schauspielerin und Unternehmerin Gwyneth Paltrow (50 Jahre) über die Oscar-Preisträgerin Nicole Kidman (55 Jahre) bis hin zum heute 64-jährigen dauererfolgreichen Megastar Madonna machen die Berichte aus der Welt der Stars Hoffnung darauf, dass auch weibliche Karrieren dieser Tage nicht mehr durch altersbezogene Diskreditierungen beschnitten werden. Frauen scheinen heute »[ö]ffentlich alt werden«[57] zu dürfen, würdigt die Journalistin Silke Wichert diese Verschiebungen innerhalb der medialen Aufmerksamkeitsspanne. Nun, zumindest auf den ersten Blick. Denn was der älteren weiblichen Prominenz wie Paltrow, Kidman und Madonna gemeinsam ist, ist das Fehlen

54 Vgl. Mirror On The Industry, 2021, S. 37
55 Vgl. Sontag, 1972
56 Vgl. Sontag, 1972
57 Wichert, 2022

ebenjener sichtbaren Altersmerkmale. Attraktivität bleibt also doch auch hier an Jugendlichkeit gebunden. So stellt Wichert ernüchtert fest: »Alt sein mag mittlerweile akzeptiert sein, alt aussehen dagegen ist so unerwünscht wie noch nie.«[58]

Den Druck, auch in höherem Alter jung und agil auszusehen, scheinen allerdings nicht nur Frauen zu verspüren. Wie die finnischen Altersforscherinnen Åberg, Kukkonena und Sarpila darlegen, hat das eigene Erscheinungsbild besonders für Männer der oberen Gesellschaftsschichten eine ebenso hohe Bedeutung wie für ähnlich situierte Frauen.[59] Frauen der Arbeiterklasse hingegen, die insbesondere angesichts geringer ökonomischer Ressourcen im Rennen um die straffeste Haut, den wachsten Blick oder den jugendlichsten Körper unter ungleichen Bedingungen starten, seien besonders vulnerabel für die negativen sozialen Aspekte des Alterns wie Altersdiskriminierung. Die drei Autorinnen sehen dabei in Anlehnung an Sontags Ausführungen gar einen »triple standard of ageing« am Werk: eine Benachteiligung aufgrund der Überschneidung der sozialen Kategorien Alter, Geschlecht und Klasse.[60]

Marketingkampagnen stehen im Hinblick auf Frauen über 50 also ganz besonders vor der Herausforderung, die Diversität der Lebensentwürfe abzubilden, gängige Klischees zu vermeiden und sich entschieden von altersdiskreditierenden Botschaften zu distanzieren. Auch Lucy Taylor vom Marketingnetzwerk MullenLowe beklagt die häufig verzerrte Darstellung von Frauen jenseits der 50 innerhalb ihrer Branche.[61] Mit Verweis auf den Channel-4-Report lenkt Taylor den Fokus auf die 15 Prozent der befragten britischen Frauen jener Altersgruppe, die angaben, deprimiert oder gar verletzt über die Art und Weise zu sein, wie Werbung sie behandle:

> »What these ads ignore is that older women are active members of society – they go to work, go out to eat, use technology, watch movies, wear makeup – the reality is a stark contrast with the cliché we see circulated, where older women are often shown as static, forgetful and useless with tech.«
>
> MullenLowe, 2022

Vor diesem Hintergrund macht Taylor für den britischen Kontext deutlich, was auch für die deutsche Werbelandschaft gilt: Marken müssen das vermittelte Bild von Weiblichkeit jenseits der 50 modifizieren, wenn sie nicht riskieren wollen, dass sich ein erheblicher Teil der Konsument:innen von ihnen entfremdet.[62]

58 Ebd.
59 Vgl. Åberg/Kukkonen/Sarpila, 2020
60 Vgl. ebd.
61 Vgl. MullenLowe, 2022
62 Vgl. ebd.

2.4.3 Individuelle Altersbilder – Ich denke, also bin ich (alt)

Besonders schwerwiegend mutet vor dem Hintergrund der beschriebenen sozialen Ungleichheiten an, dass erlebte Diskriminierungserfahrungen selbst wiederum mit einer negativeren individuellen Wahrnehmung des Alters einherzugehen scheinen, wie die Ergebnisse des Alterssurveys nahelegen. Die Forscher:innen konnten dabei festhalten, dass diejenigen Personen, die angaben, in den der Befragung vorangegangenen zwölf Monaten Altersdiskriminierung wahrgenommen zu haben, das Altern deutlich häufiger mit Verlusten und seltener mit Gewinnen in Zusammenhang brachten als die übrigen Beteiligten.[63] Ageism auf gesellschaftlicher Ebene und subjektive Altersbilder beeinflussen sich also wechselseitig. Und auch im subjektiven Kontext können negative Einstellungsmuster zu Beeinträchtigungen führen. Gerontolog:innen weisen etwa darauf hin, dass individuelle Altersbilder einen Einfluss auf den Gesundheitszustand und die Lebensdauer im Alter haben und darüber hinaus den Handlungsrahmen mit vorgeben, in dem sich die Personen bewegen.[64] Wer das Altsein positiv wahrnimmt, kann im Durchschnitt also mit einem höheren Wohlbefinden und vielseitigeren Handlungsmöglichkeiten aufwarten.

Die Auswirkungen eher ablehnender oder gar ängstlicher Vorstellungen im Hinblick auf das Altern wiederum sind zuweilen besorgniserregend. So stellen etwa Spuling et al. fest, dass abwertende Altersstereotype das Leben und die Zukunftsaussichten älterer Menschen negativ beeinflussen[65] – mit weitreichenden Folgen:

> »Fallen diese Altersselbstbilder und Erwartungen negativ aus, ist das Risiko größer, dass diese Personen tatsächlich, im Sinne einer selbsterfüllenden Prophezeiung, mit einer eingeschränkteren Gesundheit sowie mit einem geringeren Wohlbefinden alt werden. Die Forschung konnte zeigen, dass negative Altersbilder sogar die Langlebigkeit beeinflussen – also potenziell lebensverkürzend sind.«
>
> Spuling et al., 2020, S. 9

Wissenschaftler:innen unterstreichen vor diesem Hintergrund die Bedeutung der Förderung positiver Assoziationen mit dem Alter(n).[66]

Best Ager haben es erlebt, im Marketing schlichtweg ignoriert zu werden. Es ist eine Chance, damit anzufangen, Best Ager zu verstehen, sie entsprechend in der Werbung darzustellen und anzusprechen.

63 Vgl. Beyer et al., 2017, S. 329
64 Vgl. Beyer et al.m 2017, S. 330
65 Vgl. Spuling et al., 2020, S. 8
66 Vgl. Mahne et al., 2017, S. 21

Laut einer Umfrage von Gransnet and Mumsnet[67] von 2018 mit 1.028 befragten Personen über 50 steigt die gefühlte Ignoranz der Werbeindustrie mit dem Alter massiv an.

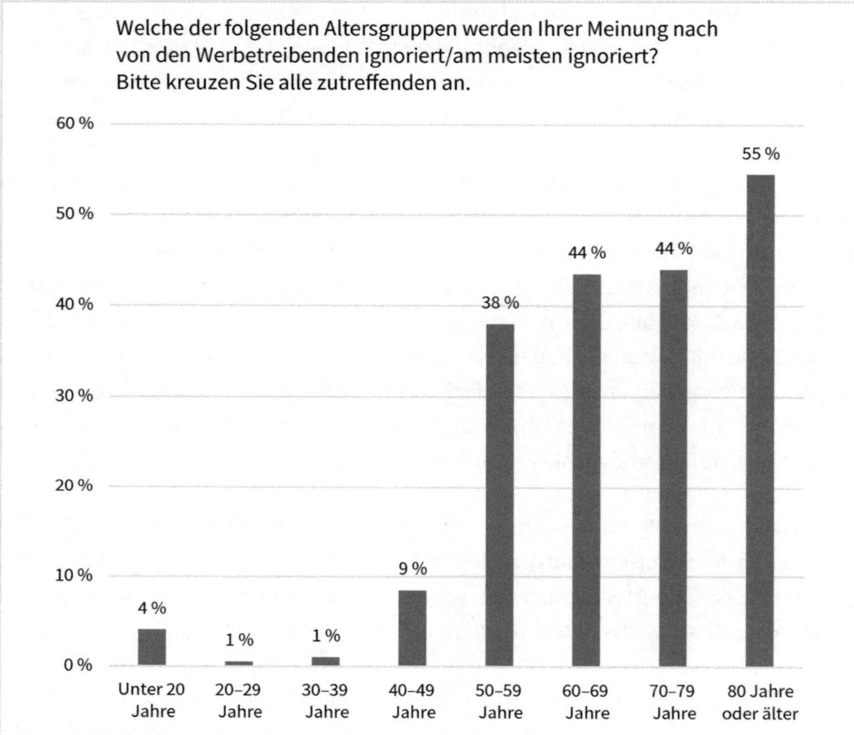

Abb. 7: Wahrgenommene Ignoranz der Werbung gegenüber Altersgruppen

88 Prozent der befragten Personen fordern laut der Umfrage, dass Unternehmen und Marketingagenturen Leute anstellen sollten, die repräsentativ für die Zielgruppe sind.[68] Vielfältige Botschaften brauchen ein vielfältiges Team. Auch Branchenexpertin und Autorin Patti Temple Rocks fordert Agenturen und Marken dazu auf, inklusiver zu werden und auch im Hinblick auf Personalfragen die Repräsentativität aller Altersgruppen anzustreben:

> »Until we get serious about inclusiveness, our marketing messages will continue to be out of touch or even worse, will be laughably bad attempts at rejecting ageist stereotypes.«
>
> Temple Rocks, 2020

67 https://www.gransnet.com/online-surveys-product-tests/advertising-marketing-over-50s-survey-data-results
68 https://www.gransnet.com/online-surveys-product-tests/advertising-marketing-over-50s-survey-data-results

Doch braucht das Marketing mehr Menschen über 50? Zwar kann es dazu beitragen, den Markt besser zu verstehen oder das Verhalten besser nachzuvollziehen, aber das Alter allein ist nicht ausschlaggebend. Ein guter Suchttherapeut muss auch kein Alkoholiker sein. Das Marketingteam muss kein Spiegelbild seiner Zielgruppe sein. Es geht vielmehr um die richtigen Marketingfähigkeiten des Marketingteams. Das macht Marketing auch aus: die Kunden zu verstehen, deren Wünsche und Sorgen zu kennen, die Welt mit den Augen der Kunden zu sehen. Dieses Buch trägt dazu bei, die Best Ager besser zu verstehen, effektivere Methoden anzuwenden, um sie gezielter zu erreichen, für den Erfolg der Marke und des Unternehmens.

2.5 »Generation Glück«?

Die heutigen Best Ager zählen zu den glücklichsten Menschen in der Bundesrepublik. Das gleiche Bild zeigt sich in den USA. Das haben die Glücksforscher Jeste und Oswald von der University of California belegen können.[69] Deutsche Glücksforscher kamen zu ähnlichen Ergebnissen. Die weltweit glücklichste Nation ist Finnland – laut Happiness Report der Vereinten Nationen von 2020. Auf Platz 2 ist Dänemark, gefolgt von der Schweiz, Island, Norwegen, Holland und Schweden. Deutschland landete 2020 auf Platz 17.[70] Betrachtet man die Ergebnisse der Forschung, kann man sagen: Je nördlicher die Best Ager leben, desto glücklicher scheinen sie zu sein. Denn auch innerhalb von Deutschland belegen Schleswig-Holstein und Hamburg die beiden ersten Plätze.

Laut dem Soziologie-Professor Jan Delhey von der Universität Magdeburg kann die Glücksformel auf jeweils ein Drittel Haben, Lieben und Sein reduziert werden. Wer hierbei gut ausgeglichen ist, hat eine gute Chance, glücklich zu sein. Wir sind also glücklich, wenn wir ausreichend Geld zum Leben haben, liebevolle Beziehungen führen und einen Lebenssinn verspüren.[71] Doch hier gibt es ein Problem. Zwar können sich sehr viele Best Ager in Deutschland glücklich schätzen, doch nicht alle Best Ager verfügen über die Zutaten für die Glücksformel. Hinweise hierfür gibt eine repräsentative Befragung des Instituts für Generationenforschung vom Februar 2023. Auf die Frage »Was gibt Ihnen zurzeit Hoffnung?« konnten die Befragten ihre Meinung offen kundtun. Die Forscher:innen des Instituts teilten die gegebenen Antworten in Kategorien ein.

69 Vgl. Jeste/Oswald 2014
70 Vgl. Helliwell et al., 2020
71 Vgl. Steinwehr, 2019

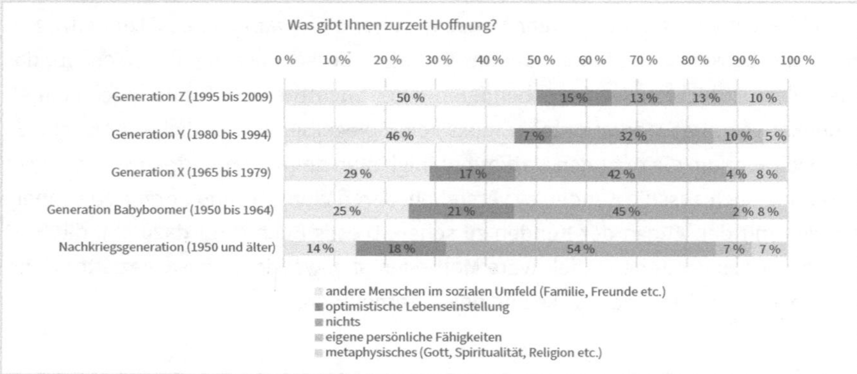

Abb. 8: Befragung: »Was gibt Ihnen Hoffnung?« (n = 858 (Zahl der gegebenen Antworten); Erhebungszeitraum: Februar 2023; offene Frage; dargestellt sind ausschließlich die drei am häufigsten genannten Antwortkategorien, relativ zur generationellen Zuordnung)

Je älter, desto pessimistischer schätzen die Menschen die aktuelle Lage ein. Mehr als ein Drittel der Befragten gab an, nichts würde ihnen zurzeit Hoffnung geben. Wenn etwas Hoffnung macht, dann sind es hauptsächlich andere Menschen oder das soziale Umfeld wie Familie oder Freunde. Am wenigen optimistisch sind die älteren Generationen. Sie geben auch an, weniger auf hoffnungsstiftende Ressourcen wie Familie oder Freunde zurückzugreifen. Das sollte gesellschaftlich nicht ignoriert werden. Vereinsamungsgefühle sind unter Kinderlosen und Ledigen häufiger. Die Zahl Kinderloser wird mit den nachrückenden Generationen zunehmen. Es ist ein Faktor, von dem wir noch nicht wissen, wie die jüngeren Generationen damit im Alter umgehen werden.

Es genießen also längst nicht alle Best Ager ein glückliches Leben im Wohlstand. Alle über einen Kamm zu scheren bildet die Wirklichkeit nicht ab. Marketingbegriffe übersehen das häufig, indem sie Menschen nach bestimmten Kriterien Kategorien wie dem Alter zuordnen, dabei aber unberücksichtigt lassen, dass innerhalb der Kategorien ein Spektrum an unterschiedlichen Eigenschaften verborgen liegt. Nur weil Menschen ein bestimmtes Alter erreicht haben und mit dem Alter in der Regel ein höheres Wohlstandsniveau einhergeht, heißt das noch lange nicht, dass alle Älteren mit Geld um sich werfen können. Genau diese impliziten Merkmale gilt es für ein gelungenes Marketing herauszufinden.

3 Das Marketing-Age-Problem

Der Fokus vieler Marketingexperten sind Jugendliche und junge Erwachsene. Die Jungen werden als Trendsetter betrachtet, die die Richtung in Fashion, Musik, Essen, Elektronik usw. vorgeben. Die Best Ager greifen den Trend auf, passen ihn für sich an, machen genau das Gegenteil daraus – oder lassen sich davon erst gar nicht beeinflussen oder von ihrem Lebensstil abbringen. Es ist ein dynamisches Feld. Die Jungen geben den Takt vor, die Alten machen mit oder sind außen vor. Das Marketing hat seine Schwierigkeiten mit dem Alter.

Sich damit abzufinden ist ein Fehler, den sich ein gutes Marketing nicht leisten kann. Denn wir wissen, dass die Best Ager die konsumfreudigste Kohorte in Deutschland sind. Im Umkehrschluss könnte man nun behaupten, dass aus diesem Grund eben kein fokussiertes Marketing für die Best Ager gemacht werden müsse, da sie sowieso schon viel konsumierten. Wer das behauptet, sollte dieses Buch noch intensiver lesen!

Best Ager fühlen sich oft nicht angesprochen und können sich mit der Werbung nicht identifizieren. Für die Generation 50plus winken oft nur Gesundheitsprodukte – doch Best Ager sind mehr als nur ältere Konsumenten. Das Marketing vernachlässigt Best Ager effektiv. Gezielte Ansprachen fehlen oft. Aus der Marketingperspektive bedeutet das: Ein großes Potenzial liegt brach und wird zu wenig genutzt. Denn Best Ager haben eine erhebliche größere Kaufkraft als jüngere Menschen unter 50.

Dennoch muss das Alter heutzutage differenzierter betrachtet werden als je zuvor. Das Marketing wird dadurch komplexer und muss sich anpassen. Marketing bedeutet weitaus mehr als einen tollen Werbespot, einen schönen Onlineshop oder ein spezielles Event. Insbesondere die Zielgruppe der Best Ager ist im Hinblick auf Marketing tatsächlich anspruchsvoller als die junge Generation. Dies spiegelt sich beispielsweise in den unterschiedlichen Bedürfnissen, veränderten Lebensumständen und Erfahrungen wider.

Kundenzentrierte Unternehmen modifizieren ihre Marketingstrategien, Service- und Produktangebote, um die sich ändernden Kundenbedürfnisse und -forderungen abzufangen. Um ein Marketingkonzept für Best-Ager-Kunden zu implementieren, benötigen Unternehmen zunächst Informationen darüber, was Best Ager wollen. Ein umfangreiches Kundenverständnis ist die Voraussetzung dafür. Es ist nicht so einfach, wie es aussieht, denn das Verhalten der Best Ager ist nicht für jeden direkt nachvollziehbar. Kunden werden zunehmend fordernder, preissensibler, ungeduldiger, bequemer, informierter und raffinierter.

Kundenorientierung

Kundenorientierung ist das ganzheitliche und kontinuierliche Erfassen und Analysieren der individuellen Kundenerwartungen und deren Umsetzung in unternehmerische Leistungen mit dem Ziel, langfristig stabile und nachhaltige – im Sinne der ökonomischen, ökologischen und sozialen Dimensionen – vorteilhafte Kundenbeziehungen zu etablieren.[72]

Unternehmen, die dies umsetzen, sind erfolgreich. Oft besteht aber auch die Befürchtung, dass bei einem gezielten Best-Ager-Marketing die Marke für jüngere Konsument:innen, beispielsweise für 30- bis 40-Jährige, unattraktiv erscheinen könnte. Es muss jedoch auch im Marketing langfristiger gedacht werden. In vielen Staaten, wie in Großbritannien (23 Millionen) oder in Deutschland (30 Millionen), sind die Best Ager die bevölkerungsstärkste Kohorte mit dem höchsten verfügbaren Einkommen.

Menschen über 75 kaufen zwar laut Werbefachmann Bob Hoffman fünfmal mehr Autos als diejenigen zwischen 18 und 24, aber man sieht keinen 75-Jährigen in einer Autowerbung.[73] Das soll nicht heißen, dass es ausreicht, den Markt lediglich nach dem Alter zu segmentieren. Es wäre sogar fatal. Wenn sich die Werbung lediglich auf das Alter beschränken würde, wird nicht das Repertoire, das das Marketing zur Verfügung stellt, genutzt. Es bestünde die Gefahr, dass die Kunden gegenüber der Marke eine Abneigung entwickeln und es schwierig wird, sie zukünftig für die Marke zu gewinnen. Die Versicherung *Sunlife* befragte über 50.000 Personen, die über 50 Jahre alt sind, und fand heraus, dass die Best Ager sehr aktiv sind: Sie nehmen neue Hobbys auf, betätigen sich handwerklich, reisen und suchen nach neuen Erfahrungen.[74] Single- und Partnerbörsen oder Freundschaftsplattformen boomen unter den Boomern. Es scheint so, als würde man mit 50 noch mal richtig durchstarten und die besten Jahre des Lebens genießen.

Bei der Marketingstrategie wird es schwierig, wenn alle angesprochen werden sollen – das wäre eine sogenannte Marke mit Einheitsgröße: *one size fits all*. So kann es passieren, dass eine gut gemeinte Marketingaktion die Zielgruppe verfehlt. Die Umfrage aus dem Jahr 2018 von Gransnet und Mumsnet mit 1.028 Teilnehmenden ergab, dass sich 78 Prozent der über 50-Jährigen in der Werbung unterrepräsentiert oder falsch dargestellt fühlen. Das führt dazu, dass 49 Prozent der befragten Personen behaupten, bewusst Marken zu meiden, von denen sie sich ignoriert fühlen. Abbildung 9 zeigt die Branchen, in deren Werbung sich die Generation 50plus unterrepräsentiert oder falsch dargestellt fühlt. Andererseits würden 69 Prozent rezeptiver gegenüber Marken sein, wenn die Werbung die Best Ager genauer darstellen würden.[75]

72 Vgl. Bruhn, 2016, S. 14 f.
73 https://www.marketingweek.com/marketing-to-over-50s/
74 https://www.marketingweek.com/marketing-to-over-50s/
75 https://www.marketingweek.com/brands-stop-age-defining-feature-over-50s/

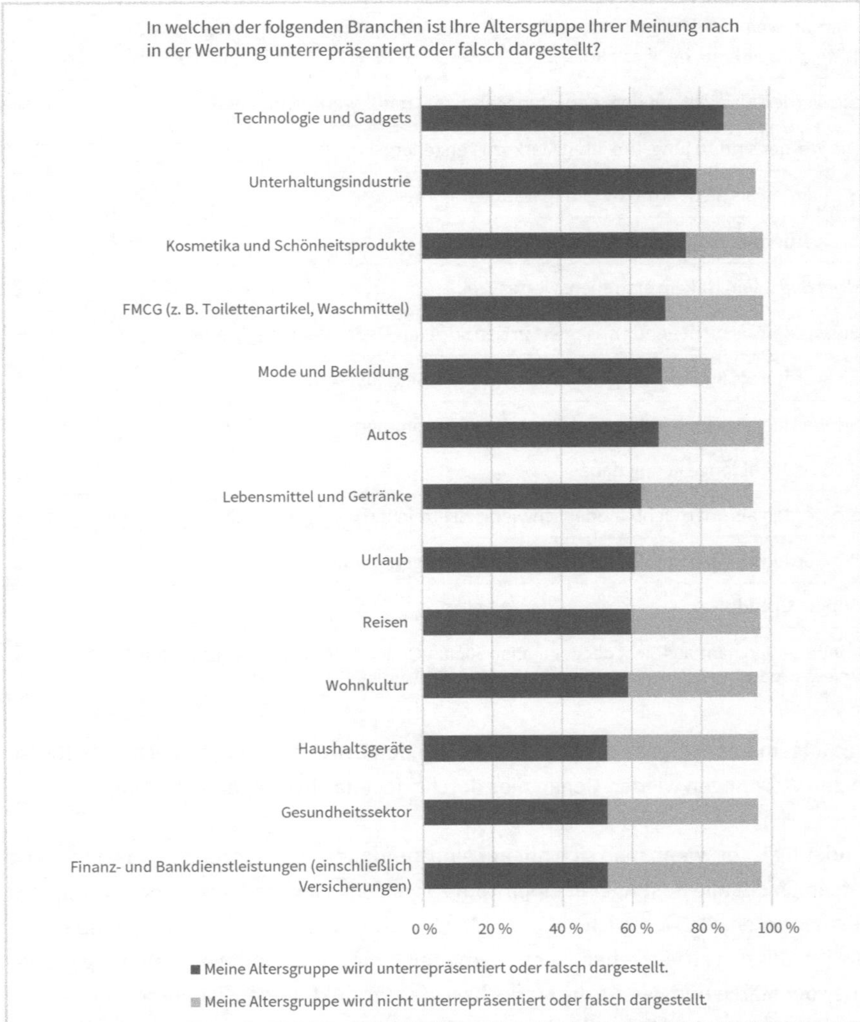

Abb. 9: Gefühlte Vernachlässigung in Werbung (Quelle: https://www.gransnet.com/online-surveys-product-tests/advertising-marketing-over-50s-survey-data-results)

Die Antworten der über 50-Jährigen in der folgenden Tabelle auf die Frage, warum sie denken, dass ihre Altersgruppe ignoriert werde, sind ein Spiegelbild der Gesellschaft und dessen, wie ältere Menschen darin wahrgenommen werden. Die Wahrnehmung der Situation wird zum großen Teil durch externe Einflüsse mitgestaltet. Je öfter die ältere Generation mit Attributen wie *festgefahren, nicht digital, nicht up to date, konservativ* und *ignorant* versehen wird, desto mehr verankert sich dieser Gedanke im Inneren jedes und jeder Einzelnen. Diesen Prozess bezeichnen Psychologen als selbsterfüllende Prophezeiung.

Warum, wenn überhaupt, denken Sie, dass die Altersgruppe 50+ ignoriert wird? Bitte alles ankreuzen, was zutrifft.	
Sie werden als nicht auf dem neuesten Stand der Trends wahrgenommen.	74 %
Die Werber sind zu jung, um ihren Markt zu verstehen.	62 %
Sie werden als nicht attraktiv genug wahrgenommen.	60 %
Sie werden als zu festgefahren wahrgenommen.	59 %
Über 50 zu sein ist kein erstrebenswertes Ziel.	57 %
Sie werden als nicht genug engagiert in den sozialen Medien wahrgenommen.	53 %
Sie werden als Sparer wahrgenommen, nicht als Geldausgeber.	37 %
Sie werden als nicht einflussreich genug wahrgenommen.	37 %
Sie sind nicht lange genug dabei.	25 %
Sie werden als unerreichbar oder schwierig zu erreichen wahrgenommen.	13 %
Sie werden als nicht genügend Geld habend wahrgenommen.	10 %
Andere Gründe	6 %

Gründe der Ignoranz aus Sicht der Generation 50plus. Quelle: https://www.gransnet.com/online-surveys-product-tests/advertising-marketing-over-50s-survey-data-results

Das allgemeine Bild, das die Gesellschaft von den Best Agern hat, findet sich teilweise in den Werbungen wieder. Genau dies durchbricht das Best-Ager-Marketing.

Eindeutig ist es, wenn man sich nur auf eine Kundengruppe konzentrieren kann. Es ist ratsam, nicht alle Best Ager in einen Topf zu werfen, sondern diese Kundengruppe zu segmentieren. Sich lediglich auf ein Zielalter zu fokussieren ist schon länger überholt. Die Kund:innen zu verstehen, deren Verhalten, Emotionen und Wahrnehmung gegenüber der Marke und wie sie die Marke bzw. das Produkt nutzen, ist ausschlaggebend. Das hebt die eigene Marke ab, viele Kund:innen lieben die Marke, aber wenige Marken lieben die Kund:innen.

Sowohl Christiaan Rikkers, Marketingspezialist und CEO von JDV International, als auch Paul Davies, Consumer Marketing Director bei Microsoft UK, sehen das Alter als Marktsegmentierungskriterium kritisch. Die beiden Marketingexperten hatte ich zum Thema Best-Ager-Marketing interviewt. Alter sei früher ausschlaggebender gewesen als heutzutage. Heutzutage gehe es vielmehr um Bedürfnisse, Shopping-Erlebnisse und Momente des Tages, so Rikkers. Davies schlägt eine andere Form des Segmentierens vor: Die Technologienutzung der Microsoft-User:innen sei entscheidend für den Verkaufserfolg, d. h. wie viel Zeit und in welchem Umfang sie welche Apps sowie Hard- und Software-Produkte anwenden.

Das Alter allein zählt schon länger nicht mehr im Marketing

Joachim-Friedrich Martin Josef Merz und Helge Schneider würden unter soziodemografischer Betrachtung gleich eingeordnet werden: beide männlich, geboren 1955 in Deutschland, haben Kinder, sind in der Öffentlichkeit tätig und wohlhabend. Jedoch können wir vermuten, dass sich Lebensstil, Glaube und Verhalten deutlich voneinander unterscheiden. Genau das bringt einen viel tieferen Einblick auf beide Personen.

Sowohl Rikkers als auch Davies erklären damit auch den Trend zum kundenzentrierten Ansatz. Früher war es der Verkaufsansatz: An wie viele Kund:innen können wir das Produkt verkaufen? Heute lautet die Zielfrage eher: Wie viele Produkte können wir an diesen Kunden bzw. diese Kundin verkaufen?

Doch wie stark ist die Kaufkraft und die Konsumlust der Best Ager wirklich? Und wie sieht ihr Kaufverhalten aus?

3.1 Konsumverhalten der Best Ager

Die Best Ager sind für ca. 55 Prozent der Konsumausgaben in Deutschland verantwortlich.[76] Das Schrumpfen und Altern der Bevölkerung in Deutschland führt automatisch zu einer Verringerung der Konsumentenzahl und gleichzeitig verändert sich das Konsumentenprofil. Das Marketing muss sich anpassen, um ein möglichst großes Stück vom immer kleiner werdenden »Konsumentenkuchen« für sich zu gewinnen.

Die Konsumausgaben aller für den Einzelhandel relevanten Konsumkategorien sinken mit steigendem Alter, insbesondere die Ausgaben in der Kategorie Bekleidung und Schuhe. Lediglich die Ausgaben für Gesundheitspflege steigen erheblich mit zunehmendem Alter.[77] Das muss nicht unbedingt bedeuten, das Best Ager für sich selbst mehr Gesundheitspflegeprodukte kaufen – es kann auch damit erklärt werden, dass zusätzlich Gesundheitspflegeprodukte für die eigenen zu pflegenden Eltern eingekauft werden. Aus Sicht der demografischen Entwicklung nimmt die Zahl potenzieller Konsumierender ab und voraussichtlich werden »etwaige Mehrausgaben durch höhere Altersgruppen […] nicht ausreichen, um die Auswirkungen des Bevölkerungsrückgangs zu kompensieren«.[78] Eine Herausforderung für das Marketing im Einzelhandel, denn das Wachstumspotenzial muss durch geeignete Marketingmaßnahmen generiert werden.

Die durchschnittliche finanzielle Lage der Best Ager in Deutschland ist gut. Viele von ihnen gehen früher in Rente, weil sie es sich leisten können. Etwa 70 Prozent der

76 Neumann, 2020
77 Vgl. Neumann, 2020
78 Ebd.

westdeutschen und 55 Prozent der ostdeutschen 65- bis 85-Jährigen besitzen eine Immobilie.[79] Demnach ist bei den meisten über 65-Jährigen das Wohnen die größte Einzelausgabe, je nach Einkommenskategorie 20 Prozent bis zu 45 Prozent des »Einkommens«.[80]

Doch wie sieht es mit der sogenannten Altersarmut aus?

Das Bild der Altersarmut ist in unsere Gesellschaft verzerrt. Ein Grund dafür könnte sein, dass die zunehmende Sorge, dass die aktuelle Situation instabil sei und die Zukunft erheblich schlechter sein werde als die Gegenwart, dieses Bild fördert. Auch die verzerrte Fremdwahrnehmung, dass man sich selbst begünstigt fühlt und denkt, dass es anderen deutlich schlechter gehe als einem selbst, spielt eine Rolle.[81]

Georg Felser (2018) fasst das Konsumverhalten wie folgt zusammen: »Die ältere Zielgruppe verändert sich rasant und nachrückende Generationen sind in der Regel gegenüber Neuerungen offener als ihre Vorgänger.«[82] Mehr als jeder zweite Best Ager gibt sein verfügbares Einkommen für Reisen aus, gefolgt von Ausgaben für die Kinder und Enkelkinder. Die folgende Tabelle verdeutlicht die Konsumfreude der Best Ager.

Wofür geben Sie den Großteil Ihres verfügbaren Einkommens aus? Bitte wählen Sie bis zu drei Optionen aus.	
Urlaub/Reisen	53 %
Kinder und Enkelkinder	46 %
Unterhaltung (Essen gehen, Events, Ausflüge usw.)	43 %
Heimwerken/Haushalt	29 %
Kleidung	25 %
Auto	12 %
Gadgets	9 %
Schönheit	8 %
Gesundheit	7 %
k. A. bzw. Ich habe kein verfügbares Einkommen	6 %
Sonstiges	9 %

Ausgaben der Best Ager (Quelle: https://www.gransnet.com/online-surveys-product-tests/advertising-marketing-over-50s-survey-data-results)

79 Generali Deutschland AG, 2017, S. 46 f.
80 Ebd., S. 49 f.
81 Vgl. Felser, 2018, S. 81
82 Ebd., S. 80

In Anbetracht der Tatsache, dass das zur Verfügung stehende Geld hauptsächlich für Reisen und Unterhaltung ausgegeben wird, lohnt sich ein vergleichender Blick auf diese beiden Bereiche. In Abbildung 10 wird deutlich, dass die Konsumausgaben für Freizeit, Ausgehen und Übernachtungen um das 50. Lebensjahr nochmals einen Sprung nach oben machen.

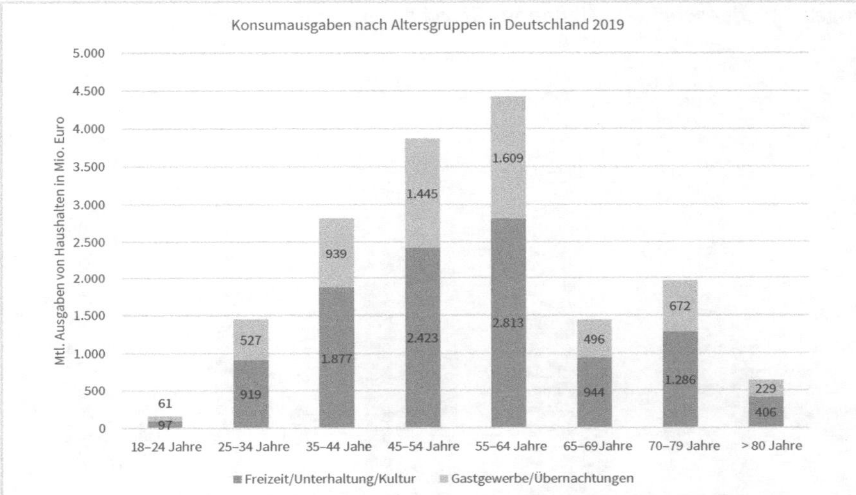

Abb. 10: Konsumausgaben nach Altersgruppen in Deutschland 2019 (Quelle: Statistisches Bundesamt, Institut der Deutschen Wirtschaft[83]; Altersgruppen nach dem Alter der Haupteinkommensperson dargestellt; Haushalte von Selbstständigen und mit einem monatlichen Haushaltsnettoeinkommen von über 18.000 Euro im Monat sind nicht enthalten)

Sobald jedoch der oder die Hauptverdiener:in in den Ruhestand geht, also ab ca. 65 Jahren, reduziert sich der Konsum in einigen Bereichen. Die Generali Altersstudie 2017, in der mehr als 4.100 Bundesbürger:innen im Alter zwischen 65 und 85 Jahren durch das Institut für Demoskopie Allensbach befragt wurden, fragte unter anderem: »In welchen Lebensbereichen mussten Sie sich in der Rente einschränken?« Die Haupteinschränkungsbereiche der befragten Personen waren Reisen (38 %) und Ausgehen (26 %). Weiterhin sparen Rentner:innen beim Auto (18 %), bei Investitionen am oder im Haus (23 %) und bei der Wohnungseinrichtung (17 %). Bei der Unterstützung von Kindern und Enkel (20 %) werden ebenfalls Ausgaben reduziert. Einschränkungen bei Lebensmitteln werden seltener genannt (7 %). Ab 80 Jahren sinken im Durchschnitt die Ausgaben für Essen. Die größten Kosten verursachen laut Generali Altersstudie 2017 Ausgaben für Haus oder Wohnung mit bis zu 45 Prozent. Im Anschluss daran ist

83 https://www.iwkoeln.de/studien/michael-groemling-konsumpotenziale-nach-altersgruppen-in-deutschland-509277.html

die Gesundheit der nächste größere Kostenfaktor – dieser steigt mit zunehmendem Alter an.[84]

Die sehr hohe Inflation in Deutschland scheint bei den Best Agern kaum einen Konsumverdruss ausgelöst zu haben, im Gegensatz zu den Jüngeren (siehe Abb. 11). In der Altersgruppe der über 60-Jährigen hat fast jede zweite Person in ihrem Alltagsleben ungeachtet der sehr hohen Inflation auf nichts verzichten müssen.

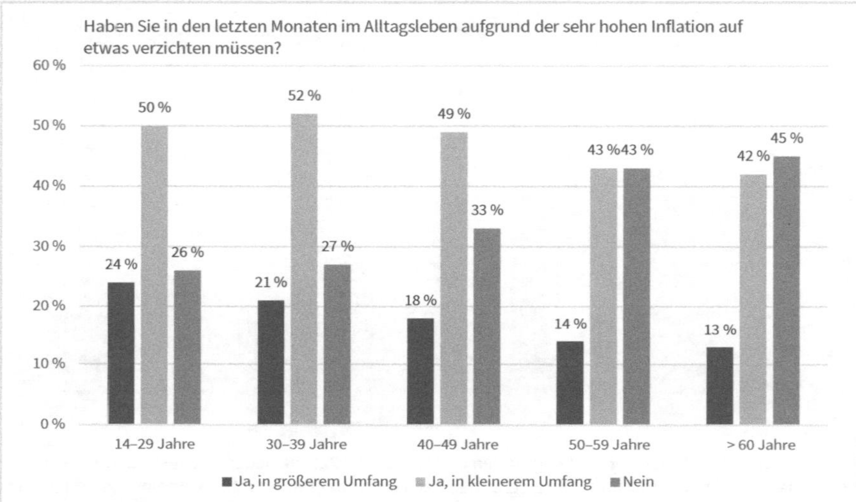

Abb. 11: Konsumänderung nach Alter aufgrund der Inflation (Quelle: Kantar, Deutscher Sparkassen- und Giroverbandes[85], 2022; Anzahl der Befragten: 4.739)

Das führt zu der Annahme, das Best Ager durch die wirtschaftliche Lage kaum oder nur geringfügig ihr Konsumverhalten ändern. Best Ager bilden demnach auch in Krisenzeiten eine stabile Säule für den Konsum.

Wer es nun verpasst, sich mit dem Best-Ager-Marketing zu beschäftigen, wird es bei der Folgegeneration – Generation X – noch schwerer haben.

3.2 Einkaufsgewohnheiten sind hartnäckig

Repräsentative Befragungen zu den Einkaufs- und Konsumgewohnheiten führte das Institut für Generationenforschung 2020 und 2021 während der Corona-Pandemie durch. In mehreren Erhebungswellen wurden jeweils über 1.000 Personen in Deutsch-

84 Generali Deutschland AG, 2017, S. 49 f.
85 https://www.sv-sachsen.de/content/service/blog/vermoegensbarometer-2022/

land befragt. Je jünger die Befragten, desto eher gaben sie an, nun anders einzukaufen als in vorpandemischer Zeit. Während bei der Generation Y noch jede fünfte Person angab, mehr als gewöhnlich einzukaufen, war es bei der Generation X nur noch jede achte Person. Je älter, desto weniger veränderten die Befragten ihr Einkaufsverhalten. Gefragt nach Konsum- und Essensgewohnheiten während der Pandemie gaben junge Menschen eher als ältere an, ihr Verhalten während der Pandemie geändert zu haben.

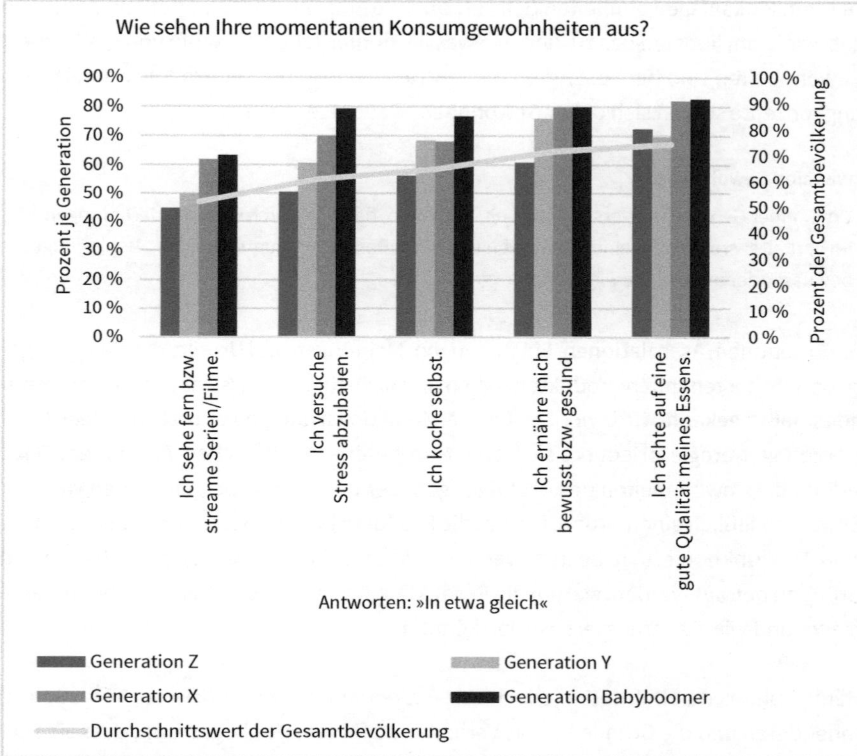

Abb. 12: Umfrageergebnisse zur Frage: »Wie sehen Ihre momentanen Konsumgewohnheiten aus?« (n > 3.500 je abgefragtem Item; mehrere Erhebungszeitpunkte während der Corona-Pandemie in den Jahren 2020 und 2021 kumuliert dargestellt; die Befragten konnten die Antworten »mehr«, »in etwa gleich« und »weniger« auswählen; dargestellt ist die Kategorie »in etwa gleich« in Abhängigkeit der generationellen Zugehörigkeit (siehe vertikale Primärachse) sowie für die Gesamtbevölkerung (siehe vertikale Sekundärachse))

Je älter, desto eher werden beim Einkaufen Gewohnheiten verfolgt. Psychologen sprechen davon, dass es Menschen ab dem 40. Lebensjahr schwerer falle, ihre Verhaltensgewohnheiten zu ändern. Best Ager werden daher nur schwer für komplett neuartige Produkte oder Produktinnovationen zu begeistern sein, schließlich haben sie im Laufe ihres Lebens die Konsumgüter ausgewählt, die gut zu ihren Bedürfnissen passen. Nach dem Motto »Never change a winning team« wird man Best Ager kaum zu anderen Gewohnheiten bewegen können. Genau hierin besteht auch eine Chance für Marketingkonzepte: das Nutzen des Gewinnerteams.

Dass ältere Personen beim Konsum eher auf bereits bestehende gedankliche Heuristiken zurückgreifen, kann man sich zunutze machen. Wie, dazu liefert eine repräsentative Umfrage des Instituts für Generationenforschung aus dem Jahr 2020 Antworten. Darin wurden 3.241 Konsument:innen online und vor Ort in mehreren Einkaufsfilialen zu ihren Einkaufsgewohnheiten befragt. Über 90 Prozent der Befragten über 50 Jahre gaben an, am liebsten das zu kaufen, »was ich immer schon einkaufe und gut kenne«. Gewohnheiten sind bei Best Agern die zentralen Motive bei der Produktwahl. Marketingkonzepte sollten sich daher Gewohnheiten zunutze machen.

Was sind Gewohnheiten?

Unter einer Gewohnheit versteht man ein Verhalten, das sich durch viele Wiederholungen im Verhaltensrepertoire eines Menschen eingeschliffen hat und unter gleichen Bedingungen bewusst oder unbewusst wieder hervorgerufen wird.

Die Emotionen, Assoziationen, Einstellungen, Meinungen und Urteile, die die Best Ager zu bereits bestehenden Produkten haben und dazu führen, dass das Produkt gewohnheitsmäßig gekauft wird, werden für die Marketingstrategie genutzt. Die Best-Ager-Marketingstrategie orientiert sich damit an bereits erfolgreichen Produkten. Dazu sollten die Gewohnheiten der Best Ager genauer unter die Lupe genommen werden. Es hat schließlich einen Grund, warum die Produkte bei den Best Agern Dauerbrenner sind. Das funktioniert am besten, wenn Best Ager zu ihren Einkaufsgewohnheiten und Gründen befragt werden: warum die Produkte gekauft werden, was sie so praktikabel macht und wie sie verbessert werden könnten.

Häufig fällt es den Befragten jedoch schwer, ein jahrelang praktiziertes Verhalten zu reflektieren und die Gründe für das Verhalten zu finden. Das liegt daran, dass sich ein Verhalten durch jahrelange Wiederholung als Gewohnheit verfestigt hat und dann oft unbewusst ausgeführt wird. Ein Türöffner, um diese Barriere zu überwinden, können Fragen aus der Fremdperspektive sein: »Warum, glauben Sie, kaufen Personen in Ihrem Alter diese Produkte?« Oder: »Wieso ist dieses Produkt für Gleichaltrige so wichtig?« Indem sich die Befragten in andere hineinversetzen, schaffen sie es, etwas mehr über ihre eigenen Gewohnheiten herauszufinden.

Kann ein Produkt an Gewohnheiten anknüpfen, besteht die Chance, dass es über einen langen Zeitraum immer wieder im Einkaufskorb der Best Ager landet. Die Kundin oder der Kunde ist langfristig gebunden. Das heißt, dass über Gewohnheiten eine langfristige Beziehung zur Kundin oder zum Kunden aufgebaut werden kann. Wie stark eine solche Beziehung sein kann, zeigt die online und vor Ort in mehreren Geschäften durchgeführte Befragung des Instituts für Generationenforschung unter den Konsument:innen. Über 90 Prozent der über 50-Jährigen gaben an, dort einzukaufen, »wo ich immer schon einkaufe und mich gut auskenne«.

Ziel der Befragung des Instituts für Generationenforschung in mehreren Einkaufsfilialen war es, die Beziehung zwischen dem Kunde und seinem gewohnten Einkaufsort zu ergründen, die dazu geführt hat, dass die Läden stark von Best Agern frequentiert werden. Die Spezifik der untersuchten Filialen besteht darin, dass sie seit mehr als drei Generationen ortsansässig sind. Noch bis vor zwanzig Jahren stellten die Filialen der Kette in vielen Orten die einzige Einkaufsmöglichkeit dar. Auch wenn sie mittlerweile ihre Monopolstellung an vielen Orten aufgeben musste, zählen ihre Filialen noch immer zu den meistfrequentierten Läden in der Region. Ihre Stellung als ehemaliger Marktführer hat der Ladenkette zahlreiche Gewohnheitskäufer verschafft, die trotz des zunehmenden Wettbewerbs in der Region ihr Einkaufsverhalten beibehalten.

Es ist damit nicht zwangsläufig eine Beziehung zwischen Kunde und Produkt, die dazu führt, dass ein Kunde für lange Zeit gebunden wird, sondern es ist die Beziehung zwischen dem Kunden und seiner Gewohnheit, die bestimmten Produkten eine langfristig stabile Verkaufsrate beschert.

3.3 Online vs. offline

Eine Studie von Civey, die im Auftrag von *fischerAppelt* durchgeführt wurde, ergab, dass 50 Prozent der über 60-Jährigen auf *Facebook* oder *YouTube* und 20 Prozent auf *Instagram* sind. Civey befragte 4.000 Personen der Altersgruppe zwischen 60 und 75 Jahren und älter.[86] Das Problem der Umfrage: Sie wurde ausschließlich online durchgeführt. Zwar ist so ein interessanter Blick auf das Internetverhalten der Best Ager möglich, sie ist aber kein Spiegelbild aller Best Ager in Deutschland. Denn sie spart die Hälfte der über 60-Jährigen aus, die kaum oder gar nicht online unterwegs sind. Eine im Jahr 2021 veröffentlichte Studie von BCG, Digitales Deutschland 2021, weist genau darauf hin: Viele Deutsche nutzen noch immer keine Onlineangebote, bei den über 60-Jährigen sind es sogar 50 Prozent. Studienleiter Rehse meinte dazu, dass es zu wenige Angebote für diese Zielgruppe gebe, und die, die es gibt, seien oft nicht

86 fischerAppelt, 2023

bekannt genug.[87] In Zukunft werden jedoch auch immer mehr ältere Personen digital im Netz unterwegs sein.

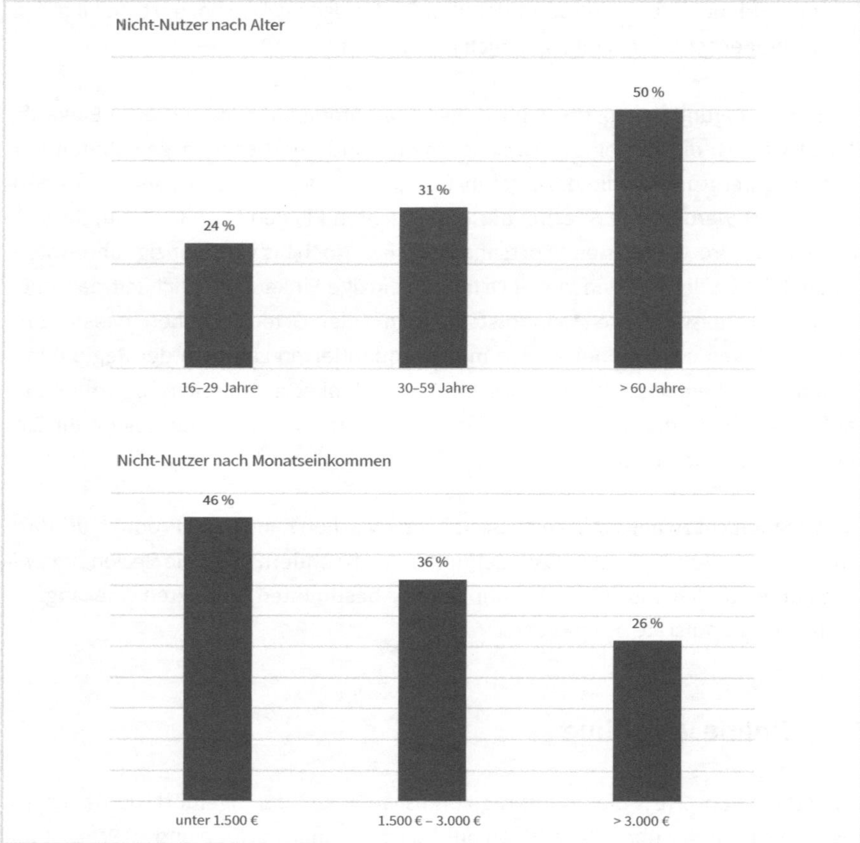

Abb. 13: Nicht-Nutzer von Onlineangeboten (Quelle: BCG, Digitales Deutschland 2021)

Laut der ARD/ZDF-Onlinestudie 2021[88] sind 31 Prozent der über 50-Jährigen auf *Facebook* und 10 Prozent auf *Instagram* aktiv. Die Nutzung von Social Media ist kein zwingender Indikator für die Nutzung digitaler Angebote insgesamt oder die Fähigkeit zum Umfang mit digitalen Geräten bei Best Agern. Die Zahlen spiegeln eher ein Bild unsere Gesellschaft und erklären, warum die Digitalisierung und entsprechende Onlineangebote in Deutschland nicht wirklich vorankommen. Die größte Bevölkerungsschicht, die über 50-Jährigen, nutzen es zu wenig.

87 BCG, 2021, S. 9
88 ARD/ZDF, 2021

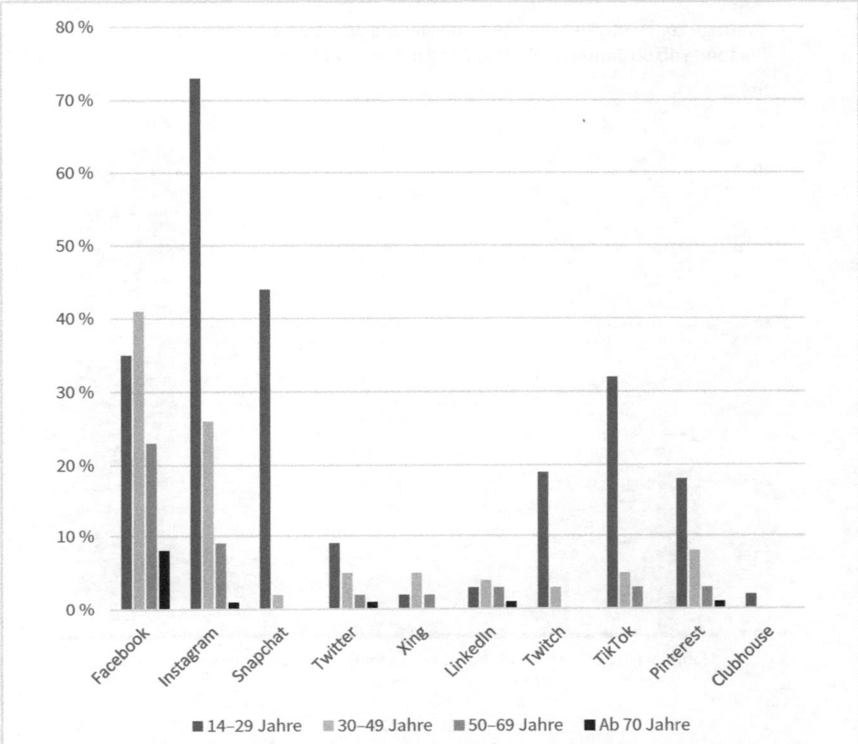

Abb. 14: Nutzung von Social Media nach Altersgruppen (Quelle: ARD/ZDF, 2021; Deutschland 2021; n = 2.001; ab 14 Jahren; deutschsprachige Bevölkerung; mindestens wöchentliche Nutzung)

Laut der ARD/ZDF-Onlinestudie 2021 ist unter den 14- bis 29-jährigen *Instagram* das meistgenutzte soziale Netzwerk in Deutschland. Nach dieser Umfrage nutzen 73 Prozent der Befragten dieser Altersgruppe die Foto-App, die zu Meta gehört, mindestens wöchentlich. Bei den Best Agern sind es neun Prozent. *Facebook* ist mittlerweile die Plattform für Ältere geworden. Unter den Befragten im Alter von 30 bis 49 Jahren kam *Facebook* auf einen Nutzeranteil von 41 Prozent und bei den Best Agern auf 23 Prozent.

Laut der Verbraucher- und Medienanalyse (VuMa) gaben insgesamt 23,2 Prozent der befragten Personen in Deutschland ab 60 Jahren im Jahr 2020 an, mehrmals in der Woche über Social Media zu kommunizieren. Im Vergleich zur Vorjahresbefragung stieg die Zahl der 60-Jährigen, die Social Media mehrmals pro Woche nutzen, um mehr als 5 Prozent an. Dem gegenübergestellt, kommunizieren 90,2 Prozent der Personen aus der Generation Z (14–24 Jahre), 83 Prozent aus der Generation Y (25–39 Jahre) und 69,1 Prozent aus der Generation X (40–54 Jahre) mehrmals in der Woche über Social-Media-Kanäle.[89]

89 Statista, 2020

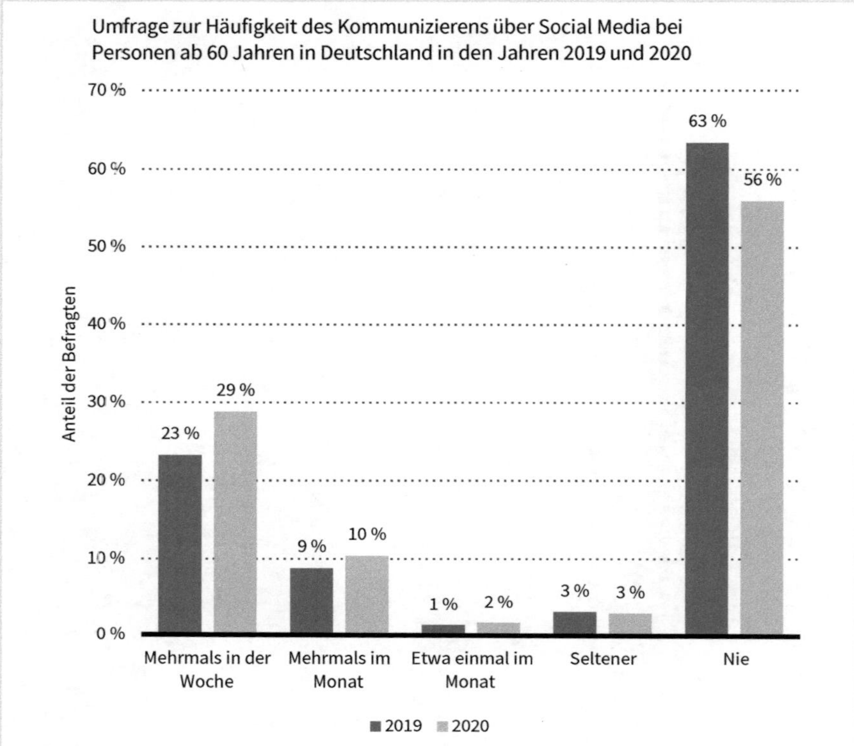

Abb. 15: Kommunizieren über Social Media für über 60-Jährige (Quelle: VuMA)

Durch die Corona-Pandemie gab es einen Digitalisierungsschub, der die Digitalisierung in immer mehr Bereichen des Lebens vorantrieb – trotzdem aber blieb die ältere Bevölkerung außen vor. Besonders deutlich wird dieses Phänomen in Gemeinden und Kommunen. Das Gesetz zur Verbesserung des Onlinezugangs zu Verwaltungsleistungen (Onlinezugangsgesetz – OZG) mit letzter Änderung von 2021 sollte zu mehr Digitalisierung in Verwaltungsprozessen führen. Dennoch müssen immer noch sehr viele Verwaltungsprozesse sowohl analog als auch digital angeboten werden, weil die älteren Bürger:innen die analogen Prozesse weiterhin einfordern. Da durchschnittlich erst ab 50 Jahren das Interesse für Lokalpolitik steigt – am größten ist es bei den über 65-Jährigen –, könnte dies ein Erklärungsbaustein für die nur schleppend vorankommenden digitalen Entwicklungen in vielen Gemeinden in Deutschland sein. Im Kommunalmarketing liegt demnach ein großes und noch unausgeschöpftes Potenzial.

4 Database-Marketing

D.R.E.A.M. – *Data Rules Everything Around Me.* Was für manche Best Ager ein Albtraum sein mag, ist für Marketingmanager:innen ein Traum der grenzenlosen Möglichkeiten. Das Auswerten von Kundendaten führt zu Wissen. Wissen bedeutet Macht. Richtig genutzt verleihen Kundendaten dem Marketing die Macht, effektive Marketingprogramme für Akquise, Retention und Cross-Selling aufzubauen.

Das Problem: Nicht alles ist digital. Insbesondere Best Ager nutzen digitale Anwendungen weniger und vor allem anders. Deswegen richten wir zunächst einmal einen Blick auf die Offlinedatenwelt: Analoges Einkaufen stellt viele Marketingexperten vor ein Problem. Sie kennen die Kund:innen nicht und lernen sie, wenn überhaupt, erst bei Marketingaktionen kennen. Die Kundin kommt in den Laden, kauft ein, bezahlt und legt vielleicht noch eine Treuekarte vor. Dann ist der Einkauf, die Aktion, abgeschlossen und die Kundin verlässt den Laden. Der Kassierer kann nun nicht einfach hinterherrennen und sagen: »Jetzt, wo wir uns kennengelernt haben, hätte ich gerne noch Ihre Daten. Kann ich Sie noch zu einem Kaffee mit unseren exquisiten Kaffeebohnen einladen?« Nein. Die Kundin ist weg und lässt sich weder beeinflussen noch steuern. Beim nächsten Offlineeinkauf läuft es genauso.

Nicht so in der Onlinewelt: Im Onlinegeschäft »weiß« das System sofort, wer der Kunde ist. Bevor der Kunde eine Aktion starten kann, wird er bereits gelenkt. Möglicherweise hat er bereits im Vorfeld Werbung erhalten, die nun zum Kauf eines bestimmten Produkts führt. Oder ihm werden auf Basis vergangener Klicks Internetseiten mit Kaufoptionen zugespielt.

Doch auch hier gibt es ein Problem: Die Datensegmentierungstools, die dabei unterstützen, Kampagnen gezielt zu gestalten, segmentieren die oberen Altersklassen nicht so feinmaschig wie die jüngeren. Datensegmentierungstools wie *TGI* und *Acxiom* segmentieren mit 75plus und *Experian* und *Facebook* mit lediglich 65plus.[90] Ab welchem Alter die Agenturen aufhören, genauer zu differenzieren, ist bedeutend, denn das Wissen über die 9,4 Millionen bzw. 18,27 Millionen Menschen in den Altersgruppen 75plus bzw. 65plus in Deutschland ist weniger spezifisch als das über die unter 10-Jährigen, die in Fünfjahreskohorten eingeteilt werden. Wenn Menschen über 60, 70, 80, 90 und sogar 100 Jahre alt werden, hinterlassen sie immer umfangreichere Datenspuren. Es könnten mehr Informationen gesammelt werden. Wenn aber die oberen Altersgruppen nicht aufgespalten werden, bleibt das Ergebnis ungenau. Daraus ergeben sich wiederum

90 https://www.facebook.com/business/help/103928676365132 und Jo Arden, Chief Strategy Officer, MullenLowe Group UK, www.marketingsociety.com

Opportunitätskosten. Mit einem feiner abgestimmten Wissen, das in engere Gruppen segmentiert ist, wären Marketingfachleute in der Lage, Produkte und Dienstleistungen so zu gestalten, dass sie für die Menschen, die sie ansprechen wollen, relevanter sind.

Trotz dieser Datenlage oder gerade deswegen nimmt für Best Ager immer noch – im Konsumieren – der analoge Weg einen großen Raum ein. Direktwerbung, Postwurfsendungen und Kataloge werden gern als Standard oder als Ergänzung zum Digitalen genutzt. Die Kosten scheinen gering – die Antwortquote auch. Die geringe Antwortquote erhöht automatisch die Akquisekosten je Kund:in. Folgendes Beispiel verdeutlicht den Prozess: Der Katalog einer Firma aus der Fashionindustrie kostet 0,50 Euro, die Bruttomarge pro Bestellung beträgt 21 Euro, die Kundenreaktionsrate auf den Katalog liegt bei ein bis zwei Prozent. Bei einer Antwortrate von einem Prozent ergeben sich Kosten pro Bestellung von 50 Euro, was mehr als das Doppelte der Bruttomarge ist. Das Marketingprogramm ist demnach nur profitabel, wenn die Antwortrate über 2,4 Prozent liegt. Wenn das Unternehmen mehrere Hunderttausend Sendungen verschickt, ist das ein entscheidender Kostenfaktor.

Eine mögliche Lösung bietet das Database-Marketing. Das Database-Marketing und seine Programme sind dafür geeignet, durch Ansprache geeigneter Kunden die Antwortrate zu erhöhen.

Database-Marketing

Das Database-Marketing (auf Deutsch »Datenbankmarketing«) ist eine zielgruppenorientierte Form des Direktmarketings basierend auf detaillierten Kundeninformationen. Durch das Sammeln und Analysieren von Kundendaten, wie Namen, Adressen, E-Mails und Präferenzen, können den Kunden die Inhalte bereitgestellt werden, für die sie sich mit einer großen Wahrscheinlichkeit auch interessieren werden. Das Database-Marketing wendet statistische Programme wie *Logit*, Baummodelle oder Scoringmodelle wie die RFM-Methode – *Recency, Frequency, Monetary Value* (Neuheit, Häufigkeit, Geldwert) – an.

Mittlerweile trägt der Einsatz von Datamining und künstlicher Intelligenz (KI) mit seinem maschinellen Lernen (ML) zu einer erheblichen Weiterentwicklung des Database-Marketings bei. Gerade im Onlinegeschäft ist es nicht mehr wegzudenken. Die Logistikbranche ist einer der größten Nutznießer von KI. Der boomende Onlinehandel lässt den Kurier-, Express- und Paketmarkt (KEP) jährlich neue Rekorde aufstellen. Laut dem Bundesverband Paket und Expresslogistik e. V. (BIEK) wird das durchschnittliche jährliche Wachstum des Sendungsvolumens um 47 Prozent wachsen und bis 2026 auf 5,7 Milliarden Sendungen in Deutschland ansteigen. Im Jahr 2021 waren es 4,51 Milliarden Sendungen.[91] Die Endkonsument:innen sind beim gesamten KEP-Sen-

91 https://www.biek.de/kep-branche/zahlen-und-fakten.html

dungswachstum die Haupttreiber. Mit dem Sendungsvolumen wachsen auch die Kundenansprüche.

Die Branche hat jedoch auch mit einem ineffizienten Ressourceneinsatz zu kämpfen. Deswegen ist es nicht verwunderlich, dass 95 Prozent der Logistikunternehmen die Potenziale von KI und maschinellem Lernen als sehr hoch einschätzen, um beispielsweise optimierte Tourenpläne, reduzierte Leerfahrten und korrekte Adressen zu erhalten. Das Start-up *Cargonexx* erstellt optimale Lkw-Tourenkombinationen: Freie Lkw-Kapazitäten werden mit Speditionsladungen abgeglichen und selbstlernende Algorithmen erstellen die optimale Route (inkl. Verkehrslage und Wetterverhältnisse). Die »Connected Supply Chain« von BMW sorgt für vollständige Transparenz der Lieferkette der weltweiten Lieferanten, indem sie alle 15 Minuten aktualisiert wird und weiß, wo sich welche Ware befindet, um mögliche Lieferverzögerungen frühzeitig zu erkennen.

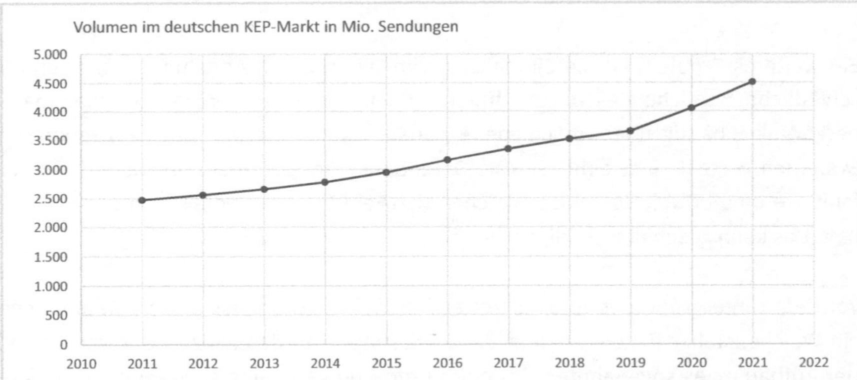

Abb. 16: Neue Rekorde im KEP-Markt (Quelle: KE-Consult/BIEK; Befragung der KEP-Dienste, 2022[92])

Das größte Problem in vielen Unternehmen ist die Datenqualität. Immer wieder kommen Unternehmen an ihre Grenzen, wenn es um eine gute Datenbasis geht. Denn KI braucht eine gute Datenbasis. Zu sehr wurde und wird das Datenmanagement in Unternehmen vernachlässigt, seien es Kundenstammdaten, Geschäftspartnerdaten, Mobilitätsdaten, Maschinendaten, Daten zum Einkaufsverhalten, Finanzdaten usw.

Künstliche Intelligenz und maschinelles Lernen

Der Begriff »**künstliche Intelligenz**« bzw. »Artificial Intelligence« bezeichnet sämtliche Computertechnologien zur Nachahmung menschlicher Intelligenz. **Maschinelles Lernen** bzw. Machine Learning wird als Teilbereich der künstlichen Intelligenz angenommen. Maschinen lernen, Aufgaben selbstständig mithilfe von großen Datenmengen zu lösen.

92 https://www.biek.de/presse/meldung/kep-studie-2022.html

4.1 Datenbewusstsein im Unternehmen

Künstliche Intelligenz lernt aus den Daten, die zur Verfügung stehen. Deswegen müssen Daten von hoher Qualität sein. Die Datenqualität stellt Unternehmen oft vor große Herausforderungen: Laut der Trendstudie Kundendatenmanagement 2018 von Grohmann Business Consulting im Auftrag von *Uniserv* haben 37 Prozent der Unternehmen falsche postalische Kundendaten. Die Kundendaten sind unvollständig, veraltet oder liegen mehrfach vor – sogenannte Dubletten. Sendungen sind dadurch unzustellbar und Rückläufer verursachen unnötige Kosten. Kundendaten- bzw. Namens- oder Adressänderungen entstehen durch

- Umzüge (14 Millionen p. a.),
- Sterbefälle (ca. 990.000 p. a.),
- Hochzeiten (370.000 p. a.),
- Scheidungen (150.000 p. a.) oder
- Änderungen von Straßen- bzw. Ortsnamen.[93]

Ein weiteres Problem ist die Silohaltung von Daten durch Abteilungen oder unterschiedliche Bereiche des Unternehmens. Da in Unternehmen die Geschäftspartnerkontakte häufig über verschiedene Kanäle verstreut liegen oder auf mehreren Systemen verteilt sind, eine zentrale Datenbank zum Sammeln der Kontakte aber fehlt, treten oft Dubletten auf, schleichen sich Fehler ein oder die Daten sind lückenhaft. Das kann geschäftsschädigend sein.

Vor dem Hintergrund der voranschreitenden Digitalisierung ist digitale Datenpflege ein Weichensteller für die Zukunft des Marketings und des ganzen Unternehmens. Der Aufbau eines sogenannten *Customer Data Hub* kann eine solide Basis schaffen. Dazu wird KI benötigt, die eine »360-Grad-Sicht« auf Kund:innen und Teilnehmende der Wertschöpfungskette erlaubt. Der Customer Data Hub kann nach den folgenden Schritten entwickelt werden:

1. relevante Informationen und Geschäftspartnerdaten aus diversen Quellen und Systemen automatisiert extrahieren und zusammenführen
2. beim Datenimport bereinigen: Fehler und Dubletten entfernen
3. alle bereinigten Daten in einem eindeutigen qualitätsgesicherten *Golden Record* konsolidieren
4. Anreichern des Golden Records mit Interaktions- und Bewegungsdaten

Golden Record

Golden Records sind exakte, konsistente, eindeutige und nutzbare Kundendaten in höchster Datenqualität.

93 Vgl. Deutscher Dialogmarketing Verband e. V., 2018

Gerade bei großen Datenbeständen bietet sich die systematische Anwendung von statistischen Methoden an, um beispielsweise Kunden-/Kaufverhalten und Trends zu erkennen. Das wird innerhalb des sogenannten Dataminings umgesetzt. Mittels Datamining können Kundendaten analysiert und bewertet werden. Dadurch wird neues Wissen über Kund:innen generiert, das die Kundengewinnung und -bindung erleichtern soll.

Datamining

Datamining bezeichnet den Prozess der Wissensgenerierung aus Daten sowie deren Darstellung und Anwendung. Die verwendeten Methoden kommen meist aus der Statistik oder dem Bereich der künstlichen Intelligenz (KI) und sollten auch auf sehr große Datenmengen mit vertretbarem Aufwand anwendbar sein.

Eine Methode zum einheitlichen Aufbau von Datenbeständen ist der *Cross Industry Standard Process for Data Mining*, kurz das *CRISP-DM-Modell*. Das CRISP-DM ist ein branchenübergreifendes, anwenderneutrales Standardmodell, das weltweit im Datamining eingesetzt wird. Es entstand 1996 im Rahmen eines EU-geförderten Projekts. An der Entwicklung waren Unternehmen wie die Daimler Benz AG, NCR Dänemark, Integral Solutions Ltd usw. beteiligt. Das Modell standardisiert den Ablauf für das Durchsuchen von Datenbeständen nach Mustern, Trends und Zusammenhängen. Es ist in sechs Phasen aufgebaut, die sequenziell einmal oder mehrmals durchlaufen werden:

1. **Business Understanding** (Was braucht das Geschäft?)
   Definieren der Aufgabenstellung und Vorgehensweise
2. **Data Understanding** (Welche Daten werden dafür gebraucht und welche Daten stehen in welcher Qualität zur Verfügung?)
   Analysieren und Bewerten der Datenqualität
3. **Data Preparation** (Wie sollen die Daten für die Modellierung organisiert werden?)
   Erstellen eines finalen Datensatzes für die nächste Phase
4. **Modeling** (Welche Modellierungstechnik soll angewandt werden?)
   Anwenden verschiedener Methoden auf den Datensatz und Erstellen mehrerer Modelle
5. **Evaluation** (Welches Modell trifft am besten die Geschäftsziele aus Phase 1?)
   Auswählen des passenden Modells
6. **Deployment** (Wie erhalten die Stakeholder Zugriff auf die Ergebnisse?)
   Aufbereiten und Bereitstellen der Ergebnisse für den Entscheidungsprozess

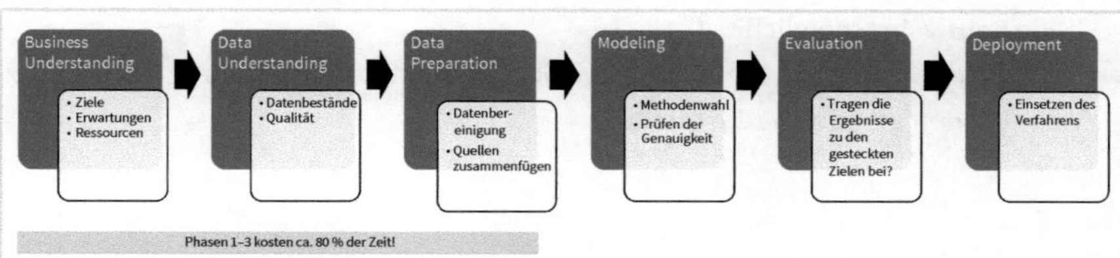

Abb. 17: Cross Industry Standard Process for Data Mining (CRISP-DM)

Durch diese Methode erlangt das Marketing neues Wissen über das Kundensegment der Best Ager. Die gewonnenen Erkenntnisse über Best Ager können entsprechend in Marketingmaßnahmen einfließen.

Cross Industry Standard Process for Data Mining, kurz: CRISP-DM-Modell

Das CRISP-DM-Modell ist ein anwenderneutrales Prozessmodell für Datamining, um Datenbestände einheitlich nach Mustern, Trends und Zusammenhängen zu durchsuchen. Hierfür definiert der Standard sechs verschiedene Phasen, die ein- oder mehrfach zu durchlaufen sind.[94]

4.2 Data-Tools für das Marketing

Ein Statistiktool, das bei der Datenanalyse häufig in Verbindung mit Datamining im Marketing angewendet wird, ist die **Assoziationsanalyse**.

Assoziationsanalyse

Mithilfe der Assoziationsanalyse wird nach Abhängigkeiten zwischen einzelnen Untersuchungsobjekten gesucht. Diese können dann z. B. in »Wenn-dann-Regeln« ausformuliert werden.

Weit verbreitet ist beispielsweise die **Warenkorbanalyse** in Supermärkten: Wenn Kund:innen Toastbrot kaufen, dann kaufen 79 Prozent von ihnen auch Butter. Darauf aufbauend ergänzt die Sequenzanalyse noch die Dimension »Zeit«: Wenn Kund:innen beispielsweise im Winter einen Fernseher kaufen, schließen 50 Prozent von ihnen spätestens nach vier Wochen ein Abonnement mit einem Streaminganbieter ab.

Eines der wohl bekanntesten Systeme sind die **Recommender-Systeme**. Die Recommender-Systeme führen in der Datenbank die Daten aller Kunden zusammen, die ähnliche Interessen haben. Daraus werden wiederum Prognosen erstellt, welches Produkt der Kunde oder die Kundin kaufen wird. Amazon ist einer der bekanntesten Anwender.

Recommender-Systeme bauen auf maschinellen Lernverfahren auf und empfehlen Kund:innen auf Basis der Kaufentscheidungen anderer Kunden bestimmte Produkte. Sie werden auf den Plattformen sichtbar durch die folgenden Formulierungen:

- hohe Kaufwahrscheinlichkeit
- Kunden, die Artikel von Ihrem Verlauf gekauft haben, kauften auch …
- Was schauen gerade andere Kunden …

94 Siehe Bundesministerium für Wirtschaft und Energie unter: https://www.bigdata-insider.de/was-ist-crisp-dm-a-815478/

- Mehrere Artikel erwägen …
- Wird oft zusammen gekauft …
- Kunden, die diesen Artikel gekauft haben, kauften auch …
- Kunden kaufen auch Artikel von …
- Welche anderen Artikel kaufen Kunden, nachdem sie diesen Artikel angesehen haben?

Durch die Daten der Kunden und deren Kaufverhalten kann auch prognostiziert werden, ob Kund:innen kündigen oder wann sie die Geschäftsbeziehung beenden werden. Um das zu verhindern, kann mittels der Informationen frühzeitig reagiert werden. Mithilfe von Kundendatenbanken und statistischen Modellen wie Survival- oder Hazard-Modellen kann man die Abwanderung von Kunden vorhersehen, was Unternehmen dabei helfen kann, geeignete Anreizprogramme zu entwickeln, um Kunden zu binden.[95]

Die genannten Tools funktionieren nur mit großen Mengen an Daten. Das Sammeln großer Datenmengen fällt unter den Tätigkeitsbereich des Big-Data-Marketings.

Die folgende Auflistung stellt einen Auszug Daten dar, die das Big-Data-Marketing sammelt:

- soziodemografische Daten: Alter, Geschlecht, Wohnort, Familienstand, Beruf usw.
- ortsbezogene Daten: Standort stationär (ermittelt durch IP-Adresse), Standort mobil (ermittelt z. B. durch GPS oder Bluetooth) usw.
- Nutzungs-/Reaktionsdaten in digitalen Kanälen (z. B. E-Mail, Social Media, Website): Öffnungen, Klicks, Conversions (Zahl der Websitebesucher, die aktiv werden, indem sie etwas kaufen, anklicken, bestellen etc.), Nutzungsdauer, Social Shares, besuchte Websites usw.
- technische Daten: IP-Adresse, Browser, Endgeräte, E-Mail-Client, installierte Plug-ins usw.
- Transaktionsdaten aus Onlineshops: gekaufte Produkte, generierter Umsatz, letzter Kauf, Retourenquote, Kauffrequenz, Preissensibilität usw.

Big Data und Smart Data

Big Data ist ein Überbegriff für das Speichern, Verarbeiten und Analysieren großer Datenmengen. Häufig sind diese so groß, dass sie mit klassischen Methoden der Datenauswertung nicht mehr bewältigt bzw. analysiert werden können. Konnten aus den Daten sinnvolle Informationen und Zusammenhänge gewonnen werden, spricht man auch von Smart Data.
Smart Data sind Big Data, die durch Analyse hinsichtlich Qualität, Nutzen und Sicherheit optimiert wurden.

95 Gupta/Lehmann, 2005

Durch maschinelles Lernen kann ein neues Online-Einkaufserlebnis für Best Ager geschaffen werden. Kund:innen werden schnell gefunden, deren Wünsche erkannt und maßgeschneiderte Angebote unterbreitet. Das Marketing kann durch diese Möglichkeiten ressourcenschonender sowie punktgenau agieren, und das alles mit hohen Erfolgswahrscheinlichkeiten. Über sämtliche Kanäle lassen sich Erlebnisse für bestehende oder potenzielle Kund:innen personalisieren. Welche Produkte oder Dienstleistungen für die jeweiligen Kund:innen relevant sind, ergibt sich aus den detaillierten Profilen und Prognosen. Je besser Kundenwünsche erkannt werden, desto zufriedener sind sie und nebenbei wird auch die Retourenquote gesenkt. Laut der Otto-Friedrich-Universität Bamberg wurden im Jahr 2020 rund 315 Millionen Pakete in Deutschland retourniert.[96] Das heißt, jeder Bundesbürger hat im Jahr 2020 knapp vier Pakete zurückgeschickt – eine massive ökologische und ökonomische Belastung, der durch intelligentes Marketing entgegengewirkt werden kann.

96 http://www.retourenforschung.de

5 Best Ager und Online-Marketing

Die Best Ager sind in einer Welt groß geworden, die aus heutiger Sicht völlig analog ablief. Sie kennen noch ein internetfreies Wochenende, einen Einkauf ohne Bewertungsportale und einen Urlaub ohne 500 Smartphone-Fotos. Sie sind mit dem portablen Internet in Form eines Smartphones erst im späteren Erwachsenenalter in Berührung bekommen. Das bedeutet, dass sie es in erster Linie gewohnt sind, ohne Smartphone Rückschlüsse zu ziehen. Sie suchen also zuerst analoge Lösungen, bevor sie digital agieren – und hierin verbirgt sich der größte Unterschied zwischen den Best Agern, die in ihrer Kindheit analog geprägt wurden, und den digital geprägten Generationen Z und Alpha. Die Mehrzahl der Menschen in Deutschland ist analog geprägt und handelt in erster Linie auch aufgrund analoger Verhaltensmuster.

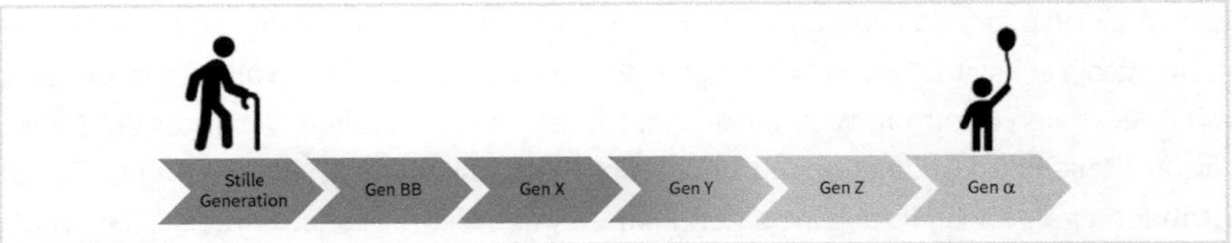

Abb. 18: Generationeneinteilung nach analoger und digitaler Prägung (Institut für Generationenforschung 2022)

In Deutschland gibt es etwa 4,6 Millionen mehr Menschen, die zwischen 1965 und 1980 geboren wurden, als solche, die zwischen 1995 und 2010 geboren wurden. Dementsprechend gibt es deutlich mehr analog als digital geprägten Menschen. Die Entscheider:innen in Politik und Wirtschaft sind hauptsächlich 50plus. Während die Generation Z ein Leben ohne Smartphone und Internet nicht kennt, geschweige denn sich überhaupt vorstellen kann, verbrachten die analog Geprägten einen großen Teil ihres Lebens mit analogen Medien und kamen erst als Erwachsene mit digitalem Konsum in Berührung. Digital scheinen die Best Ager aber weniger berücksichtigt zu werden als die jüngeren, obwohl ihr Marktanteil viel größer wäre. Laut Civey sind 51 Prozent der ab 60-Jährigen sogar der Meinung, dass das Internet zur Spaltung der Gesellschaft beitrage und jede:r zweite über 60-jährige glaubt, dass das Internet soziale Interaktion nicht ersetzt.[97]

97 fischerAppelt, 2023

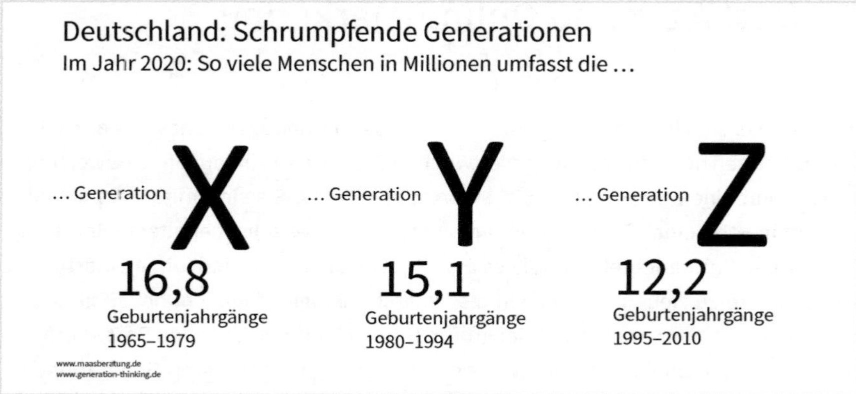

Abb. 19: Schrumpfende Gesellschaft (Institut für Generationenforschung 2020)

Man muss also, um das Potenzial der Best Ager schöpfen zu können, die analoge Prägung mitberücksichtigen. Menschen, die analog geprägt wurden, wollen zum Beispiel mit ihrer realen Community Dinge aus ihrem realen Leben teilen. Vertreter der Generation Z teilen ihre Gedanken, Aktionen oder Bilder mit einer Cybercommunity. Dabei ist ihnen egal, ob sie ihre Adressaten kennen oder nicht. Deshalb nutzen den WhatsApp-Status zum Beispiel in der Regel Menschen, die älter als 40 Jahre sind. *TikTok* dagegen, das auf eine anonyme Cybercommunity setzt, ist bei Menschen unter 24 Jahren erfolgreich.

5.1 Social Media bei den Best Agern

Langfristig muss jedoch auch bei den Best Agern auf Social-Media-Kanäle gesetzt werden. Zwar informieren sich die aktuellen Best Ager noch hauptsächlich über analoge Quellen wie Zeitungen, Zeitschriften, Broschüren sowie Freunde und Familie, doch je jünger die Menschen sind, desto eher wird das Digitale eine Rolle bei der Informationsbeschaffung spielen. Die zukünftigen Best Ager, die Angehörigen der Generation X, werden als Best Ager weitaus mehr digitale Medien nutzen als die heutigen Best Ager, die meist Angehörige der Babyboomer-Generation sind.

Um herauszufinden, wie eine Alterskohorte digitale Angebote nutzt, kann die Sozioinformatik wertvolle Informationen liefern.

Sozioinformatik

Die Sozioinformatik untersucht die Interaktionen von sozialen Gruppen oder Kohorten mit Softwaresystemen. Sie ist somit eine »Schnittstelle« von Soziologie und Informatik.

Einer der Ersten, der ab 1990 auf diesem Gebiet wissenschaftlich aktiv war, war der Informatikprofessor Rob Kling. Der Technikphilosoph und Ingenieur Günter Ropohl hat für diese Disziplin eine sehr anschauliche Definition:

> »Ein Computer wird erst wirklicher Computer, wenn er zum Teil einer Mensch-Maschine-Einheit geworden ist. Wenn ein Text geschrieben wird, tut das nicht allein der Mensch, aber es ist auch nicht allein der Computer, der den Text schreibt; erst die Arbeitseinheit von Mensch und Computer bringt die Textverarbeitung zuwege. Da freilich im benutzten Computer immer schon die Arbeit anderer Menschen verkörpert ist, da also die Mensch-Maschine-Einheit nicht nur durch den einzelnen Nutzer gebildet, sondern auch von anderen Menschen mitgeprägt wird, bezeichne ich sie als soziotechnisches System.«
>
> Ropohl, 2009, S. 58 f.

Untersucht werden neben dem großen Gebiet der Anwendersoftware vor allem auch die Social-Media-Plattformen. Und genau die funktionieren bei Best Agern eben völlig anders als bei den jungen Usern.

5.1.1 Facebook und YouTube

Eine sehr beliebte Plattform bei vielen Best Agern ist *Facebook*. Bei *Facebook* lag der Anteil der Nutzer zwischen 50 und 69 Jahren in Deutschland im Jahr 2021 laut Statista bei 23 Prozent und ab 70 Jahren bei 8 Prozent, Tendenz steigend (Statista, 2023). Möchte man hier eine Kampagne schalten, sollte man neben dem Content auch die Uhrzeit und den Wochentag berücksichtigen, wie Abbildung 20 sehr eindrücklich zeigt.

YouTube gehört ebenfalls zu den von Best Agern gern genutzten Social-Media-Plattformen. Die Plattform wird aber immer noch verhältnismäßig wenig von Unternehmen eingesetzt. Dabei hat *YouTube* eine hohe Reichweite und kann somit Ihre Bekanntheit sehr schnell erhöhen. Täglich werden kumuliert weltweit ca. 1.000.000.000 Stunden auf *YouTube* verbracht. *YouTube* ist die zweitgrößte Website bzw. Plattform der Welt. Auch Best Ager haben schon längst das Medium für sich entdeckt. Wer liest denn noch eine komplizierte Anleitung für das Zusammenbauen eines Grills oder Schranks, wenn es dafür ein *YouTube*-Video gibt?

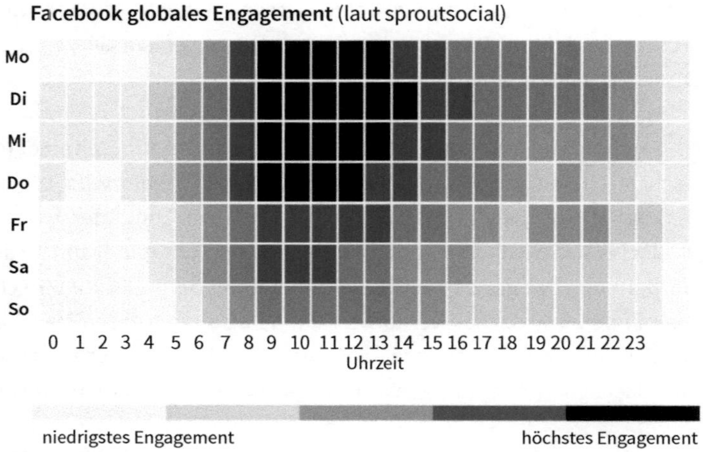

Beste Zeit, um auf Facebook zu posten:

- Montag von 8:00 Uhr bis 13:00 Uhr
- Dienstag von 8:00 Uhr bis 14:00 Uhr
- Mittwoch von 8:00 bis 13:00 Uhr
- Donnerstag von 8:00 Uhr bis Mittag

Beste Tage, um auf Facebook zu posten: Montag bis Donnerstag
Schlechteste Tage, um auf Facebook zu posten: Sonntag

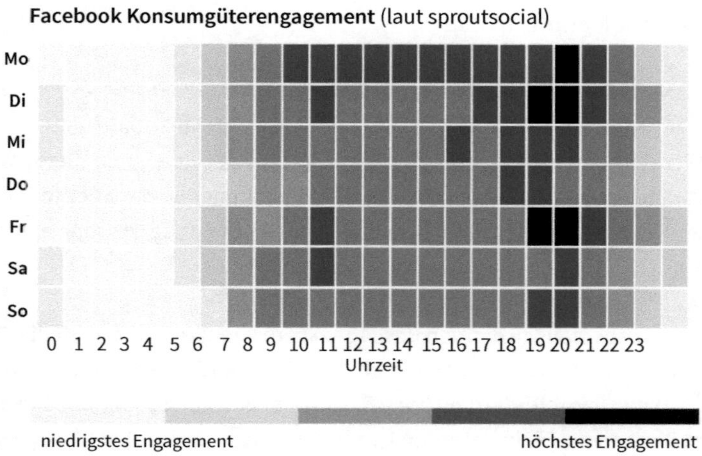

Beste Zeit, um Konsumgüter auf Facebook zu posten:

- Montag um 19:00 Uhr
- Dienstag von 18:00 bis 20:00 Uhr
- Freitag von 18:00 bis 20:00 Uhr

Beste Tage, um Konsumgüter auf Facebook zu posten: Montag
Schlechteste Tage, um Konsumgüter auf Facebook zu posten: prinzipiell keine

Abb. 20: Beste Zeitpunkte für *Facebook*-Posts[98]

98 Vgl. Maas, 2021a, S. 77.

Wenn Sie also einen eigenen *YouTube*-Kanal erstellen, sollten Sie von Anfang an auch eine Strategie hierfür entwickeln. Die simple Rechnung lautet: Je mehr Abonnenten Sie auf Ihrem Kanal haben, desto höher die Anzahl weiterer Abonnenten. Dadurch erhöhen Sie Ihre Videoaufrufe, Wiedergabezeiten und Ihr Engagement. Abonnenten einfach zu kaufen ist keine Lösung und kann von *YouTube* mit Sperrung Ihres Kanals quittiert werden. Viele Anbieter von kaufbaren Abonnenten treten zudem unseriös auf. Versuchen Sie deshalb, »organisch« zu wachsen. Sie können zum Beispiel alle Abonnenten Ihrer anderen Social-Media-Kanäle wie *LinkedIn*, *Xing*, *Facebook*, *Instagram* oder *Twitter* darum bitten, auch Ihren *YouTube*-Kanal zu abonnieren. Nutzen Sie Ihr Cross-Media-Potenzial bis zum Äußersten. In E-Mail-Signaturen oder auch auf Ihrem geschäftlichen WhatsApp-Status können Sie auf Ihren neuen *YouTube*-Kanal hinweisen. In homöopathischen Dosen stört diese Werbung niemanden und sorgt für permanenten Traffic auf Ihren Kanal. Sie können den 100. oder 500. Abonnenten feiern. Sie können Verlosungen starten oder dem x-ten Abonnenten eine Urkunde überreichen. Alles ist erlaubt, solange Sie keine Abonnenten kaufen.

Idealerweise verknüpfen Sie Ihre Videos miteinander, aber auch mit Ihrer Homepage, Ihrem Produkt oder gar mit anderen thematisch verwandten Videos, die Ihnen wiederum Traffic generieren. Ihre Reichweite können Sie mit Partner-Kanälen noch weiter steigern, bei denen Sie sich gegenseitig bewerben, oder mit Senior-Influencern bzw. Silver-Influencern.

5.1.2 Senior-Influencer

Ein Influencer für Best Ager »funktioniert« etwas anders als ein Influencer der Generation Z. Während Influencer für die jüngere Generation häufig durch das Internet berühmt geworden sind, hatten die meisten Best-Ager-Influencer auch in der realen Welt eine gewisse Bekanntheit, bevor sie sich für den digitalen Parallelweg entschieden haben. Wichtig ist, dass Influencer mit ihrem Posting-Verhalten immer eine Brücke in die analoge Welt schlagen müssen, da ansonsten der Mehrwert für Best Ager kaum ersichtlich ist. Reines Entertainment wie bei der Generation Z steht bei den Best Agern in der Regel nicht so hoch im Kurs. Drei zentrale Erfolgsfaktoren entscheiden, ob Silver-Influencer bei den Best Agern ankommen oder nicht.

Sympathie ist bei den Best Agern ein Muss. Psychologen wissen, dass sich Menschen eher von Personen überzeugen lassen, wenn sie diese sympathisch finden. Sympathie wird dabei von Attraktivität, Ähnlichkeit und Vertrautheit verstärkt. Also sieht jemand ähnlich aus und benimmt sich auch noch ähnlich wie ich, ist die Chance hoch, dass er oder sie sympathisch auf mich wirkt. Insgesamt haben es attraktive Menschen leichter, da ihnen in der Regel im Vorfeld positive Eigenschaften wie Intelligenz, Kompetenz und Zufriedenheit zugeschrieben werden. Psychologen nennen das den »Halo-Effekt«.

Der Halo-Effekt fällt unter die kognitiven Verzerrungen, die unsere Urteilskraft unbewusst stören. Eine besondere Eigenschaft wie zum Beispiel Attraktivität überstrahlt dabei das Übrige. Hieraus zieht das Influencer-Marketing klare Vorteile. Die heile, erfolgreiche und schöne Welt, die dem Follower in sozialen Netzwerken präsentiert wird, überstrahlt dabei die objektive Urteilskraft. Ein Influencer, der erfolgreich und schön dargestellt wird, wird automatisch auch in anderen Gebieten als kompetenter Berater gesehen. Vertrautheit trägt auch maßgeblich zur Sympathiebildung bei, denn je häufiger wir mit jemandem in Kontakt treten (möglichst in positivem Kontext), desto mehr (positive) Assoziationen verbinden wir mit dieser Person. Bringt ein:e Influencer:in seine:ihre Community beispielsweise oft zum Lachen, so wird diese Freude mit dem bzw. der Influencer:in assoziiert. Er bzw. sie wird als sympathisch empfunden (Maas 2021a).

Die Best Ager sind sehr meinungsstark. Werte sind ihnen wichtig. Produkte sollten mit diesen Werten übereinstimmen. Das kann mit dem Begriff **»Authentizität«** beschrieben werden. Authentizität kommt vom Griechischen αὐθεντικός *(authentikós)* und bedeutet so viel wie »echt sein«. Wie kann etwas Digitales überhaupt echt sein? »Best Ager merken das dann auch, wenn der Content zu allgemein und nicht ortsspezifisch ist. Das fällt unter den Punkt Ehrlichkeit, gerade bei Fotos«, berichtete mir ein Marketingexperte aus der Tourismusbranche. Doch ist die digitale Authentizität nicht ein Widerspruch in sich? Der Versuch, künstliche und digitale Authentizität zu schaffen, ist eine Art Paradoxon, denn wer versucht, Authentizität zu schaffen, ist damit streng genommen nicht mehr authentisch. Die digitale Authentizität ist also nur eine digitale, künstliche »Echtheit«. Negieren sich »künstlich« und »digital«, ähnlich dem mathematischen Gesetz: »negativ plus negativ ist positiv«?

In der Regel schreiben Follower ihren Influencern ein hohes Maß an Authentizität zu. Das ergab eine Influencer-Studie des Instituts für Generationenforschung aus dem Jahr 2019. In dieser Studie wurden über 1.400 Follower und 130 Influencer befragt.[99] Für Best Ager ist es wichtig, dass Produkte von anderen gut bewertet worden sind. Bewertungen geben Sicherheit, vor allem da die Auswahl im Internet schlicht zu groß ist. Bewertungen helfen den Best Agern, in der Vielfalt der Angebote den Überblick zu behalten. Sie ersetzen ein Stückweit die eigene Entscheidungsfindung. Umso wichtiger ist die Glaubwürdigkeit derjenigen, auf deren Bewertung man sich verlässt. Bewertungen müssen daher authentisch sein, am besten werden sie von denjenigen geschrieben, die wirklich mit dem Produkt zufrieden waren.

In seinem Buch schreibt der Psychologieprofessor Cialdini, der Urheber des Begriffs »Influencer-Marketing«, dass sich Menschen mit zunehmender Komplexität des All-

99 Vgl. Maas, 2021a, S. 89

tags nicht mehr in allen Themenfeldern informieren (können) und sich daher bei ihren Entscheidungen auf den Rat von Influencern verlassen. Außerdem geht Cialdini davon aus, dass Menschen leicht beeinflussbar und ihre Handlungen in gewisser Weise steuerbar sind.[100] Influencer sind somit auch »Meinungsmacher« und für die Best Ager ggf. sehr effiziente Markenbotschafter. Sie sind der Mittelpunkt des Influencer-Marketings, einer Form des Online-Marketings, die heutzutage nicht mehr wegzudenken ist. Hier trifft Alt auf Neu, klassische Marketingstrategien werden durch neue ergänzt. Von Influencern beworbene Inhalte wirken auf Follower meist eher wie eine ehrliche Empfehlung – dass das Unternehmen der Drahtzieher ist, wird oft nicht wahrgenommen.[101]

Eigentlich streben wir Menschen immer wieder danach, als stimmig und konsistent wahrgenommen zu werden. Wer als inkonsequent wahrgenommen wird, gilt als unzuverlässig, sprunghaft, unglaubwürdig. Deshalb ist es nicht verwunderlich, dass wir heute als Beweis für Authentizität nach Konsequenz suchen. In anderen Worten: Best Ager suchen heute begehrlich nach authentischen Botschaften, in denen sie sich wiederfinden und mit denen sie sich identifizieren können. Und wer könnte diese Botschaften besser vermitteln als ein Senior-Influencer? Nicht selten haben diese Influencer mehrere Hunderttausend bis Millionen Follower. Das erreichen selbst manche berühmte Politiker nicht.

Influencer können daher unter Umständen viel Macht ausüben. Sie werden aus diesem Grund auch gern von der Industrie genutzt. Durch sie kann die Industrie gezielt Produkte bewerben, da Influencer für eine konsequente Authentizität stehen und kongruent wirken.[102] Das bedeutet: Wenn ein Influencer, der einem so ähnlich und sympathisch ist, ein bestimmtes Duschgel benutzt, dann fragt man sich, wieso man es eigentlich nicht selbst nutzt.

Den richtigen Influencer-Typ für Ihr Unternehmen finden: Best Ager setzen auf Experten und Erklärer

Influencer ist nicht gleich Influencer. Nicht austauschbar, nicht ersetzbar, nicht beliebig. Jede:r besetzt eine eigene Nische, ist Experte für ein anderes Thema, hat einen anderen Stil. Influencer decken eine enorme Bandbreite ab: So gibt es Coaches, Experten, Missionare, Selbstdarsteller und Stil-Vorbilder. Jede:r Influencer:in hat eine eigene Art, sich darzustellen und mit seinen bzw. ihren Followern zu interagieren. Dies gilt es zu berücksichtigen, wenn Sie als Unternehmer:in, Politiker:in oder Medienschaffende:r mit einem Influencer zusammenarbeiten möchten. Die Grenzen der verschiedenen Influencer sind fließend. So lässt sich ein Influencer nicht immer klar kategorisieren und kann durchaus unterschiedlichen Branchen zugeordnet werden.

100 Cialdini, 2016
101 Degens, 2018
102 Vgl. Maas, 2021a

Im Folgenden werden die verschiedenen Arten an Influencern genauer unter die Lupe genommen. Zuallererst sind die sogenannten **Stil-Inspiratoren** zu nennen. Influencer dieser Branche nehmen ihre Follower in die Welt der Mode-, Schönheits- und Einrichtungstrends mit, berichten aber auch über gutes Essen und Reisen. Sie inszenieren eine ästhetische Welt schöner Gerichte und abgelegener Sandstrände. Sie werden auch als »Lifestyle-Influencer« bezeichnet und bieten ihren Followern Projektionsflächen zur Identifikation. Ihre Followerzahlen liegen meist über 100.000 und ihren Erfolg erreichen sie vor allem dadurch, dass sie ihren Followern das Gefühl vermitteln, an ihrem Lifestyle teilhaben zu können. Damit schaffen sie erneut das Gefühl von Authentizität.

Eine andere Gruppe von Influencern sind die Erklärer, Experten, Coaches und Missionare. Sie machen es sich zur Aufgabe, komplexe Sachverhalte verständlich und unterhaltsam zu präsentieren. Der Professionalitätsanspruch ist bei ihnen dabei eher zweitranging, was sie von den klassischen Medien unterscheidet. Dafür werden sie jedoch dem Anspruch, authentisch zu wirken, gerecht. Wichtig für die ältere Generation (Babyboomer, Generation X) sind vor allem die **Erklärer** und **Experten**. Diese beiden Influencer-Typen sind sich sehr ähnlich. Sie teilen Erklärvideos für die unterschiedlichsten Bereiche, ob Politik, Wirtschaft, Wissenschaft, Technik oder Schulwissen. Im Internet gibt es für beinahe jede Frage ein passendes Erklärvideo. Experten sind eine besondere Form der Erklärer – sie sind schlicht die Spezialisten auf ihrem Gebiet. Ihre Followerzahl ist zwar groß, ihre Reichweite ist jedoch aufgrund ihrer speziellen Nische oft überschaubar. Sie punkten eben mit ihrem Know-how.

Einige nutzen auch Influencer als **Coaches**. Hierunter fallen zum Beispiel Fitness- und Ernährungsinfluencer. Sie versuchen ihre Follower mit Handlungsempfehlungen und umsetzbaren Lerneinheiten an bestimmte Themen heranzuführen. Sie teilen ihre Erfahrungswerte und ihr Wissen, bieten damit Support, Orientierung und Anleitung.

Und zu guter Letzt gibt es noch jene Influencer, die **Missionare** sind. Missionare beschäftigen sich hauptsächlich mit Alltags- und Politikthemen. Leute, die Missionaren folgen, suchen meist nach alternativen Lebensformen und Gleichgesinnten. Für sie sind diese Influencer idealisierte Vorbilder, denen sie versuchen nachzustreben. Möchten Sie als Unternehmer mit Missionaren zusammenarbeiten, ist allerdings Vorsicht geboten: Missionare polarisieren häufig und bringen mitunter auch gern andere gegen sich auf.

Da Influencer von ihren Followern als authentische Konsumenten wahrgenommen werden, eignen sie sich sehr gut zur Vermittlung von glaubhaften Produktvorteilen. Die persönliche Empfehlung eines Influencers hat Gewicht für deren Follower. So können Influencer zu Testern für gewisse Produkte werden und ihr Meinungsbild nach außen tragen. Coaches, Experten und Erklärer eignen sich dafür besonders gut. Um das Image eines Unternehmens aufzupolieren, eignen sich am besten Mode- und Lifestyle-Blogger, aber auch Unterhalter und Missionare. Ziel ist es, eine nachhaltige emotionale Beziehung zu den Kunden aufzubauen – beispielsweise indem ein Influencer seine Follower für eine Woche auf ein Event eines bestimmten Unternehmens »mitnimmt« und sie mit Fotos und Videos auf dem Laufenden hält. Der Influencer vermittelt den Followern dadurch »persönliche« Eindrücke und das Unternehmen wird mit positiven Eigenschaften assoziiert.

Für das Ziel, die Reichweite eines Unternehmens zu steigern, eignen sich alle Typen von Influencern. Hier geht es meist zunächst darum, die Aufmerksamkeit überhaupt auf das Unternehmen zu lenken, die Marke erst einmal bekannt zu machen. Damit sollen neue Zielgruppen angesprochen werden, wobei es nicht unbedingt um eine tiefe emotionale Verbundenheit mit der Marke geht.[103]

5.2 Online-Bewertungen

Ein Marktforschungsinstitut hat in einer repräsentativen Untersuchung vom Dezember 2018 herausgefunden, dass neun von zehn Befragten vor einem Produktkauf ein Bewertungsportal zurate ziehen.[104] Die Onlineplattform »Podium« geht ebenfalls von über 90 Prozent der Konsument:innen aus, die sich von Onlinebewertungen und Rezensionen beeinflussen lassen. Ein Produkt oder ein Unternehmen darf beim Sterne-Rating dabei niemals unter 3,3 von 5 Sternen geraten. Liegt es darunter, wird es von den meisten Verbrauchern, Konsumenten oder Bewerbern laut der Studie nicht als potenziell interessant eingestuft.[105]

Darüber, wie sehr sich Best Ager auf Bewertungen im Netz verlassen, gibt es bisher keine verlässliche Datengrundlage. Was Forschungen jedoch zeigen konnten: Bewertungen von Produkten im Netz werden für die Verkaufsstrategie immer wichtiger. Für die Zukunft, wenn die Generation X in das Best-Ager-Alter eintritt, wird es für Unternehmen unabdingbar sein, eine Strategie zum Management von Bewertungen einzuführen. Eine Studie aus dem Jahr 2019, bei der online über 6.400 Konsument:innen befragt wurden, ergab, dass 71 Prozent der Befragten weltweit und 66 Prozent deutschlandweiten Produktbewertungen als wichtig bzw. sehr wichtig einschätzen. Bei dieser Studie gab knapp die Hälfte an, vor dem Kauf regelmäßig die Bewertungen des Produkts zu lesen. Circa 33 Prozent bewerten das gekaufte Produkt im Anschluss selbst.[106] Die Meinung anderer Kunden ist also das, was Kaufentscheidungen wesentlich beeinflussen kann. Kunden vertrauen in erster Linie anderen Kunden. Vertrauen

103 Maas, 2021a
104 Simon-Kucher & Partners, 2019
105 Podium, o. J.
106 Simon-Kucher & Partners, 2019

ist das, was den Best Agern im Umgang mit ihren Social-Media-Kanälen besonders wichtig ist. Denn schließlich vertrauen Menschen denjenigen am meisten, die sie als authentisch einschätzen.

Authentizität kann jedoch nicht erzwungen werden, indem man beispielsweise mittels Fake-Accounts oder gekauften Bewertungen dafür sorgt, dass möglichst viele positive Bewertungen abgegeben werden. Ein »durchschnittlicher Sterne-Wert« von 5,0 Sternen wird von den Usern nicht so positiv wahrgenommen wie ein Sterne-Wert von 4,2 bis 4,5. Nur positive Bewertungen sieht der User in der Regel als nicht authentisch oder gar manipuliert an. Negative Bewertungen sind für den Betrachter wichtig, um ein differenziertes Bild zu bekommen, sie können dem Konsumenten Vertrauen und Authentizität bieten. Ganz nach dem Motto »nobody is perfect«.

Authentizität generiert man auch nicht mit Fake-Bewertungen. Denn ein geübter Nutzer erkennt das sofort. Würde es Sie nicht wundern, wenn plötzlich viele Bewertungen auf einmal innerhalb kürzester Zeit erscheinen und diese ausschließlich positiv sind? Oder wenn das Produkt kaum auf dem Markt ist und schon bewertet wird? Es gilt: Lange Texte schreiben Kunden, die sich ärgern. Zufriedene Kunden fassen sich meist kurz. Das bedeutet, dass zu lange Positiv-Bewertungen über ein Produkt auffällig sind, da dies für die meisten Betrachter ein Hinweis auf eine Fake-Bewertung sein kann. Der Effekt ist vergleichbar mit einem Verkäufer, der uns mit einem affektierten Lächeln einen schönen Tag wünscht. Der Wunsch kommt nicht an, da der Gesichtsausdruck mit dem Gesagten nicht übereinstimmt, somit inkongruent ist. Genauso wirken künstliche und übertrieben positive Bewertungen. Sie können sogar das Gegenteil bewirken.

6 Umsatzsteigerung durch Best-Ager-Zentrierung

Trotz Wirtschaftswunder in den 1950er-Jahren gab es in den meisten Familien noch keinen Fernseher. Nur ein kleiner Teil der Bevölkerung konnte sich ein solch teures Gerät leisten. Ein Fernsehapparat kostete damals rund 1.000 DM, der monatliche Durchschnittsbruttoverdienst eines Arbeiters lag bei knapp 400 DM.[107]

Gerade einmal 300 Fernsehteilnehmer:innen wurden 1952 in der Bundesrepublik gezählt. Frankreich hatte bereits 11.000, die USA 15 Millionen. Radio und Zeitungen standen als Informations- und Entertainmentquellen im Mittelpunkt. Zu sehen gab es nur ARD, nur drei Stunden Sendezeit, nur schwarz-weiß. Das Testbild nahm die längste Sendezeit ein.

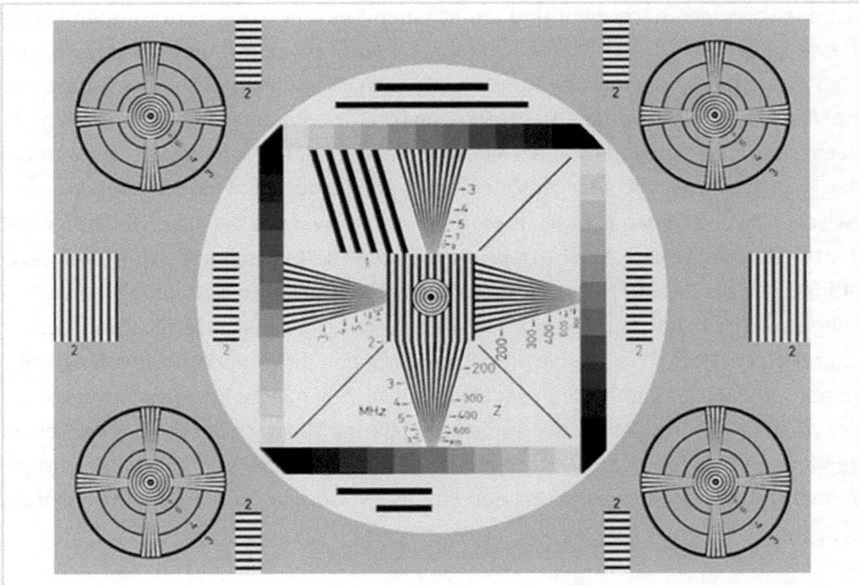

Abb. 21: Das erste Testbild von 1950. Es ermöglichte die Justierung und Prüfung der Bildschirmröhre und des Empfangs (Quelle: ARD)

Es brauchte 17 Jahre, bis der Fernseher 5 Millionen Nutzer:innen erreichte. Zum Vergleich: Das iPhone 5 (Vorstellungsjahr: 2012) brauchte drei Tage, um die gleiche Anzahl

107 https://www.wirtschaftswundermuseum.de/fernsehen-50er-jahre.html

an Nutzer:innen zu erreichen. Anfang der 1960er-Jahre stand bei einem Großteil der deutschen Bevölkerung ein Fernseher im Wohnzimmer. Samstagabend saß die ganze Familie davor, um »Wünsch Dir was« anzuschauen. Der Wohlstand hielt immer mehr Einzug. Moderne, große Selbstbedienungsläden mit wachsendem Sortiment entstanden in großen und kleineren Städten. Die Wirtschaft boomte, Vollbeschäftigung und steigende Einkommen ließen den Konsum in die Höhe schnellen. Anfang der 1950er galt noch »Eigener Herd ist Goldes wert« – Ende der 1950er werden diese Luxusgüter zu alltäglichen Gebrauchsgütern. Aus den früheren Käufer:innen werden begehrte Kund:innen, um die geworben wird[108]: Der Kunde wird zum König. Ein halbes Jahrhundert später wird der König zum Best Ager.

Eine Segmentierung nach dem Alter vorzunehmen wird immer weniger wichtig. Es geht vielmehr um Bedürfnisse, Shopping-Erlebnisse und Einkaufsmomente des Tages. In vielen Marketingbereichen liegt der Fokus sehr stark auf der Mittelklasse, unabhängig vom Alter. Die **Mittelklasse** ist das größte Segment, hat Geld, konsumiert, hat das Verlangen nach mehr und strebt durch Konsum danach, zur oberen Mittelklasse zu gehören. Durch Marketingmaßnahmen bezogen auf die Mittelklasse trifft man zwangsläufig die meisten Konsument:innen. Sie können nach dem Prinzip *one size fits all* gesteuert werden. Das Marketing ist effizienter, erscheint aber auch oberflächlicher, da es nicht gezielt auf einzelne Kundebedürfnisse eingeht, sondern auf den Mainstream. Es sind weniger Unterschiede im Kleidungsstil bei den Altersgruppen zwischen 30 und 65 bemerkbar, als es früher der Fall war. Bei den über 70-Jährigen ist der Unterschied größer. Es wird dabei gern differenziert zwischen den jüngeren Senior:innen (65 bis 70 Jahre) und den älteren Senior:innen, die über 70 Jahre alt sind. Auffällig ist das beim Konsumtrend Kultur, wie z. B. klassische Konzerte, die Oper, Theater oder Museen. Dort scheinen die älteren Senior:innen die Hauptkonsumentengruppe zu sein, obwohl das häufig durch das Marketing nicht forciert wird. In der Altersgruppe der 70- bis 74-Jährigen stieg der Anteil derer, die ins Theater oder die Oper gehen, in den letzten 15 Jahren von 45 Prozent auf 54 Prozent und bei den 75-bis 79-Jährigen von 40 Prozent auf 50 Prozent. Bei den 80- bis 85-Jährigen ist die Tendenz ebenfalls steigend.[109]

Anders sind die Trends im Foodbereich. Jüngere Menschen verstärken die Entwicklung des vegetarischen und veganen Konsums. In keinem anderen Land gewinnt dieser Markt so an Zuwachs wie in Deutschland – dem Land der Wurst. Insgesamt gibt es laut Fleischatlas 2021 circa 3,6 Millionen Vegetarier:innen und 2,6 Millionen Veganer:innen in Deutschland. Etwa 27 Prozent der 15- bis 29-Jährigen sind Flexitarier:in-

108 Friedrich, 2008
109 Generali Deutschland AG, 2017, S. 98 f.

nen – Personen, die sich überwiegend vegetarisch ernähren, aber auch gelegentlich hochwertiges, biologisch produziertes Fleisch zu sich nehmen.[110] Tendenz steigend. Dies verändert auch das Ernährungsbewusstsein der Best Ager. Die Jüngeren beeinflussen die Älteren. Es werden Essgewohnheiten der eigenen Kinder und Enkelkinder angenommen. Man nennt dies auch »Interaktionseffekte«.

Interaktionseffekt

Der Interaktionseffekt bezeichnet die altersübergreifende Beeinflussungswirkung einer Einstellung von einer Generation auf die andere Generation.[111]

In Bezug auf Onlineshopping gab es bei den Best Agern eine Zunahme, was auch teilweise auf die Effekte der Corona-Pandemie zurückzuführen ist. Best Ager informieren sich im Internet, die Zeitung zum Frühstück hat aber nach wie vor einen hohen Stellenwert.

Die größte und zugleich kaufstärkste Gruppe der Mittelklasse sind die Best Ager. Customer Journey und Lebensphasenmodelle sind wichtiger als das Kundenalter. Beides sind Tools aus dem Customer Centricity, dem kundenzentrierten Ansatz.

Kundenzentriertes Denken heißt nicht kundenzentriertes Handeln

Der Verhaltensforscher und Nobelpreisträger Konrad Lorenz (1903–1989) soll einmal gesagt haben: »Gedacht heißt nicht immer gesagt, gesagt heißt nicht immer richtig gehört, gehört heißt nicht immer richtig verstanden, verstanden heißt nicht immer einverstanden, einverstanden heißt nicht immer angewendet, angewendet heißt noch lange nicht beibehalten.«[112]
Analog dazu gilt auch: Kundenzentriert zu denken heißt noch lange nicht, kundenzentriert zu handeln.

Was passiert, wenn Best Ager vernachlässigt werden, wenn nur eine geringe Marktorientierung und ein nur oberflächliches Verständnis und Wissen über Kundenbedürfnisse und Mitbewerber vorhanden sind? Das Fehlen von Verständnis und Wissen führt zu einer diffusen Wettbewerbspositionierung und zu Produkten, die nicht wirklich den Kundenwünschen entsprechen. Kund:innen können ungehindert abwandern, was wiederum zu einer hohen Kundenfluktuation und zum Verlust von Marktanteilen führt. Es wird zunehmend teurer, neue Kund:innen zu akquirieren, um die weggefallenen zu kompensieren. Dies führt zu einem erheblichen Druck auf das Management, kurzfristig Ergebnisse zu liefern. Zu wenig Zeit, keine Lust oder keine Motivation dazu,

110 Heinrich-Böll-Stiftung; Bund für Umwelt und Naturschutz Deutschland; Le Monde Diplomatique, 2021, S. 35
111 Maas, 2021b
112 Wehner/Hödl, 2012, S. 67

die Bedürfnisse der Kunden und die Strategien der Wettbewerber zu verstehen, rächt sich langfristig. Das Unternehmen gerät in eine Abwärtsspirale.

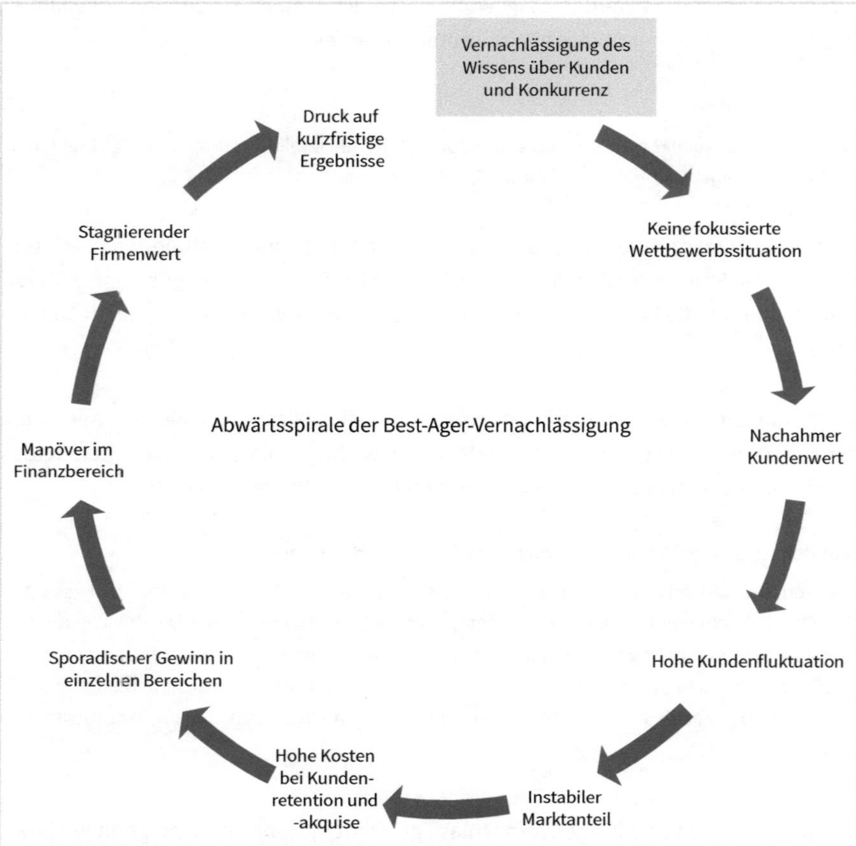

Abb. 22: Abwärtsspirale der Best-Ager-Vernachlässigung (in Anlehnung an Best, 2004, S. 6)

Befindet sich ein Unternehmen in der beschriebenen Abwärtsspirale, ist die Ursachenanalyse ein geeignetes Tool, um den Ursachen dafür auf den Grund zu gehen.

6.1 Kleine Ursache, große Wirkung

Die **Ursachenanalyse** dient dazu, die eigentliche Ursache für ein Problem zu finden. Dieses Kapitel enthält dafür eine Schritt-für-Schritt-Anleitung. Die Ursachenanalyse (Root Cause Analysis) kann sowohl für das gesamte Unternehmen als auf für einzelne

Bereiche, wie z. B. Filialen, Tochtergesellschaften oder dem Marketingbereich angewandt werden.

Ursachenanalyse

Um das/die tatsächliche(n) Problem(e) eines Unternehmens zu ermitteln, wird eine Ursachenanalyse durchgeführt. Sie dient der Unterscheidung von Symptomen und tatsächlichen Ursachen. Ursprünglich ist die Ursachenanalyse ein Werkzeug aus dem Qualitätsmanagement und zeigt, wie auftretende Probleme erkannt, verstanden und verhindert werden können, die ein Unternehmen daran hindern, seine Ziele zu erreichen.[113]

In der heutigen Zeit wird die Ursachenanalyse in allen unternehmerischen Bereichen, in denen Probleme auftreten, angewendet. Nach Rooney und Vanden Heuvel (2004) ist es eine Methode, die entwickelt wurde, um dabei zu helfen, nicht nur das »Was« und das »Wie« zu identifizieren, sondern auch das »Warum« eines Problems zu klären. Schließlich identifiziert die Ursachenanalyse das reale Problem und ermöglicht die Generierung von Empfehlungen.

Im Folgenden veranschaulichen zwei Beispiele aus der Praxis das Vorgehen der Ursachenanalyse:

Beispiel 1: Autohandel

Eine externe Faktorenanalyse ergab, dass die bedeutendste Bedrohung eines Autohändlers die intensive Rivalität im Autohandel ist. Die geringe Effizienz mehrerer Prozesse einschließlich der Serviceeffizienz in Summe sind die zentralen Schwächen des Autohändlers »Planet« (Name geändert).

Beginnend mit der Außenperspektive – der intensiven Rivalität – stellt sich die Frage nach der Ursache. Eine Antwort darauf ist die Ähnlichkeiten zwischen verschiedenen Anbietern. Das Unternehmen *Planet* und seine Mitbewerber bieten den Best Agern ähnliche Dienstleistungen, Prozesse, Aktivitäten und Herangehensweisen an. Dies ergibt sich jedoch wiederum aus der vergleichbaren Ausführung charakteristischer Kompetenzen des Unternehmens im Vergleich zu seinen Mitbewerbern. Das bedeutet, dass das Unternehmen seine Vorteile der potenziell ausgeprägten Kompetenzen der Kundenorientierung schlichtweg nicht wirklich ausnutzt.

113 Latino et al., 2002

Mittels der Innenperspektive wird die geringere Effizienz mehrerer Prozesse sichtbar. Dieses Symptom tritt auf, weil die Arbeit nicht immer und von allen Mitarbeiter:innen richtig ausgeführt wird. Es gibt zwei Ursachen für dieses Problem: einerseits die Qualifikation der Mitarbeiter:innen und andererseits das fehlende Bewusstsein für Kundenorientierung. Letzteres kommt daher, weil das Unternehmen seine vorteilhaften Kompetenzen des kundenzentrierten Ansatzes nicht ausreichend nutzt.

Beide Symptome, äußere und innere, rühren von einem tieferen Problem her: der **unklaren Corporate Identity** für Mitarbeiter:innen und damit auch für Kund:innen. Laut Dowling (2001) ist Corporate Identity das Symbol und die Nomenklatur, die von einem Unternehmen zur Identifizierung für Menschen verwendet werden, was Menschen hilft, eine Organisation zu finden oder zu erkennen. Dies bedeutet nicht automatisch, dass die Identität des Unternehmens für jede Mitarbeiterin und jeden Mitarbeiter unklar ist, aber zumindest nicht von jedem oder jeder Einzelnen gelebt wird.

Die Ursache der oben genannten Symptome steckt in der unklaren, nicht gemessenen oder kontrollierten Strategie des Unternehmens, einschließlich seines Purpose, seiner Vision, Mission und Ziele. Die Vision und die Mission müssen für alle Mitarbeiter:innen verständlich sein – mit einer klaren Richtung, wie sie gelebt werden. Außerdem müssen die Ziele messbar sein, damit sie kontrolliert und gegebenenfalls Korrekturmaßnahmen ergriffen werden können. Richtig umgesetzt würde dies dazu führen, dass das Unternehmen sich von seiner Konkurrenz unterscheidet und Prozesse und Dienstleistungen in Richtung Best-Ager-Kund:innen verbessert. Dies erschwert die Vergleichbarkeit, senkt die Wechselbereitschaft und erhöht die Kundenbindung.

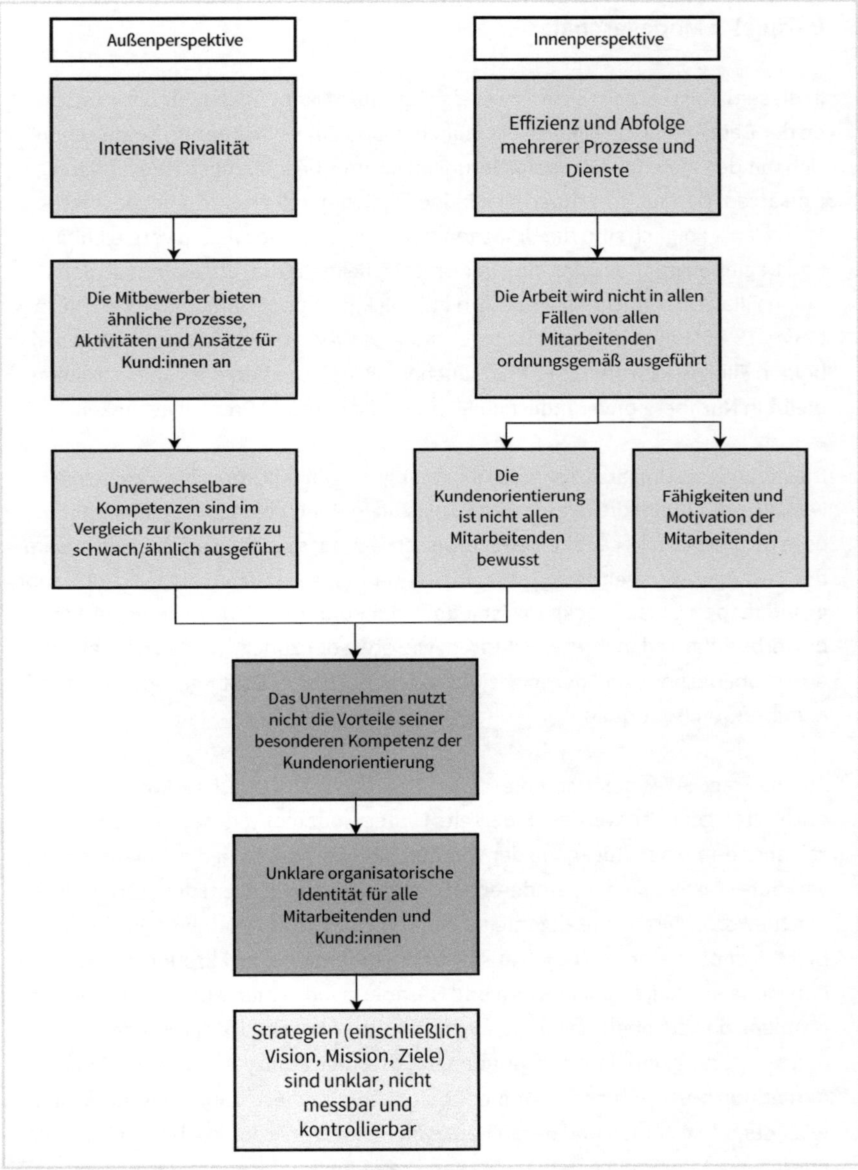

Abb. 23: Mapping der Ursachenanalyse im Autohandel

Beispiel 2: Modegeschäft

In diesem Beispiel geht es um zwei eigenständige Modefilialen für die Altersgruppe der Best Ager. Eine Filiale ist in München und eine in Nürnberg, beide sehen sich mit den gleichen Herausforderungen konfrontiert, nämlich rückläufigen Umsätzen. Dennoch zeichnen sich beide Filialen durch eine erhebliche interne Stärke aus. Folglich sind die Ursachenanalysen für beide Filialen vergleichbar und beginnen mit der Erfassung der Umsatzrückgänge im abgelaufenen Jahr. Beide Filialen verzeichnen einen Verkaufsrückgang der Premiummarken (Nürnberg: –16 %; München: –7 %). Dagegen stieg der Verkauf von Volumenmarken in beiden Filialen (Nürnberg: +13 %; München: +10 %). Der Verkauf von Accessoires bleibt in Nürnberg unverändert; in München ist er um 13 Prozent gesunken.

Die geringeren Umsätze könnten mit einer geringen Reinvestitionsrate erklärt werden oder durch die allgemeine Rezession in Deutschland, die das Kaufinteresse der Verbraucher senkt. Jedoch wissen wir, dass die Rezession den Konsum der Best Ager weniger beeinflusst als den der jüngeren Generationen. Der Hauptgrund für den Umsatzrückgang ist jedoch der kontinuierliche Anstieg des Wettbewerbs aufgrund mehrerer Faktoren, wie etwa der zunehmende Wettbewerb durch Onlineshops und deren gezieltere Ansprache der Best Ager sowie das Aufkommen von Boutiquen.

Auf die Frage »Was bestimmt diese Zunahme des Wettbewerbs?« können zwei Antworten gegeben werden: Einerseits ist der Modemarkt gesättigt, gekennzeichnet durch den Rückgang der Verkäufe und parallel dazu die Zunahme der Verkäufe von Fastfashion. Andererseits lässt sich das Problem des stärkeren Wettbewerbs durch eine allgemeine Zunahme der Produktlebenszyklen erklären. Beide Symptome ergeben sich aus den abnehmenden Kontaktpunkten zwischen den Modegeschäften in München und Nürnberg und seinen Kunden. Das Hauptproblem, das die oben erwähnten Symptome verursacht, ist der Mangel an Kundenzentrierung und damit verbundenen Customer-Equity-Aktivitäten. Weitere Aktivitäten bezüglich des Customer Equity könnten die Anzahl der Kontaktpunkte zu Kunden erhöhen und deren Kaufzyklen bzw. die Produktlebenszyklen minimieren, um letztendlich den Absatz von Premiummarken zu steigern.

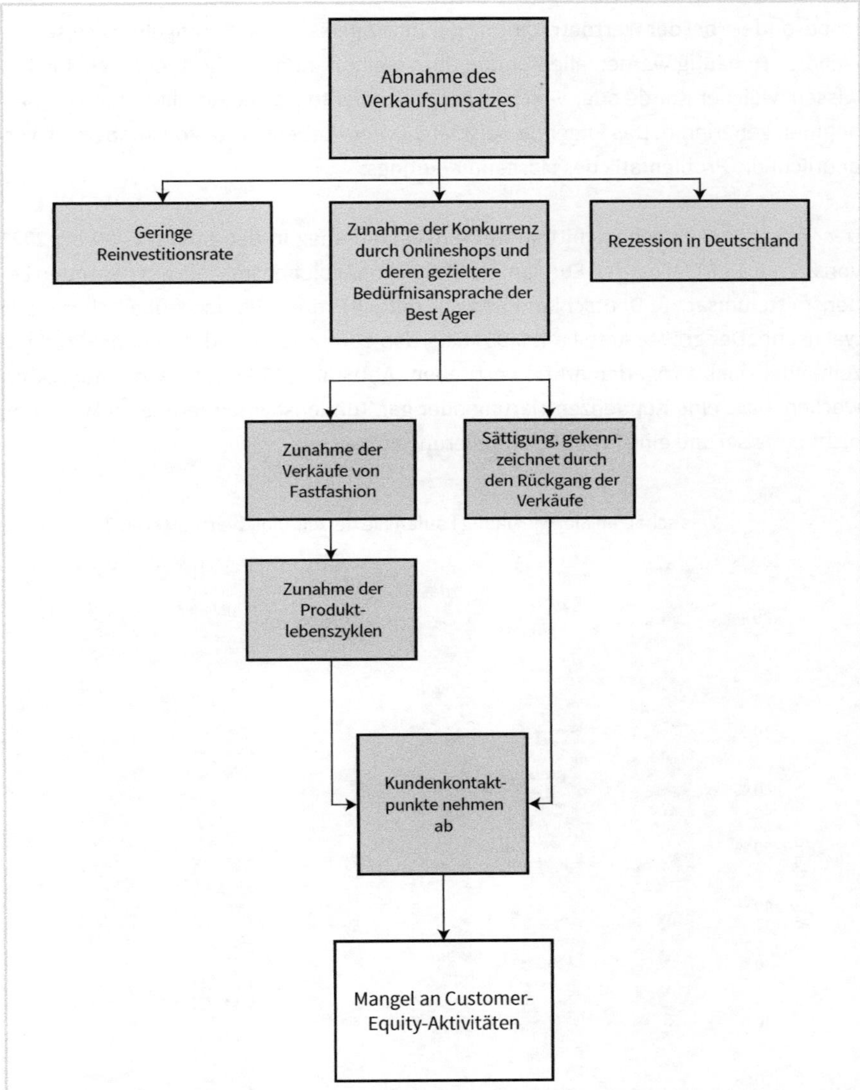

Abb. 24: Mapping der Ursachenanalyse im Modegeschäft

6.2 Die Todesspirale des profitablen Produkts

Neue Trends in der Wirtschaft zwingen Marketingmanager:innen dazu, ihren Fokus anzupassen, wenn sie wettbewerbsfähig bleiben wollen:

- vom Produkt zum Kunden
- vom Markenwert zum Kundenwert
- vom Brand Equity zum Customer Equity

Insbesondere bei der Wertbetrachtung der Best Ager ist diese Herangehensweise notwendig. Zu häufig werden alle Kunden über einen Kamm geschert, ohne wirklich zu wissen, welcher Kunde oder welche Kundensegmente welche Rendite für das Unternehmen generieren. Das folgende Beispiel aus dem Lebensmittelkonsumbereich verdeutlicht die Problematik des Massenmarketings:

Der Umsatz bei Biolebensmitteln in Deutschland stieg in den Jahren 2000 bis 2021 von 2,1 auf 15,87 Milliarden Euro an. Der Anteil von Biolebensmitteln am gesamten Lebensmittelumsatz in Deutschland ist zwar mit 6,8 Prozent überschaubar, aber stetig wachsend. Der größte Anteil mit 9,88 Milliarden Euro wird über den Lebensmitteleinzelhandel (inkl. Drogeriemärkte) vertrieben. Abbildung 25 könnte den Eindruck erwecken, dass eine Kundenzentrierung oder gar Kundensegmentierung im Marketing nicht nötig sei und eine Produktfokussierung ausreiche.

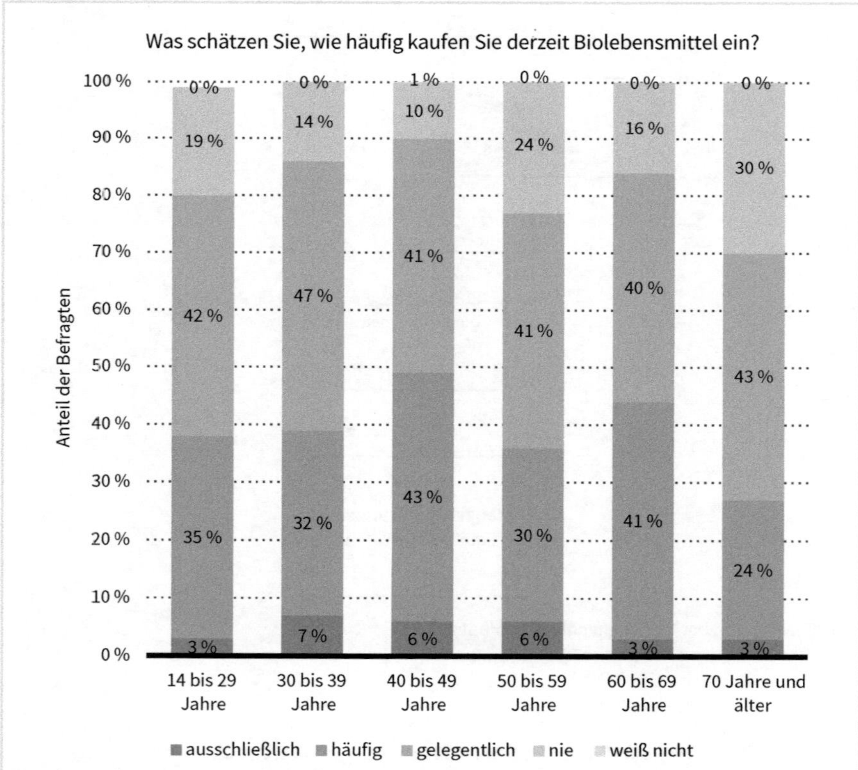

Abb. 25: Konsumententypen bei Biolebensmitteln in Deutschland nach Altersgruppen 2021 (September bis Mitte Oktober 2021; ab 14 Jahre; 1.022 Befragte)[114]

114 Bundesministerium für Ernährung und Landwirtschaft, 2021, S. 18

Vor dem Hintergrund dieser Befragungsergebnisse könnten folgende Schlussfolgerungen im Marketing für eine vermeintlich effizientere Werbung gezogen werden: Die Werbung für Biolebensmittel wird nur noch digital sein, dadurch sparen wir Material- und Verteilkosten und müssen uns nicht mehr mit den Lieferengpässen für Papier auseinandersetzen. Wir können den Fokus für die Werbung zu 100 Prozent auf digitale Medien setzen, denn schließlich wollen wir verkaufen, egal an welchen Kunden.

Betrachtet man, was bislang das Interesse der Konsument:innen an Bioprodukten geweckt bzw. gestärkt hat, wird nach der BMEL deutlich, dass es analoge Informationsgewinnung, Beratung und Medien sind. Insbesondere die Informationsgewinnung, die Best Ager noch bevorzugen.

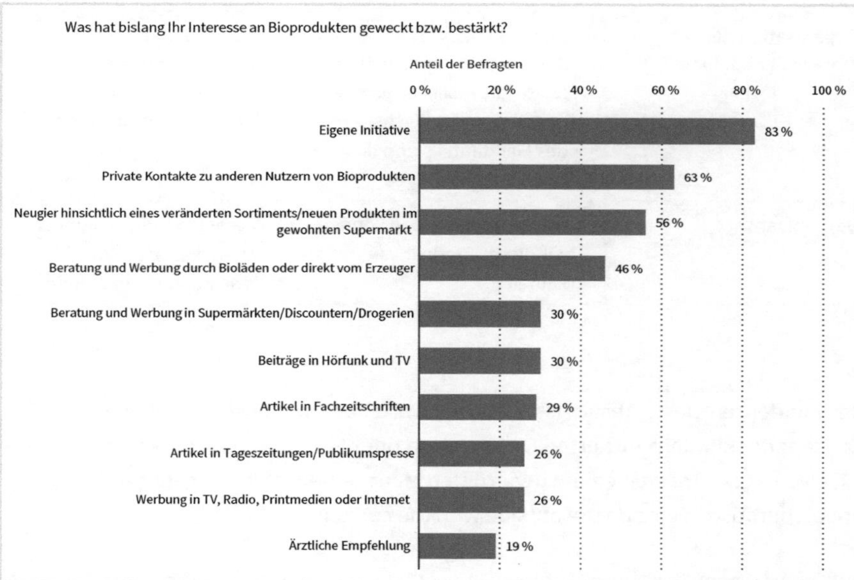

Abb. 26: Umfrage zu den Interessensgründen an Biolebensmitteln in Deutschland 2021 (Quelle: BMEL Deutschland; September bis Mitte Oktober 2021; ab 14 Jahre; 824 Befragte, die zumindest gelegentlich Biolebensmittel kaufen)

Im Umkehrschluss würde es bedeuten, dass bei einer rein digitalen Werbekampagne viele Konsumenten, die sich für Bioprodukte interessieren, gar nicht erreicht würden. Die Produktfokussierung und deren Werbung exkludiert meist unwissentlich Kunden bzw. schöpft nicht das volle Marktpotenzial aus. Das Beispiel zeigt, dass ein kundenzentrierter Ansatz und dessen Werbung zunächst einmal komplexer erscheint, da viel tiefer in die Kunden- und Marktdaten eingetaucht werden muss. Aber durch die Kundenzentrierung werden mehr potenzielle Kund:innen erreicht und letztendlich ein höherer Umsatz generiert.

	Produktzentrierter Ansatz	Kundenzentrierter Ansatz
Basisphilosophie	• Verkaufen von Produkten	• den Kunden bedienen
Geschäftsorientierung	• diskrete Transaktion zu einem bestimmten Zeitpunkt	• Orientierung am Lebenszyklus des Kunden (Customer Life Cycle)
Produktpositionierung und Verkaufsweise	• hochwertige Produkteigenschaften und Vorteile • Produkte von der Stange	• Aufzeigen der Produktvorteile im Hinblick auf die Erfüllung individueller Kundenbedürfnisse • Pakete, die Produkte, Dienstleistungen und Wissen kombinieren
Organisation der Marketingabteilung	• interner Fokus • die Entwicklung neuer Produkte, die Erschließung neuer Kunden, das Wachstum des Marktanteils und die Kundenbeziehungen	• externer Fokus • Entwicklung von Kundenbeziehungen, Profitabilität durch Kundenfürsprecher
Verkaufsansatz	• An wie viele Kunden können wir dieses Produkt verkaufen?	• Wie viele Produkte können wir an diesen Kunden bzw. diese Kundin verkaufen?

Der kundenzentrierte Ansatz ist nicht neu, wird aber immer noch wenig gelebt. Das Konzept der kundenzentrierten Organisation oder Kundenzentrierung wurde bereits 1954 von Peter Drucker, einem der größten Management-Denker, geprägt: »An enterprise's purpose begins on the outside with the customer.«[115]

Bell et al. (2002) betonten den Perspektivwechsel auch mit einem Beispiel von Unilever: Unilever entschied sich, sein Markenportfolio von 1.800 auf 400 zu kürzen und eine neue Strategie einzuführen, um eine stärkere Kundenbeziehung aufzubauen. Rust et al. (2000) rechtfertigten diesen Wandel, der die Geschäftswelt formt, mit den folgenden vier Shifts: vom Produkt zum Service, von der Transaktion zur Beziehung, von der Kundenanziehung zur Kundenbindung und vom Produktfokus zum Kundenfokus.

Die traditionelle Vorgehensweise der Produktzentrierung ist der Beginn der Todesspirale eines profitablen Produkts. Ein weiteres Beispiel beschreibt dies eindringlich: Ein boomendes Hotel hatte einen Umsatz von 28 Millionen Euro und einer Belegungs-

115 Drucker, 1986

rate von 85 Prozent. Der benachbarte und aufwendig zu pflegende botanische Garten, der zum Hotel gehörte, war jedoch weniger profitabel und ein Hobby des früheren Hoteleigentümers gewesen. Deswegen beschloss das Management, den botanischen Garten zu schließen. Schon ein Jahr später fiel die Zahl der Übernachtungen mit Tagungsraumbuchungen im Vergleich zum Vorjahr um 22 Prozent. Offensichtlich wurde das Hotelgeschäft durch die Schließung des botanischen Gartens erheblich geschwächt. Einzelne Kunden des botanischen Gartens erhöhten den Wert des Hotels. Das Beispiel verdeutlicht, dass das Management zu sehr produktfokussiert und nicht kundenorientiert bzw. -zentriert agierte und somit das ganze Geschäft in die Produkttodesspirale riss.

Folgende Schritte führen dazu, dass Unternehmen Kunden und Gewinne verlieren:

1. Unternehmen verbessern ihre Rentabilität durch die Eliminierung unrentabler Produkte oder Services.
2. Die Eliminierung unrentabler Produkte reduziert den Service.
3. Der reduzierte Service lässt Kunden abwandern und verringert den Gewinn.

Im Allgemeinen passiert dies, wenn Unternehmen die Produktrentabilität über die der Kund:innen stellen. Darüber hinaus wird die Kundenauswahl nicht gesamtheitlich betrachtet, denn Produkte werden nur selten isoliert gekauft. Die daraus resultierenden Umsatzeinbußen schwächen die Nachfrage nach bisher profitablen Produkten und führen in der Folge zu deren Einstellung.[116] Dies schwächt das Sortiment noch weiter und führt zu einer abwärts gerichteten Todesspirale.

Um diesen Nachteil zu vermeiden, ist es wichtig, die Aufmerksamkeit stärker auf die Best Ager als Kund:innen als auf die Produkte eines Unternehmens zu lenken. Der kundenzentrierte Ansatz beliefert Best Ager immer noch mit Produkten, die sie wollen, berücksichtigt dabei aber ein Produktportfolio, das sowohl den Verkaufsumsatz als auch den »Share of Wallet« maximiert.[117] Dieser Vorteil überträgt sich nicht auf den traditionellen produktzentrierten Ansatz.

Share of Wallet

Der Share of Wallet lässt sich am Beispiel einer Kreditkarte erklären: Ein Best Ager, der über eine Kreditkarte verfügt, hat in den meisten Fällen auch noch eine zweite. Das Kreditkarteninstitut interessiert nun vor allem, welcher Anteil der Transaktionen des Gesamteinkaufsvolumens über seine Kreditkarte läuft und welcher Anteil über andere Zahlungsmöglichkeiten. Share of Wallet bedeutet: Welchen Anteil des gesamten »Kundengeldbeutels« bekomme ich für mein Geschäft mit dem Kunden – und welchen nicht?

116 Cannon et al., 2006, S. 270
117 Cannon et al., 2006, S. 270

Verschiedene Ansätze im Bereich der unterschiedlichen Marketingströmungen versuchen Ideen zu liefern, um die Nachteile der Produkttodesspirale zu vermeiden, und versuchen Marketingmanager:innen in ihren Entscheidungsprozessen zu einer stärker kundenzentrierten Ausrichtung zu bewegen. Doch obwohl diese Ansätze Verbesserungen beinhalten, müssen sie noch einige Hürden einreißen, insbesondere wenn es den kundenzentrierten Ansatz des Customer Equity der Best Ager betrifft. Customer Equity wird sehr stark mit dem kundenzentrierten Ansatz in Verbindung gebracht. Doch welche Konzepte führen letztendlich zum Customer Equity und worin bestehen die Grenzen der jeweiligen Marketingströmungen? Die aktuellen Entwicklungen der Marketingströmungen erklären auch die Abnahme der reinen Alterssegmentierung hin zur gesamtheitlichen Customer Centricity.

Um die Potenziale und Stolpersteine der einzelnen Strömungen zu verstehen und den Fokus wieder mehr auf die lukrative Zielgruppe der Best Ager zu lenken, lohnt es sich, die Entwicklungsreise der einzelnen Marketingströmungen bis zum Best-Ager-Marketing nachzuverfolgen.

7 Entwicklung zum Best-Ager-Marketing und Customer Equity

Das Customer Equity hat seine Wurzeln in verschiedenen verwandten Strömungen wie Direktmarketing, Service Quality, Relationship-Marketing und Brand Equity.[118] Betrachtet man jede der genannten Strömungen einzeln, so liefert keine eine umfassende Lösung für ein Unternehmen. Betrachtet man aber alle zusammen und nutzt die Synergien, so bilden sie einen effektiven Ansatz, um Best Ager als Equity zu managen.

Customer Equity
Customer Equity bzw. der Kundenmarktwert ist der Gesamtwert aller Beziehungen zu den Kunden eines Unternehmens in einem bestimmten Zeitraum. Customer Equity ist eine der wichtigsten Kennzahlen im strategischen Marketing. Die Treiber des Customer Equity sind Value Equity, Brand Equity und Retention.

Es muss erwähnt werden, dass die gut ausgearbeiteten theoretischen Marketingströmungen aus praktischen Gründen in der tatsächlichen Berufswelt kaum vollständig umgesetzt werden. Tatsächlich bedeutet dies nicht, dass die einzelnen Marketingströmungen unvollkommen sind, da sie, gut genutzt, sehr wohl effektiv sind. Durch die Verwendung der Konzepte in ihren »engen« Grenzen ergeben sich jedoch Einschränkungen hinsichtlich der Kundenperspektive, da sie keine ganzheitliche Betrachtung erlauben. Dies kann dazu führen, dass einige Kunden oder Kundensegmente – wie die Best Ager – nicht explizit betrachtet werden und im Worst Case erst gar nicht auf dem Radar des Marketings erscheinen.

Im Folgenden werden die Strömungen kurz vorgestellt – mit einem besonderen Blick auf das Brand Equity, da es als ein Treiber des Customer Equity gilt. Hintergrund der näheren Beleuchtung der verschiedenen Fachrichtungen ist die Verdeutlichung ihrer Einschränkungen bezüglich des Best-Ager-Marketings.

7.1 Direktmarketing/Database-Marketing

Direktmarketing, auch »Database-Marketing« genannt, begann als erste Marketingrichtung damit, Verkaufsdaten einzelner Kund:innen zu sammeln und anzulegen. Laut Hogan et al. (2002) führten Direktvermarkter statistische Techniken zur Vorhersage der Kundenreaktion auf die ausgeübte Marketingkommunikation ein. Die Segmentierung wurde in der Folge zu einem zunehmend verbreiteten Ansatz, insbesondere

118 Hogan et al. 2002, S. 5

die entscheidungsbasierten bzw. verhaltensbasierten Segmentierungstechniken.[119] Database-Marketing ermöglichte es, durch die Anwendung beispielsweise von Post, Telefon, E-Mail, Newslettern, Social Media oder Instant-Messaging-Diensten effizienter Zielkunden zu erreichen und ihnen einen Anreiz zum Handeln zu geben.[120] Kundengerecht angefertigte Direct-Mailing-Aktionen sind nur eine der Möglichkeiten, um mit Kunden oder potenziellen Kunden (Prospects) zu kommunizieren. In gewisser Weise war das Direktmarketing auch wegbereitend für die Anwendung des Customer Lifetime Value Assessment und diente als Basis für weitere Marketingstrategien.

Die Berücksichtigung und Analyse des Kundenverhaltens ermöglicht es auch, den Wert eines Kunden für das Unternehmen besser zu verstehen. Das Direktmarketing leistet dadurch einen wichtigen Beitrag zum Customer Equity. Daher gilt die Direktmarketingströmung als eine der Wurzeln des Kundenwerts. Das Direktmarketing hat jedoch mehrere Einschränkungen. Einerseits konzentriert es sich nur auf die operative Ebene, die Kommunikation und die Reaktion, wie z. B. beim Dialogmarketing (Direct-Response-Marketing). Direktmarketing berücksichtigt nicht die Änderung von Kundenpräferenzen, Preisen, Produkten, Qualität oder Kundendiensten etc. – Attribute, die für das Best-Ager-Marketing entscheidend sind. Auf der anderen Seite ist es eher transaktionsorientiert und weniger darauf ausgerichtet, den Wert der Kundenbeziehung als Ganzes zu maximieren.[121]

7.2 Service Quality

Das Prinzip **Service Quality** oder Dienstleistungsqualität bedeutet, geeignete Maßnahmen zu entwerfen und marktorientierte Strategien zu entwickeln, um die Kundenerwartungen zu erfüllen. Obwohl die Menge der vorhandenen Literatur zur Service Quality enorm ist, haben Forscher der Nutzungshäufigkeit und dem möglichen Zusammenhang mit der Wahrnehmung der Servicequalität wenig Aufmerksamkeit geschenkt, obgleich allgemein bekannt ist, dass Servicenutzer:innen ihre Wahrnehmung im Laufe der Zeit ändern können, wenn sie zusätzliche Erfahrungen sammeln. Gerade dies ist aber entscheidend beim Best-Ager-Marketing. Außerdem betrachten die meisten Studien die Bereitstellung hochwertiger Dienstleistungen als eine wesentliche Erfolgs- und Überlebensstrategie für jede Organisation.[122]

Unter Bezugnahme auf King (2000) wurde die Beziehung zwischen Kundenzufriedenheit, Kundenbindung (Retention) und Unternehmensrentabilität in der Literatur zur

119 Vgl. Hogan et al., 2002; Lilien/Rangsaway, 2003
120 Best, 2004
121 Vgl. Hogan et al., 2002; Rust et al., 2000
122 Dawkins/Reichheld, 1990; Parasuraman et al., 1985; Reichheld/Sasser, 1990; Zeithaml et al., 1990

Kundenzufriedenheit und Servicequalität nicht vollständig erklärt. Doch eigentlich scheint die Verknüpfung dieser drei Komponenten naheliegend, wie in einer späteren Betrachtung des Customer Lifetime Value gezeigt werden wird. Des Weiteren hat der enge Blick auf Servicequalität in Bezug auf das Customer-Value-Management nicht den vollen Umfang des Marketingmix, wie Produkt oder Kommunikation, berücksichtigt. Nichtsdestotrotz hat die Fachrichtung der Service Quality einen wesentlichen Beitrag dazu geleistet, den Zusammenhang zwischen Kundenzufriedenheit und Komponenten der Kundenrentabilität zu verstehen, z. B. die Retention. Es ist aber noch eine umfassendere Betrachtung des Zusammenhangs zwischen dem gesamten Marketingmix und der Kundenrentabilität erforderlich.

7.3 Relationship-Marketing

Nach Berry (1983) basiert das **Relationship-Marketing** (Beziehungsmarketing) auf dem Aufbau, der Pflege und dem Ausbauen langfristiger Kundenbeziehungen in Organisationen.[123] Hiermit steht im Mittelpunkt der Marketingbemühungen – im Gegensatz zum Direktmarketing – nicht die Kurzfristigkeit erfolgsorientierter Einzeltransaktion, sondern die langfristig profitable Kundenbeziehung. Der Relationship-Marketing-Ansatz war auch der erste, der es verstand, die Schlüsselelemente der Kundenbeziehungen als strategischen Vermögenswert zu betrachten und damit langfristig eine Beziehung zu Kunden aufzubauen.[124] Auch Kotler (2003) definiert das Ziel des Relationship-Marketings als das Aufbauen langfristiger, für beide Seiten zufriedenstellender Beziehungen. Es zielt somit stark auf die – für Best Ager entscheidende – Kombination aus Vertrauen, Engagement und gemeinsamen Werte ab, um die Profitabilität und den Unternehmenswert zu steigern.

Obwohl die praktische Umsetzung des Relationship-Marketings durch mehrere Generationen von Customer-Relationship-Management(CRM)-Software unterstützt wurde, bedeutet dies nicht zwangsläufig, dass es ein Unternehmen automatisch kundenorientierter macht.

Das allgemeine Ziel eines CRM-Systems ist die Effizienzsteigerung des Verkaufs, um den Kundenumsatz und die Rendite zu steigern. Durch die Verbesserung der Informationsbereitstellung für die einzelnen Kundenkontaktbereiche, für Vertrieb, Marketing und Service, entsteht eine höhere Aktualität durch und auch für die direkte Nachrichtenverbindung mit dem Außendienst.

123 Vgl. Berry, 1983
124 Hogan et al., 2002

Weitere Ziele, deren Erreichen ein CRM-System ermöglichen sollte, sind:

- Festigung der Position gegenüber Mitbewerbern
- bessere Vertriebssteuerung durch schnellere und individuellere Reaktionsmöglichkeiten
- Verkürzung der Zeit bis zur Angebotsbearbeitung
- Erhöhung der Umsetzungsquote (Anfragen/Angebote)
- höhere Kundenbindung und Kundenloyalität

CRM-Systeme wurden hauptsächlich entwickelt, um Service- und Vertriebsmitarbeiter:innen unter die Arme zu greifen und deren Kundeninteraktionen zu verbessern, indem sie aktuelle und frühere Kundeninteraktionen und Transaktionsdaten archivieren und zur Verfügung stellen.[125] Allerdings tätigen viele Unternehmen zwar große Investitionen in CRM-Systeme, erkennen aber immer noch nicht den wahren Wert ihrer Kunden.[126] Im Allgemeinen konzentrieren sich die CRM-Systeme nicht auf die Verbesserung des Kundenwerts – und daher kann keine signifikante Verbesserung der Kundenleistung oder des Return on Investment (ROI) erkannt werden.[127]

Relationship-Marketing konzentriert sich auf die Beziehungen zu allen wichtigen Parteien und alle Beziehungen sollten zu einem langfristigen Engagement führen. Es berücksichtigt jedoch nicht, dass nicht alle Beziehungen rentabel sind und nicht unbedingt weitergeführt werden sollten. Darüber hinaus möchten auch nicht alle Kunden eine feste Beziehung. Daher schlagen Hogan et al. (2002) ein Modell vor, das Kunden nach dem gewünschten Beziehungslevel und der jeweiligen Rentabilität ausbalanciert, um schließlich die Marketingstrategien zu verbessern. Auch Gordon (1999) kritisiert die Verwendung traditioneller Marketing-Tools im Relationship-Marketing. Beispielsweise erwähnte er, dass der Marketingmix-Ansatz zu limitiert sei, um einen brauchbaren Rahmen für das Bewerten und Entwickeln von Kundenbeziehungen in vielen Branchen zu schaffen. Es sollte durch ein alternatives Modell ersetzt werden, in dem der Fokus vielmehr auf Kunden und Beziehungen liegt als auf Märkten und Produkten.

7.4 Brand Equity

Laut Sattler (2001) stammt die Ursprungsidee des **Brand Equity** aus den USA Anfang der 1980er-Jahre. Für ihn steht Brand Equity schlichtweg für eine Neuinterpretation der Marketingausgaben, die nicht mehr als kurzfristige, sondern als langfristige Investitionen angesehen werden. Somit rechtfertigen die Marketingausgaben für kurz-

125 Hansotia, 2004
126 Hall et al., 2001
127 Hansotia, 2004

fristig erhöhte Werbeinvestitionen und Brand Equity den hohen Investitions- und Budgetierungsanteil. Laut Keller (1998) leistet die Brand-Equity-Strömung einen wesentlichen Beitrag zum Customer-Equity-Ansatz.

Kotler (2003) beschreibt Brand Equity als einen wichtigen Teil des Unternehmensvermögens. Das macht Brand Equity wiederum zu einem messbaren Vermögenswert – nicht zu verwechseln mit Markenwert. Der Markenwert ist der finanzielle Wert der Marke. Brand Equity ist der Wert, den die Kundenwahrnehmung der Marke beimisst. Die tatsächliche Berechnung des Brand Equity ist jedoch recht schwierig und es gibt bisher kein einheitliches und praktikables Vorgehen dafür. Best (2004) beschreibt die Berechnung von Brand Equity lediglich wie die des Kapitals: Brand-Asset-Score (wertschöpfende Leistung der Marke) abzüglich des gesamten Brand-Liability-Scores (Leistung, die den Markenwert senkt). Dabei stellt sich automatisch die Frage nach der Definition der Leistung, die einen Mehr- oder Minderwert generiert. Diese Frage bleibt jedoch von ihm unbeantwortet. Dennoch ermöglicht diese Berechnung, Veränderungen (einschließlich finanzieller Folgen) im Brand Equity über die Zeit nachzuvollziehen, und auf diesen Veränderungen können Strategien aufgebaut werden. Darüber hinaus gibt die Brand-Equity-Literatur einige Einblicke in die Entwicklung der Beziehungen zwischen Verbrauchern und Unternehmen.

Brand Equity ist die subjektive Sicht des Kunden auf das Unternehmen und seine Angebote.[128] Im Gegensatz zum Value Equity wird die Marke relativ subjektiv, emotional und irrational wahrgenommen. Einerseits wird diese Wahrnehmung von Kunden durch Erfahrungen und Assoziationen beeinflusst, andererseits wird diese subjektive und immaterielle Bewertung eben durch Marketingstrategien und -taktiken gebildet. Im Prinzip bietet Brand Equity genau das: die Gefühle der Kund:innen gegenüber der Marke zu beeinflussen. Es konzentriert sich weder auf die Leistung der Marke noch auf die Beziehung zwischen Kund:innen und Unternehmen.

Die Schlüssel-Subtreiber des Brand Equity (vgl. Abb. 27) sind das Markenbewusstsein der Kund:innen, die Einstellung der Kund:innen gegenüber der Marke (z. B. Markenloyalität) sowie die Kundenwahrnehmung der Qualität und der Markenethik. Diese Subtreiber werden weiter klassifiziert in Werbung, Public Relations und andere Kommunikationsinstrumente, die das Unternehmen dabei unterstützen, ihr Brand Equity aufzubauen. Wenn Produkte emotionaler wirken und weniger differenzierbar sind, spielt das Brand Equity eine wichtigere Rolle als die anderen Treiber des Customer Equity, wie Retention Equity oder Value Equity.

128 Rust et al., 2000

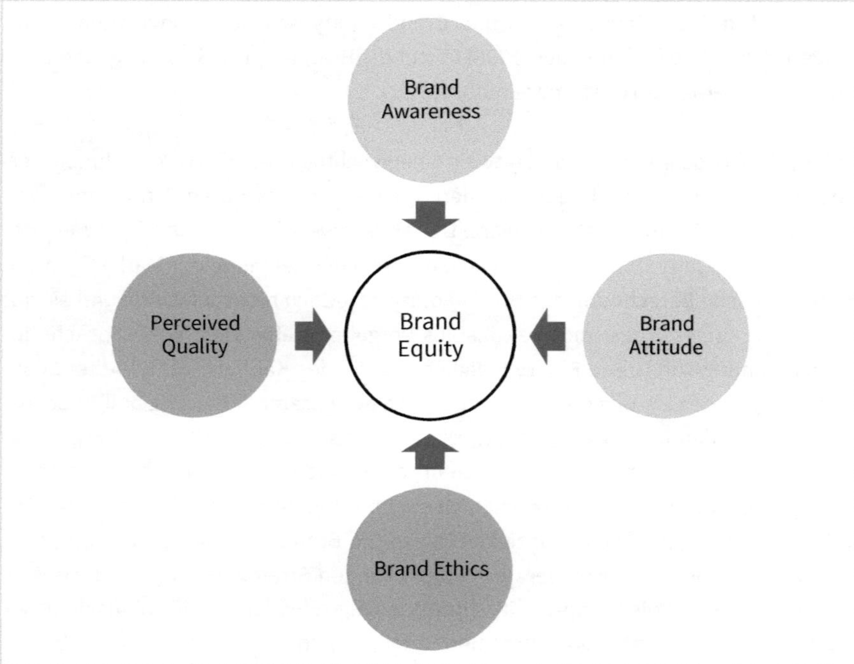

Abb. 27: Bestandteile des Brand Equity

Es ist also weniger das Produkt an sich, sondern vielmehr das Gefühl und Erlebnis, das Kunden damit verbinden. Dies sollte sich auch in den Kundenversprechen widerspiegeln, die gut zu der Persönlichkeit eines Unternehmens passen. Einerseits sollte ein Unternehmen nicht nur als guter Corporate Citizen bekannt sein, sondern auch eine aktive Rolle in der Gesellschaft übernehmen, z. B. als aktiver Sponsor von Community-Events. Die von einem Unternehmen durchgeführten Promotions- und Werbeaktionen sind zu prüfen, inwiefern sie von Best Agern bemerkt und beachtet – oder auch gar nicht wahrgenommen werden. Dasselbe gilt für Informationen, die an Kunden verschickt werden.

Das Konzept des Brand Equity ist jedoch immer noch produktorientiert und Marketingausgaben werden lediglich als kurzfristige Ausgaben angesehen. Kotler (2003) bezeichnet das Branding als ein wichtiges Thema in der Produktstrategie. Darüber hinaus haben Ambler et al. (2002) festgestellt, dass Brand Equity um Produkte herum organisiert wurde und deswegen immer noch nicht den finanziellen Beitrag des Kunden berücksichtigt.

Alle oben erläuterten Ansätze oder Marketingströmungen weisen mehrere Einschränkungen hinsichtlich der Kundenzentrierung auf. Daher führt die Kombination aus Direktmarketing, Service Quality, Brand-Equity-Management und Relationship-Marketing zur aktuellen Denkweise des Customer Equity. Nach Blattberg und Deighton (1996) ist Customer Equity definiert als die gesamten abgezinsten Customer Lifetime Values summiert über alle Kunden des Unternehmens.

Die Idee des Customer-Equity-Ansatzes zeigt, wie wichtig es ist, den Wert des Kundenstamms eines Unternehmens zu verstehen. Die Ergebnisse des Customer Equity werden genutzt, um optimale Marketingstrategien zu entwickeln und Investitionen insbesondere in die Kundengewinnung und Kundenbindung der Best Ager zu tätigen. Schließlich sollte das Customer Equity den größten Einfluss auf den Wert eines Unternehmens haben.[129] Einer der wichtigsten Faktoren des Customer Equity ist die Retention, die Kundenbindung.

129 Vgl. Bayón et al., 2002; Bauer/Hammerschmidt, 2005

8 Der Stern unter den Erfolgstreibern: Retention

Best Ager sind mit ihren Gewohnheiten eine Zielgruppe, die geradezu prädestiniert für Formen des Beziehungsmarketings ist. Eine Beziehung aufzubauen funktioniert aber nur durch eine Kombination aus Vertrauen, Engagement und gemeinsamen Werten, die der Kunde im Rahmen der Beziehung verwirklicht sieht. Je stärker ausgeprägt dieser gemeinsame Kanon ist, desto stärker wird der Kunde gebunden sein und desto länger wird er sich loyal gegenüber dem Unternehmen verhalten. Die Ausübung der **Retention** bzw. **Kundenbindung** ist somit – um einen Best-Ager-Spruch zu verwenden – der Mercedes unter den Kundenbindungsinstrumenten.

Retention

Die Retention, auch »Kundenbindung« genannt, konzentriert sich grundsätzlich auf die Verlängerung der Dauer der Zahlungsströme. Hansotia (2004) erklärt es mit der Bedeutung der Beibehaltung oder Erhöhung der Kaufrate oder der Häufigkeit der Einkäufe. Nach Wiesel und Skiera (2005) umfasst die Kundenbindung die Anzahl bestehender Kunden, die Retentionsrate und die Retentionsausgaben. Die Kundenbindung kann sich je nach Definition von Unternehmen zu Unternehmen unterscheiden und ist abhängig von der Art der Kundengewinnung.

Die Best Ager als loyalen Kundenstamm wird ein Unternehmen dann für sich gewinnen können, wenn es die gewohnheitsmäßigen Bedürfnisse der Zielgruppe befriedigen kann oder wenn es Produkte zur Verfügung stellt, die an bereits bekannte gedankliche Heuristiken anknüpfbar sind. Ist das geschafft, winken dem Unternehmen in dreifacher Hinsicht Vorteile:

- Loyale Kunden weisen eine höhere Bereitschaft auf, Produkte trotz Preissteigerungen zu kaufen. Ihre Preissensibilität ist geringer ausgeprägt als bei illoyalen Kunden.
- Ist ein großer loyaler Kundenstamm vorhanden, muss das Unternehmen weniger Geld für die Neukundenakquise verwenden.
- Mit loyalen Kunden ist ein Unternehmen in der Regel erfolgreicher. Die Rentabilität steigt.[130]

Kunden zeigen ihre Bindung an ein Unternehmen auf unterschiedliche Art und Weise. Doch nicht alle loyalen Kunden erhöhen die Rentabilität eines Unternehmens. Denn

130 Vgl. Rowley, 2005

loyale Kunden kaufen nicht zwangsläufig mehr und/oder häufiger ein. So gibt es beispielsweise loyale Kunden, die das Unternehmen wertschätzen, deswegen aber trotzdem nicht ihre Konsumausgaben erhöhen. Das heißt, ein loyaler Kunde muss nicht profitabel sein.[131]

Doch egal, wie rentabel loyale Kunden für ein Unternehmen sind: Die Beziehung zu loyalen Kunden ist von besonderer Bedeutung für das Unternehmen. Denn auch loyale Kunden, die weder häufiger noch mehr einkaufen, sind Stammkunden, die langjährig stabile Zahlungsströme garantieren und gegebenenfalls anderen potenziellen Kunden von ihren positiven Erfahrungen mit dem Unternehmen berichten. Wichtig ist, dass loyale Kunden auch zufrieden bleiben. Das ist der Optimalfall. Ist das geschafft, spricht man von *Real Retention*.

Sind loyale Kunden dagegen unzufrieden, muss möglichst schnell gehandelt werden. Im Rahmen der *Emergency Retention* analysieren Marketingexperten die Gründe für die Unzufriedenheit der Kund:innen. Der Begriff »Emergency«, zu Deutsch »Notfall«, drückt aus, dass dringend gehandelt werden muss, schließlich ist der Geduldsfaden von loyalen Kund:innen zwar etwas länger, aber auch endlich. Durch quantitative und qualitative Befragungen analysieren die Experten, warum die unzufriedenen Personen trotzdem dem Unternehmen als Kund:innen treu geblieben sind. Diese Gründe gilt es zu analysieren und in der weiteren Kundenbeziehung zu festigen.

Potenzialträchtig sind Kunden, die zufrieden sind, aber nicht loyal. Mittels der *Potential Retention* wird versucht, über Zusatzleistungen und besondere Aufwendungen die Gunst der Kunden zu gewinnen. Den größten finanziellen Aufwand hat das Unternehmen mit Kunden, die weder loyal noch zufrieden sind. Das wird als *Lost Retention* bezeichnet. Das Marketing muss dann große Anstrengungen unternehmen, um die Kunden von sich zu überzeugen, denn diese fühlen sich weder an das Unternehmen gebunden noch wirken die Produkte auf sie attraktiv.

		Kundenzufriedenheit	
		hoch	niedrig
Kundenretention bzw. Kundenloyalität	hoch	Real Retention	Emergency Retention
	niedrig	Potenzial Retention	Lost Retention

Der Zusammenhang zwischen Kundenretention und Kundenzufriedenheit

131 Vgl. Best, 2004

Um mehr loyale Kunden zu gewinnen, bieten sich generell Bindungsmaßnahmen wie Treueprogramme, besondere Anerkennung in Form von Special Treatments, Affinitätsprogramme, Gemeinschaftsbildungsprogramme oder Wissensaufbauprogramme an. Jedoch müssen diese Programme weiterentwickelt und unbedingt den Best Ager Bedürfnissen angepasst werden, sonst bleiben sie wirkungslos.

8.1 Retention-Equity-Treiber

Wenn ein Kunde einmal eine Beziehung zu einem Unternehmen aufgebaut hat, hat das Unternehmen die Möglichkeit, diese Beziehung zu intensivieren. Die Kundenbindung bezieht sich auch auf die Bindung eines Kunden an eine Marke nach einer subjektiven und objektiven Bewertung des Kunden. Treueprogramme, besondere Anerkennung und Special Treatments, Affinitätsprogramme, Gemeinschaftsbildungsprogramme und Wissensaufbauprogramme sind allesamt Subtreiber für Retention Equity. Schließlich ist Retention Equity wichtig, wo persönliche Beziehungen und Gewohnheiten eine große Rolle spielen und es darum geht, den Kunden zu verstehen.

Retention Equity

Die Retention Equity ist im Grunde die Stärke der Beziehung zwischen dem Kunden und dem Unternehmen aus der Sicht des Kunden.[132] Kotler (2003, S. 76) definiert dieses Equity auch als Relationship Equity, als Beziehungswert, da es grundlegende Aktivitäten zum Aufbau von Beziehungen beinhaltet.

Die Auswahl an verschiedenen Modellen eines Produkts, an Marken und kundenspezifische Anpassungen für Verbraucher wächst kontinuierlich. Haltbarkeit und Zuverlässigkeit verbessern sich und Designzyklen werden immer kürzer, was zu geringen Unterschieden zwischen konkurrierenden Produkten in der gleichen Kategorie führt. Laut dem Customer Loyality Index 2022[133] sind sowohl junge als auch ältere Menschen den Lebensmitteleinzelhändlern am treuesten. In anderen Branchen ist die Treue der Best Ager zum Händler wesentlich geringer. Das hat mitunter damit zu tun, dass Lebensmittel häufiger als andere Produkte wie z. B. Kleidung eingekauft werden und die örtliche Nähe eine wesentliche Rolle spielt.

132 Rust et al., 2000
133 https://emarsys.com/learn/blog/emarsys-customer-loyalty-index-2022-global/

Fragen zur Kundenloyalität in Deutschland 2.012 Verbraucher:innen in Deutschland		25 bis 34 Jahre alt	Über 55 Jahre alt
»Die Inflation und/oder die gestiegenen Lebenshaltungskosten haben dazu geführt, dass ich aus Ersparnisgründen Marken verlassen habe, denen ich bisher treu war.«	Stimme zu	70 %	45 %
»In welchen Branchen sind die Einzelhändler tätig, denen Sie am treuesten sind?«	Bekleidung und Mode	49 %	38 %
	Lebensmittel	66 %	78 %
	Kosmetik- und Hautpflege	36 %	18 %
	Lebensmittel-Lieferdienste	14 %	7 %
»In welchem Maße steigt oder sinkt die Wahrscheinlichkeit, dass Sie einer Marke treu bleiben, wenn deren Produkte in China hergestellt werden?«	Wahrscheinlichkeit steigt	20 %	8 %
»Ich habe eine Marke, der ich zuvor treu war, aufgrund ihrer Nachhaltigkeitspraktiken verlassen.«	Stimme zu	33 %	21 %
»Ich bin loyaler gegenüber Einzelhändlern, die starke moralische oder ethische Werte vertreten.«	Stimme zu	20 %	13 %

Auszug aus dem Customer Loyality Index 2022 (Quelle: emarsys.com)

Hirsh et al. (1999) gehen davon aus, dass Markentreue zunehmend nicht vom Produkt selbst herrührt, sondern von der gesamten Kauf- und Besitzerfahrung. Deswegen wird bei der Kundenzufriedenheit als kritischer Wettbewerbsfaktor mehr Gewicht auf die Wiederkaufsloyalität gelegt als auf das Produkt oder die Marke selbst.

Im Gegenzug dazu argumentieren Verhoef et al. (2004) – basierend auf Annahmen –, dass Verbraucher:innen loyaler gegenüber einer Marke als gegenüber einem Unternehmen bzw. Händler sind. Mit anderen Worten: Die Entscheidung der Verbraucher:innen, welche Marke sie kaufen, kommt vor der Entscheidung, wo sie einkaufen – und nicht umgekehrt. Dieser Effekt lässt sich wie folgt erklären:

1. Die Konsument:in erlebt immer das Produkt (z. B. jeden Tag), aber nur periodisch den Service des Händlers (z. B. ein- oder zweimal im Jahr).
2. Die offensichtlichsten Kosten für den Besitz und die Nutzung eines Produkts sind die Kosten für ein neues Produkt.
3. Verbraucher:innen konzentrieren sich eher auf das Markenprodukt als auf den zusätzlichen Service des Händlers.

Es gibt Kunden, die zufrieden, aber illoyal sind, sobald ein besseres Angebot eines Mitbewerbers vorliegt, seien es Rabatte, besserer Service, Verpackungseinheiten, z. B. Servicetheke oder Selbstbedienung, etc. Und es gibt Kunden, die sich loyal verhalten, obwohl sie unzufrieden sind, sei es aufgrund von mangelnden Alternativen – z. B. bei Anbietern des öffentlicher Personennah- und -fernverkehrs –, sei es aufgrund zu hoher Wechselkosten, Vertragsbindungen oder Unsicherheit. Um die Kund:innen richtig einzuordnen, kann deren Bindung zum Unternehmen gemessen werden.

8.2 Die Kundenbindung messbar machen

Messen, was messbar ist, und messbar machen, was nicht messbar ist.
Galileo Galilei

Marketingexperten stehen oft vor der Herausforderung, ihre Ausgaben gegenüber der Unternehmensleitung oder dem Vertrieb zu rechtfertigen. Sie müssen meist quantitative Beweise dafür erbringen, warum, wie und in welchem Umfang Ausgaben für einzelne Marketingmaßnahmen verwendet wurden und in welchem Verhältnis hierzu Verkaufsziele oder die anvisierte Kundenakzeptanz erreicht wurde. Doch das ist häufig nicht einfach und teilweise nicht machbar. Zum einen können psychologische Prozesse, wie beispielsweise die Markenwahrnehmung oder die Akzeptanz eines Produkts, kaum quantitativ gemessen werden. Eine Möglichkeit, um solche intraindividuellen Prozesse abzubilden, böten qualitative Marktforschungsinstrumente. Doch diese sind häufig arbeits- und kostenaufwendig und bieten nur sinnvolle Ergebnisse, wenn sie von ausgebildeten Marktforscher:innen durchgeführt werden. Zu den methodischen Unwägbarkeiten kommt hinzu, dass ein direkter Zusammenhang zwischen den Ausgaben für Marketingmaßnahmen und den anvisierten unternehmerischen Zielen nur schwer ein einwandfreier statistischer Zusammenhang hergestellt werden kann. Schließlich können unzählige weitere Gründe, wie konjunkturelle Schwankungen, mediale Kampagnen, die Politik und sogar das Wetter dafür verantwortlich sein, dass die Unternehmensziele besser oder schlechter erreicht wurden.

Es gibt in der Marktforschung intraindividuelle Prozesse und Zusammenhänge, die nicht messbar sind. Auch Galilei spricht davon, dass es nicht Messbares gibt. Das müsse messbar gemacht werden. Um nicht Messbares – wie es bei der Kundenbindung als wahrgenommene Einstellung zu einem Unternehmen oder Produkt der Fall ist – messbar zu machen, bedienen sich Marktforscher:innen diverser Berechnungen und Analysen, von denen sie annehmen, dass sie bestimmte Zusammenhänge erklären können. Über die zukünftige Einkaufshäufigkeit der Kunden beim Unternehmen schließen Marketingexperten auf die Kundenbindung. Je höher die Wahrscheinlichkeit, dass ein Kunde wiederholt beim Unternehmen einkauft, desto höher die Kundenbindung.

Die Retentionsrate

Die Retentionsrate, auch »Retentionswahrscheinlichkeit« genannt, gibt an, wie wahrscheinlich es ist, dass ein Kunde, der bereits bei einem Verkäufer gekauft hat, auch seinen nächsten Einkauf wieder beim gleichen Verkäufer tätigen wird.[134]

Die Retentionsrate ist für gewöhnlich kleiner als eins. Das bedeutet, dass die Wahrscheinlichkeit, dass der Kunde gehalten wird, mit der Zeit abnimmt.[135] Eine Eins als Retentionsrate ist jedoch nicht erstrebenswert. Eine Eins würde zwar bedeuten, dass keine Kunden über einen definierten Zeitraum verloren gehen, doch bedeutet sie auch, dass ein Unternehmen sehr viele zusätzliche Marketingmaßnahmen und Loyalitätsprogramme installiert hat, die Monopolstellung innehat oder der Preis zu gering ist, was nicht mehr effizient ist. Es ist zu viel des Guten.

Die optimale Höhe einer Retentionsrate ist unternehmensspezifisch, bewegt sich im Idealfall um die 80 Prozent.[136] Unternehmen, die Fahrzeugleasing- oder Softwarelizenz-Verträge anbieten, binden den Kunden beispielsweise über mehrere Jahre, wobei ein Fahrzeug- oder Softwarekauf nicht zwangsläufig dazu führt, dass Kunden über diese Jahre hinaus an das Unternehmen gebunden werden. Schließlich ist ein Fahrzeug- oder Softwarekauf für einen Kunden oft über einen längeren Zeitraum eine einmalige Angelegenheit, wodurch kaum mehr Interaktion zwischen Unternehmen und Kunden nötig ist.

Besonders in Märkten, in denen das Intervall zwischen den einzelnen Käufen länger ist, wie z. B. Küchen, Automobile, Computer und Unterhaltungselektronik, wechseln Kunden leicht die Marke und die Kundenbindung ist viel schwieriger. Die Retentionsrate ist folglich eher gering. Geringe Retentionsraten sind auch in stark umkämpften Märkten – in denen es viele Auswahlmöglichkeiten und niedrige Wechselkosten gibt – gewöhnlich. Hier schützt auch eine hohe Kundenzufriedenheit nur bedingt vor einer Kundenabwanderung. Anders ist das in weniger wettbewerbsfähigen Branchen. Hier reicht aufgrund des Mangels an vergleichbaren Angeboten auch eine geringe Kundenzufriedenheit für hohe Retentionsraten aus.

Um die Retentionsrate zu ermitteln, gibt es verschiedene Ansätze. Generell gilt dabei: Je einfacher die Ermittlungs- oder Berechnungsgrundlage, desto ungenauer sind die

134 Vgl. Jackson, 1985
135 Vgl. Rust et al., 2004
136 Vgl. Reichheld, 2003

Ergebnisse. Die einfachste und ungenaueste Möglichkeit besteht darin, lediglich den Branchendurchschnitt der Retentionsrate auf das eigene Unternehmen anzuwenden. Zum Beispiel liegt die durchschnittliche Kundenbindung bei Anbietern von Telekommunikation bei 78 Prozent und bei Automobilanbietern bei 83 Prozent. Eine etwas genauere und kundenspezifische Methode definiert die Retentionsrate beispielsweise über die Zahl der Kunden, die über einen längeren Zeitraum als Konsument:innen gebunden werden können.

Das wird am Beispiel des Unternehmens *mixpanel*[137], einem Anbieter von Software, deutlich (siehe folgende Tabelle). Das Unternehmen hat errechnet, wie viele der Neu- und Stammkunden sich ein Tutorial zu ihrem Unternehmen ansehen und anschließend die Software kaufen (< 1 Woche) und wie viele davon das kostenpflichtige Upgrade in den darauffolgenden fünf Wochen durchführen (Wochen 2–5). Mittels dieser Daten kann die Retentionsrate durch lineare Interpolation gewonnen werden. Sie beträgt für Neukunden 14,9 Prozent und für Stammkunden 14,2 Prozent. Das bedeutet, dass sich die Zahl der Neukunden wöchentlich um durchschnittlich 14,9 Prozent und die Zahl der Stammkunden um 14,2 Prozent reduziert.

Kohorten	**Anzahl Kunden**	**Anzahl der Wochen, in denen Nutzer beibehalten wurden**					
		< 1	**2**	**3**	**4**	**5**	**6**
Neukunden	48	97,2 %	44,3 %	38,6 %	37,6 %	35,2 %	22,7 %
Stammkunden	12	88,6 %	58,3 %	46,5 %	25,8 %	18,7 %	17,6 %

Entwicklung der Zahl der Neu- und Stammkunden im Zeitverlauf

Das Modell von Best (2004) zieht lediglich eine Variable zur Berechnung heran. Es kalkuliert auf Basis der durchschnittlichen Kundenlebensdauer:

$$\text{Kundenbindung} = 1 - 1/\text{Customer Life}$$

Modelle mit einer Variablen oder lineare Modelle sind zwar einfach zu berechnen, aber noch nicht sonderlich genau. Komplexere Modelle ziehen mehrere Konstrukte heran, um genauere Voraussagen über die zukünftige Kaufkraft zu gewinnen. So wie das Modell von Gupta und Lehmann 2005.[138] Sie gehen von einer Verbesserung der

137 https://mixpanel.com/de/
138 Vgl. Gupta/Lehmann, 2005, S. 174

Retentionsrate im Laufe der Zeit aus und berechnen sie daher mit der folgenden Exponentialfunktion:

$$r_t = r_0 + (r_{lifetime} - r_0)\left[1 - \exp(-k_t)\right]$$

Wobei gilt:

- r_t = Retention innerhalb einer bestimmten Zeitperiode t
- r_0 = Retention zum Zeitpunkt 0 oder die Minimumretention
- $r_{lifetime}$ = Retention über einen unendlichen Zeitraum oder die maximal mögliche Retention
- k = Rate der Retentionsänderung vom Minimum zum Maximum
- t = Zeitraum (z. B. Jahr)

Deutlich komplexere und damit genauere Modelle sind diejenigen, die Konstrukte nutzen, um Kundenzufriedenheit, Wechselbarrieren, abwechslungssuchendes Verhalten und die Attraktivität von Alternativen zu messen, und diese zur Retentionsrate verschmelzen. Mittels statistischer Auswertungsprogramme wie LISREL (linear structural relations) können vermutete Beziehungen zwischen Variablen überprüft werden.[139]

Viele Untersuchungen zur Kundenbindung bauen laut Jackson (1985) auf der Zweiteilung von Käufern auf: »lost-for-good« und »always-a-share«.

Das Modell des **Always-a-share** veranschaulicht, dass der Kunde leicht zu anderen Anbietern wechseln sowie auf mehrere Unternehmen zurückgreifen und dadurch deren Geschäftsanteile regulieren kann. Migrationsmodelle können den Wechsel der Kund:innen zwischen den Anbietern und deren Mitbewerbern berücksichtigen. Diese Migrationsmodelle basieren auf Markov-Ketten.[140] Durch Markov-Ketten werden Eintrittswahrscheinlichkeiten zukünftiger Ereignisse auf Basis des Zustands in der Gegenwart berechnet. Die Mehrzahl der Best Ager gehört nicht zu den Kundengruppen, die permanent beim Einkauf experimentieren – daher wird das Always-a-share-Modell an dieser Stelle nicht weiter berücksichtigt.

Das **Lost-for-good-Modell** beschreibt, dass sich eine Kundin oder ein Kunde entweder voll und ganz dem Unternehmen verschreibt oder völlig verloren geht und sich an einen Konkurrenten bindet. Es handelt sich um Kunden, die sich ausschließlich auf ein Unternehmen einschreiben. Laut Berger und Nasr (1998) sowie Bauer und Hammerschmidt (2005) ist ein:e Lost-for-good-Kund:in innerhalb des Kundenbindungsmodells ein:e Kund:in, der:die keine geschäftlichen Beziehungen mehr mit einem Unterneh-

139 Vgl. Bauer/Hammerschmied, 2005, S. 334
140 Vgl. Ching et al., 2004

men hat. Deswegen werden Kund:innen, die zurückkehren, zu den Neukund:innen gezählt. Das Lost-for-good-Modell mag für viele Produktmärkte mit höheren Wechselzahlen und langfristigen Bindungen realistisch sein.[141]

Kunden zeigen ihre Loyalität auf unterschiedliche Art und Weise. Sie können einfach bei einem Anbieter bleiben oder sie können den Betrag oder die Häufigkeit ihrer Einkäufe erhöhen. Im besten Fall werden Kunden zu »Befürwortern« des Unternehmens, indem sie andere zum Kauf bewegen.

8.3 Das Kano-Modell und wie man es für Best Ager nutzen kann

Möchten wir unsere Sensibilität für eine Form des Marketings stärken, die Best Ager tatsächlich anspricht und langfristig bindet, gilt es auch, sich aus der Kundenperspektive mit den Anforderungen zu beschäftigen, welche die jungen Alten an Produkte und Dienstleistungen haben. Was Best Ager voraussetzen, was sie abschreckt und was sie wirklich begeistern kann: Für die Beantwortung all dieser Fragen kann das Kano-Modell nützlich sein.

Beim **Kano-Modell** handelt es sich um ein Tool aus dem Qualitätsmanagement, das ein besseres Verständnis der Kundenwünsche vermittelt und diese in einen Zusammenhang mit der Kundenzufriedenheit bringt.[142] Die Methode lässt sich bei Neuentwicklungen anwenden, eignet sich aber auch dazu, Varianten auszuarbeiten und Möglichkeiten für Verbesserungen zu explorieren. Benannt ist der Ansatz nach seinem Entwickler Noriaki Kano. Der emeritierte Professor der Naturwissenschaftlichen Universität Tokio und seine Mitforscher:innen erarbeiteten 1984 in einem gemeinsamen Aufsatz eine Methodik, um den Zusammenhang zwischen Kundenzufriedenheit und Produktqualitäten abzubilden und aus Letzteren dabei Anforderungskategorien abzuleiten, die – je nach Erfüllung oder Nichterfüllung – unterschiedlichen Einfluss auf die Zufriedenheit der Kund:innen haben.[143]

In einem späteren Vortrag stellte Kano die Erfahrungen seiner Forschungsarbeit in einen größeren Zusammenhang qualitätssichernder Methoden: Im Gegensatz zu eindimensionalen Vorstellungen, wonach die Zufriedenheit proportional zur Erfüllung der Kundenanforderungen wachse, gehe das Kano-Modell von einer komplexeren Ausgangslage aus, die auch nicht-lineare Effekte berücksichtige.[144] Kundenanforderungen

141 Vgl. Berger/Nasr, 1998; Bauer/Hammerschmidt, 2005; Jain/Singh, 2002
142 Vgl. Knorr, 2017
143 Vgl. Kano et al., 1984
144 Vgl. Kano, 1995, S. 66

werden hierbei in Basis-, Leistungs- und Begeisterungsanforderungen aufgeteilt und auch jene Faktoren identifiziert, die keine Auswirkungen auf die Kundenzufriedenheit haben (indifferente Anforderungen) oder gar abschreckend wirken (Rückweisungsmerkmale).[145] Entscheidend: Analysiert wird dabei *aus Sicht der Kund:innen*.[146] Den Maßstab bildet auf diese Weise nicht das Produkt, sondern die tatsächlichen Erfahrungen, Wünsche und Vorstellungen jener Menschen, die wir schließlich auch erreichen möchten.

Entsprechend baut die Methode wesentlich auf eine sorgfältige Befragung der Zielgruppe auf Grundlage einer spezifischen zweifachen Fragetechnik, wie sie etwa Dominic Marx darstellt.[147] Die Proband:innen werden dabei zweimal darum gebeten, Stellung zur Produktqualität zu nehmen, um ihre Reaktion auf das Vorhandensein bzw. das Nicht-Vorhandensein einer Eigenschaft abzufragen.[148] Die Einordnung in das Modell erfolgt schließlich durch Kombination beider Antworten und die Übertragung der kumulierten Antworthäufigkeiten. Aufgegliedert in zwei Dimensionen bildet die horizontale Achse dabei die Anforderungen ab, während die vertikale Achse die gemessene Kundenzufriedenheit in ein Modell übersetzt (vgl. Abb. 28).[149]

Vor diesem Hintergrund können mit Noriaki Kano nun verschiedene Fallkonstellationen identifiziert werden. Erstens werden hierbei Produktqualitäten erkennbar, welche die Best Ager fordern und nach denen sie Produkte vergleichen – sogenannte **Leistungsanforderungen**, deren Erfüllung die Kundenzufriedenheit linear steigert.[150] Weiterhin lassen sich womöglich Produktmerkmale erkennen, die unabhängig davon, ob sie erfüllt sind oder nicht, die Kund:innen weder zufrieden noch unzufrieden machen. Sie gelten damit für Kano als *neutral*.[151] Im Deutschen lässt sich von indifferenten Anforderungen sprechen.[152] Kano und sein Forschungsteam konnten darüber hinaus sogenannte Must-be-Eigenschaften[153] ausmachen: Gemeint sind jene Faktoren, deren Nichterfüllung zu Unzufriedenheit führt, während die Erfüllung die Kundenzufriedenheit dennoch nicht positiv beeinflusst **(Basisanforderungen)** – sie werden schlichtweg vorausgesetzt. Andere Eigenschaften wiederum würden die Konsument:innen regelrecht abstoßen, ihr Vorhandensein weckt Unzufriedenheit, ihre Abwesenheit hingegen wirkt sich positiv auf die Einschätzung des Produkts aus. Im deutschen Kontext werden diese Qualitäten als Rückweisungsmerkmale klassifiziert.[154] Und

145 Vgl. Knorr, 2017
146 Vgl. Fleig, 2022
147 Vgl. Marx, 2014, S. 12
148 Vgl. ebd.
149 Vgl. Kano, 1995, S. 66
150 Vgl. Knorr, 2017
151 Vgl. Kano, 1995, S. 66
152 Vgl. Knorr, 2017
153 Kano, 1995, S. 66
154 Vgl. Knorr, 2017

schließlich konnten Kano und Kolleg:innen Situationen beobachten, in denen eine Produkteigenschaft nicht erwartet wird und insofern auf der einen Seite auch deren Fehlen eine neutrale Reaktion mit sich bringt, während die Erfüllung auf der anderen Seite Zufriedenheit oder gar echte Begeisterung hervorrufen kann. Dabei sprechen sie von einer »*attractive quality*«.[155] Letztere, auch als **Begeisterungsanforderungen** bekannten Merkmale[156] hebt das Team besonders hervor: Um die Zufriedenheit zu erhöhen und Verkäufe zu steigern, müssten gerade diese Faktoren, sobald identifiziert, verstärkt umgesetzt werden.[157]

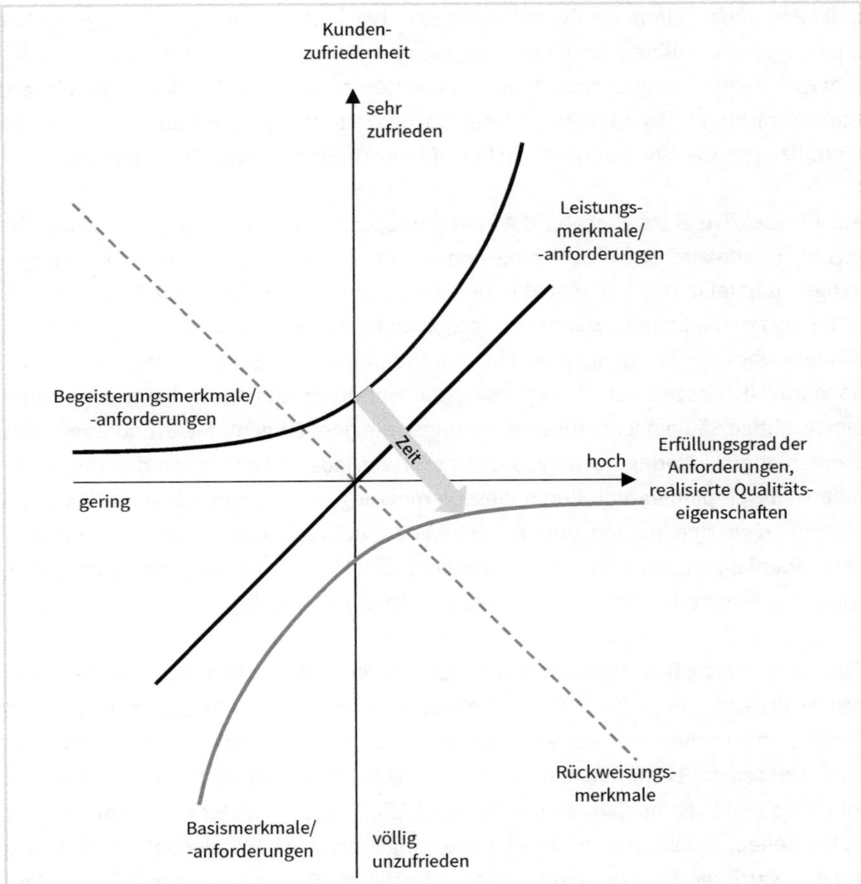

Abb. 28: Kano-Modell

155 Kano, 1995, S. 66
156 Knorr, 2017
157 Vgl. Kano, 1995, S. 68

Was sich aus diesem Modell lernen lässt, ist die Bedeutung einer reflektierten Kundensegmentierung. Denn Kundenanforderungen können sich je nach Kundengruppe oder -segment enorm unterscheiden, wie Fleig deutlich macht: Während die einen von gewissen Produktmerkmalen begeistert seien, fühlten sich andere womöglich eher abgeschreckt.[158] Insofern gelte das Kano-Modell »immer nur für ein definiertes Kundensegment und eine Kundengruppe, die ähnliche Erwartungen und Präferenzen in Bezug auf das Produkt hat«.[159] Wer Best Ager ansprechen möchte, der darf nicht von den Bedürfnissen eines homogenen Kundenpools ausgehen, sondern muss gezielt auf deren alters- und generationsspezifische Anforderungen eingehen. Das Kano-Modell kann dabei helfen, ein Gespür dafür zu entwickeln, wovon sich die jungen Alten eher abgestoßen fühlen. Auch Faktoren, die einer Abwehrhaltung aufgrund altersstereotyper Vermarktung Vorschub leisten, könnten auf diese Weise eliminiert werden. Gleichsam bietet das Kano-Modell die Möglichkeit, ebenjene Produktqualitäten zu identifizieren, die ältere Kund:innen besonders erfreuen und zum Kauf anregen.

Aus Perspektive eines alters- und generationsspezifischen Marketings ist die Begeisterung gerade älterer Menschen besonders von Bedeutung. Denn wie die vorangegangen Kapitel deutlich gemacht haben, erreichen Unternehmen, die Best Ager von sich überzeugen können, durch sie eine ganze Reihe weiterer Menschen – von deren Kindern über die Enkel:innen zu hin zum Freundes- und Bekanntenkreis. Und wer nachdrücklich begeistert ist, sagt es weiter. Mundpropaganda ist damit auch heute eine wichtige Säule nachhaltiger Marketingstrategien. So geht das Grundmodell des Empfehlungsmarketing davon aus, dass sehr zufriedene Kund:innen das Unternehmen weiterempfehlen und durch diese Vernetzung weitere Menschen für das Label gewonnen werden können, die – bei gelungener Anpassung der Produktanforderungen – ebenfalls Neukund:innen akquirieren. Dabei lässt sich auch gezielt nachhelfen, wie es der Ansatz des aktiven Empfehlungsmarketings nahelegt.

Es lohnt sich also, Best Ager verstehen zu lernen, ihren Wünschen und Anforderungen besser gerecht zu werden – und schließlich womöglich echte Begeisterung in ihren Gesichtern zu sehen. Das Kano-Modell ist hierfür ein besonders gezielt einsetzbares Tool. Seit seiner Veröffentlichung ist der Ansatz in der akademischen Welt auf großes Interesse gestoßen und wurde mit dem Ziel, die Bedürfnisse der Kund:innen besser zu verstehen, in zahlreichen Unternehmen angewandt, wie Witell et al. im Rückblick auf die »Karriere« des Kano-Modells hervorheben.[160] Dies mag auch daran liegen, dass dabei kein statischer Blick auf das Zusammenspiel von Produktqualitäten und Kundenzufriedenheit geworfen wird, sondern zeitliche Veränderungen bewusst mitein-

158 Vgl. Fleig, 2022
159 Ebd.
160 Vgl. Witell et al., 2013, S. 3

bezogen werden. Was heute noch begeistert, kann morgen bereits Standard sein.[161] Schließlich gehen auch die Generationen mit der Zeit: Die heutigen Best Ager ticken völlig anders als die ihnen vorangegangenen Kohorten. Das vorliegende Buch soll durch seine gezielte Fokussierung eines generationsspezifischen Marketings gerade für diese Unterschiede sensibilisieren und dabei fit für die Zukunft machen. Denn die jungen Generationen von heute sind die Best Ager von morgen.

161 Vgl. Kano, 1995

9 Referenzwert: Storytelling ist mehr als ein Like

Warum das Storytelling, die Mundpropaganda und der Referenzwert gerade bei Best Ager so wichtig ist?

Im Tourismus ist laut Alexander Stein, Marketing- und Digitalisierungsmanager der Kurverwaltung Rügen, gerade bei den Best Agern noch immer der Faktor »Mund zu Mund« sehr wichtig. Das Storytelling ist entscheidend, wie er mir in einem Interview sagte: »Wo warst du im Urlaub?« Und dann kommt schon das Smartphone ins Spiel – »Ja, guck mal, da haben wir das gemacht und da haben wir das erlebt« –, aber es ist bei den Best Agern vor allem die Mund-zu-Mund-Empfehlung, das Storytelling von Person zu Person, das zählt.

Der Markenaufbau stützt sich zunehmend auf Mund-zu-Mund-Empfehlung bzw. Mundpropaganda, die sich in der vernetzten Gesellschaft rasch verbreitet. Die Mundpropaganda ist ein beliebtes Mittel, um Informationen schnell zu verbreiten. Ein bekanntes Experiment des Sozialpsychologen Stanley Milgram, das er im Jahr 1967 durchgeführt hat – das »Kleine-Welt-Experiment« –, ergab, dass jede Person über sechs weitere Personen mit jedem Menschen auf der Welt in Kontakt treten kann. Die Verallgemeinerung ist zwar umstritten, allerdings ergab eine Untersuchung aus dem Jahr 2006 mit 240 Millionen Instant-Messanger-Accounts, dass die Kette, die zwei Menschen verbindet, im Durchschnitt knapp sieben Personen lang ist. Viele Menschen verfügen über ein soziales Netzwerk von Familienmitgliedern und Freund:innen und bilden so ein enges, meist lokal beschränktes Cluster.[162]

Mundpropaganda

Mundpropaganda oder Word-of-Mouth (WoM) beschreibt die persönliche Weitergabe von Informationen zwischen Konsument:innen oder potenziellen Kund:innen über ein Produkt oder eine Dienstleistung.

9.1 Die Best-Ager-Propaganda

Mundpropaganda kann durch das Marketing aktiv gesteuert werden. In diesem Fall spricht man von **Empfehlungsmarketing**. Es gibt das passive und das aktive Empfehlungsmarketing. Mit dem aktiven Empfehlungsmarketing wird man relativ oft nach einem Kaufabschluss konfrontiert. Es besteht darin, dass Kund:innen durch das

162 Stangl, 2023, https://lexikon.stangl.eu/1262/kleine-welt-phaenomen

Unternehmen aufgefordert werden, eine Empfehlung oder eine Bewertung abzugeben. Voraussetzung dafür ist, dass die Kundenerwartungen zumindest erfüllt wurden. Das passive Empfehlungsmarketing ist die weitaus effektivere Methode, da die Kunden von sich aus das Produkt oder die Dienstleistung anderen potenziellen Kund:innen empfehlen, weil sie davon begeistert sind. Dies setzt allerdings voraus, dass die Kundenerwartungen übertroffen wurden. Das erfordert die intensive Auseinandersetzung mit den Bedürfnissen der Kund:innen:

- Welche Erwartungen haben die Kund:innen?
- Welche Möglichkeiten bietet das Unternehmen, diese Erwartungen zu erfüllen?
- Welche Möglichkeiten bietet das Unternehmen, diese Erwartungen zu übertreffen?
- Welche Kundenerfolgsstorys gibt es im Unternehmen?
- Wann gab es die letzte Rückmeldung über oder von einem bzw. einer begeisterten Kund:in?
- Ab wann sind Kund:innen zufrieden?
- Ab wann sind Kund:innen begeistert?

Das Marketing kann die Mundpropaganda von Kund:innen und Stakeholdern anregen und fördern. Wir Menschen lieben Geschichten. Insbesondere wenn die Geschichten interessant, amüsant, unterhaltsam oder neu sind, werden sie weitererzählt. Normale Geschichten interessieren keinen Menschen. Wenn der Mensch von etwas begeistert ist, hat er in der Regel das Bedürfnis, davon zu berichten. Geschichten über andere Menschen finden die größte Beliebtheit bei Erzähler:in und Zuhörer:in. Das Marketing hat dabei die Aufgabe, für Themen, Storys oder Informationen, die zu verbreiten es sich lohnt, eine Plattform zu bieten. Eine weitere Aufgabe des Marketings ist es, Kund:innen für das Storytelling zu nutzen und effektive Kanäle dafür bereitzuhalten und zu pflegen. Das Herausfinden dessen, ob es unter den Kund:innen sogenannte Superspreader gibt, und diese dann für sich zu gewinnen zählt ebenfalls zu den Aufgaben des Empfehlungsmarketing.

Die meisten Best Ager bevorzugen den persönlichen Kontakt, und deswegen sollten Best Ager, die ein Produkt, eine Marke, ein Unternehmen oder einen Service an potenzielle Kund:innen weiterempfehlen sollen, persönlich angesprochen werden. Es ist Fingerspitzengefühl und Geduld gefragt, aber es gibt auch nichts zu verlieren. Die meisten Kund:innen – im hohen zweistelligen Prozentbereich – sind bereit für eine aktive Weiterempfehlung. Jeder zehnte angesprochene Kunde gibt eine verwertbare Empfehlung ab. Es gilt, die Kund:innen in der richtigen Stimmung nach einer Weiterempfehlung zu fragen und bei einer Zustimmung auch die Weiterempfehlung zu verfolgen. Dies kann beispielsweise in einem CRM-System dokumentiert werden.

9.2 Mundpropaganda messbar machen

In vielen Fällen wird lediglich der Umsatz oder der Deckungsbeitrag eines Kunden betrachtet und daraus eine »Renner-Penner-Liste« erstellt. Die Renner-Penner-Liste gibt Auskunft über die Produkte, die sich richtig gut verkaufen (Renner), und Produkte, die als »Penner« wie Ladenhüter in den Regalen liegen bleiben. Das ist schon einmal ein wichtiger Schritt, reicht aber oft nicht aus, um langfristig im Marketing zu agieren. Eine regelmäßige und detailliertere Betrachtung der generierten Umsätze der Kunden sollte zudem wie folgt eingeordnet werden: in direktmonetäre Transaktionswerte (autonome, Cross-Selling- und Up-Selling-Erträge) und indirekt monetäre Interaktionswerte. Letzteres betrifft den Referenzwert. Den Referenzwert zu messen ist recht komplex.

Referenzwert

Der Referenzwert bezeichnet den Wert einer Kundin oder eines Kunden, den diese oder dieser durch Kommunikation mit weiteren potenziellen Kund:innen für das Unternehmens generiert. Der Referenzwert ist ein Bestandteil des Customer Lifetime Value.

Die beiden Hauptbestandteile bei der Berechnung des Referenzwerts sind das Referenzvolumen (bestehend aus Nettoreferenzrate und durchschnittlichem Bruttobeitrag) und das Referenzpotenzial (einschließlich sozialem Netzwerk, Meinungsführerschaft und Meinungszufriedenheit). Laut Cornelsen (2002) beschreibt das **Referenzvolumen**, wie stark Kunden bei ihrer Kaufentscheidung beeinflusst werden durch Referenzen von Familie, Verwandten, Freund:innen, Influencer:innen, Vereinen, Arbeit und Kolleg:innen. Das **Referenzpotenzial** beschreibt das Ausmaß, in dem ein Kunde als Referenzgeber das monetäre Referenzvolumen entwickeln kann – immer im Wettbewerb mit anderen potenziellen Referenzgebern. Bei Autofahrern der Marke Volvo würden 78 Prozent einen Neuwagen von Volvo definitiv empfehlen und 20 Prozent wahrscheinlich. Unter 5 Prozent der Volvokunden würden kein Fahrzeug von Volvo empfehlen. Die positive Empfehlungsquote ist relativ hoch und reflektiert die Kundenzufriedenheit.

Der **Referenzwert** bestimmt die Margen, die durch Neukund:innen entstehen, die durch das Weiterempfehlungsverhalten bestehender Kund:innen in einem bestimmten Zeitraum generiert werden.[163] Um den Referenzwert kalkulieren zu können, sollten die Daten für einen Kaufentscheidungsprozess brauchbar und transparent sein. Diese Daten betreffen die Zufriedenheit, das soziale Netzwerk, durchschnittliche Cross-Selling-Beiträge und die Netto-Referenzrate. Ein Kunde des Unternehmens kann für den Kauf einer anderen Kundin verantwortlich sein. Bauer und Hammerschmidt (2005) in-

163 Bauer/Hammerschmidt, 2005

kludieren diese zusätzliche Transaktion als indirekten Verkauf bei der Berechnung des Wertes eines bestehenden Kunden. Im Allgemeinen wird diese Interaktion von Referenzaktivitäten auch als »positiver Mundpropagandaeffekt« bezeichnet. Abbildung 29 zeigt ein Referenzwertmodell mit anschließendem Beispiel:

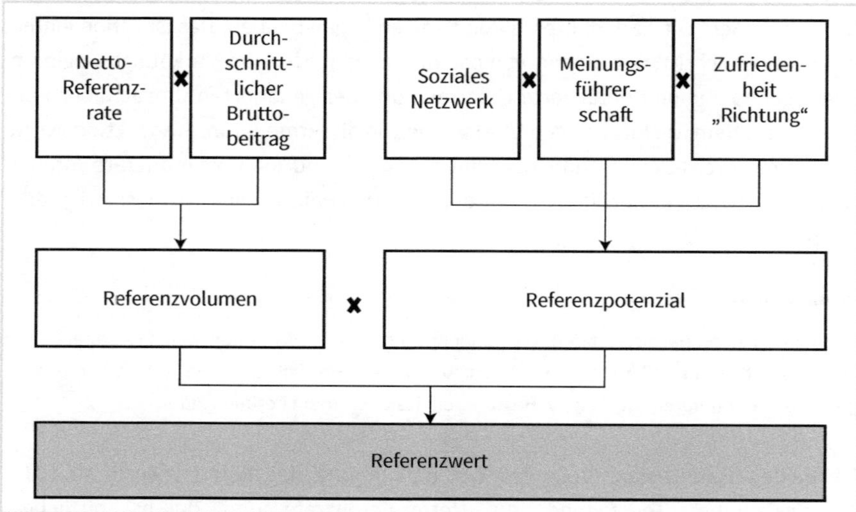

Abb. 29: Referenzwertmodel (Quelle: eigene Darstellung in Anlehnung an Cornelsen, 2002)

Beispiel zur Berechnung eines Referenzwertmodells

Netto-Referenzrate (z. B. 3 Prozent): durchschnittlicher Anteil am Bruttobeitrag einer gewonnenen Kundin (Empfängerin), die auf Referenzen zurückzuführen ist (= Grad der Beeinflussung von Kund:innen in ihren Kaufentscheidungen durch Referenzen von Verwandten, Freund:innen und Kolleg:innen). Wenn zum Beispiel Referenzen 30 Prozent Einfluss auf die Kaufentscheidung der Empfängerin haben und der Kauf mit zehn Personen (Referenzanbieter) besprochen wurde, dann beträgt die Netto-Referenzrate pro Referenzanbieter 30 Prozent /10 = 3 Prozent.

Bruttobeitrag (z. B. 500 Euro): durchschnittlicher jährlicher Bruttobeitrag einer potenziellen Kundin

Soziales Netzwerk (z. B. 15): Größe des analogen sozialen Netzwerks: Anzahl der Personen (Empfänger:innen), die in produktbezogenen Referenzgesprächen mit dem jeweiligen Referenzanbieter aufgerufen werden

Meinungsführerschaft (z. B. 70 Prozent): Grad, in dem ein Referenzanbieter die Kaufentscheidung anderer beeinflusst (Durchsetzungsvermögen), abhängig von seinem Produkt- und Markt-Know-how

Zufriedenheit (z. B. +1): Die Zufriedenheit des Referenzanbieters bestimmt die Richtung der Referenzgespräche; während eine zufriedene Kundin zum Kauf animiert und für positive Referenzen sorgt (+1), rät ein unzufriedener Kunde vom Kauf ab und gibt somit negative Referenzen (–1).

Referenzwert für den Kunden pro Jahr: 0,03 × 500 × 15 × 0,7 × (+1) = 157,50 Euro

Der Referenzwert ist eine wichtige Variable bei der Kalkulation des Kundenwerts.

10 Der Marktwert der Best Ager

Die Eigentümerin einer Marketingagentur sagte einmal zu mir: »Marketing kann so teuer sein, weil der Erfolg nicht messbar ist.« Das würde bedeuten, dass die Unternehmen, die Marketing betreiben, im Blindflug unterwegs wären. In der Tat wird die Erfolgsmessung des Marketings in der Unternehmenspraxis in vielen Fällen vernachlässigt. Zwar ist es im Online-Marketing im Gegensatz zum Offlinemarketing einfacher, den Erfolg oder Misserfolg nachzuvollziehen, aber es kommt auch darauf an, wie Erfolg definiert wird.

Ein Ansatz, den Marketingerfolg zu messen, liegt darin, den Kundenwert zu kalkulieren. Denn nicht alle Kunden sind gleich rentabel. Dies wiederum bedeutet, dass die Marketingaktionen je Kunde oder zumindest Kundengruppe (z.B. Gen Z und Best Ager) und deren Segment unterschieden werden müssen. Betrachtet man Kunden als wichtigste Ressource, als Investment, so muss wohl überlegt werden, in welche man investiert. Dieser Perspektivwechsel ist zwingend notwendig, wenn ein Unternehmen den größtmöglichen Gewinn aus seinen Marketingmaßnahmen generieren möchte. Um die richtigen Entscheidungen für Marketingstrategien zu wählen, müssen Unternehmen demnach die langfristige Kundenrentabilität berechnen. Mit diesem Ergebnis können Unternehmen laut Libai et al. (2002) ihren Marketingmix optimieren, und zwar den des gesamten Kundenstamms.

Dazu muss der Kundenwert als reiner Umsatz- oder Deckungsbeitragswert mit den jeweiligen operativen Marketingfaktoren wie Kundenzufriedenheit und Kundenrentabilität ergänzt werden. Im sogenannten **Customer Lifetime Value** werden diese Faktoren kalkuliert, die Kundenzufriedenheit wird als Retentionsrate und die Kundenakquisetätigkeiten als mögliche Neukundenanzahl betrachtet. Das Ziel des Customer-Lifetime-Value-Konzeptes besteht darin, rentable Best-Ager-Kund:innen zu identifizieren. Dabei greift die reine Deckungsbeitragseinteilung zu kurz. Das gesamte Spektrum der von Kund:innen verursachten operativen Erlöse und Kosten versucht das Customer-Lifetime-Value Konzept abzudecken. Das Ergebnis liefert Hinweise zu Akquise- und Marketingkosten.[164]

Rentabler Best Ager

Ein rentabler Best Ager ist eine Person, deren Erträge nach einiger Zeit die Kosten für das Akquirieren, Verkaufen und den Service sowie den After-Sales-Service übersteigen.

Das folgende Customer-Lifetime-Value-Konzept gilt als ein geeignetes Modell zur Bewertung und bildet die Basis des Customer-Equity-Marketings.

164 Bauer/Hammerschmidt, 2005

10.1 Der Customer Lifetime Value

Der **Customer Lifetime Value** (CLV) ist der Kundenwert für ein Unternehmen. Der Kundenwert ist der wirtschaftliche Wert der Kunden, sozusagen der monetäre Wert der Best Ager. Der Wert wird aus lieferantenorientierter Sicht betrachtet und gibt an, wie viel Wert jeder einzelne Kunde erwirtschaftet. Er bildet eine entscheidende Kennzahl für die Profitabilität der Kundenbeziehung und des Unternehmens.

Customer Lifetime Value

Der Customer Lifetime Value ist der Barwert des einer Kundenbeziehung zuzurechnenden zukünftigen Cashflows.[165]

CLV-Modelle helfen Unternehmen dabei, strategische oder taktische Entscheidungen zu treffen. Sie identifizieren die Kunden des Unternehmens, deren Merkmale und welche Kunden auf lange Sicht gepflegt und gehegt werden sollten. Taktische Entscheidungen können im Hinblick auf kurzfristige Ressourcenzuordnungen zwischen Marketingvariablen getroffen werden.[166] Daher werden Marketingausgaben als Investitionen in Kundenvermögen definiert, die einen langfristigen Wert für das Unternehmen schaffen.[167]

Bisher wurden mehrere CLV-Modelle entwickelt, insbesondere im Direkt- bzw. im Relationship-Marketing, aber es gibt bis dato keinen allgemein akzeptierten Ansatz. Eine einfache Methode, den CLV zu berechnen, wird durch das folgende Beispiel dargestellt: Herr Maier bekommt zu seinem 55. Geburtstag ein Probeabonnement für ein Reisemagazin (Print) geschenkt, das er nicht kündigt, wodurch er automatisch zu einem Standardabonnement wechselt. Das Abonnement kostet ihn 12,50 Euro pro Monat. Die durchschnittliche Marge bei einem Printmagazin liegt bei 69 Prozent. Es wird davon ausgegangen, dass der Kunde das Magazin drei Jahre, also 36 Monate lang bezieht. Die Kosten für die Akquise dieses Kunden belaufen sich in diesem Zeitraum auf 45 Euro und beinhalteten z. B. einen Gutschein für ein dreimonatiges Probeabo. Der CLV von Herrn Maier beträgt 264,26 Euro. Die Formel, um den CLV zu berechnen, lautet:

$$\text{CLV} = -\text{Kundenakquisekosten} + (\varnothing\,\text{Kaufwert} \times \text{Bruttomarge} \times \text{Kaufhäufigkeit} \times \text{Kundenlebensdauer})$$

165 Pfeifer et al., 2005, S. 17
166 Jain/Singh, 2002
167 Bauer/Hammerschmidt, 2005

Wobei gilt:

- Kundenakquisekosten sind die durchschnittlichen Kosten für die Kundengewinnung.
- Kaufwert ist der durchschnittliche Wert einer Kundentransaktion.
- Bruttomarge ist der durchschnittliche Gewinn beim Verkauf eines Produkts.
- Kaufhäufigkeit ist die durchschnittliche Anzahl von Transaktionen eines Kunden über einen bestimmten Zeitraum, z. B. ein Jahr.
- Kundenlebensdauer ist die Dauer einer Kundenbeziehung.

Fügen wir die Werte in die Formel ein, ergibt sich:

$$CLV = -45\,€ + (12{,}45/\text{Monat} \times 0{,}69 \times 36\ \text{Monate}) = 264{,}26\,€$$

Das Clustern von Kohorten, die gleiche Merkmale aufweisen, wie z. B. Best Ager, kann zu einer besseren Identifizierung der Nutzergruppen und deren Verhalten führen. Dies kann je nach Anzahl der Kunden durch Tools des Machine Learnings, des unüberwachten Lernens (Unsupervised Learning oder undirected knowledge discovery) oder durch Kohortenanalysen erfolgen. Kundengruppen werden beispielsweise auf Basis von ähnlichen Eigenschaften identifiziert. Das Auflösen des CLV nach Best Agern gibt Aufschluss über deren Profitabilität. Daraus können Rückschlüsse auf die zu verbessernde Kundenansprache und das Produktangebot geschlossen sowie ein besseres Verständnis für die Kundengruppe aufgebaut werden.

Ein Schwachpunkt der früheren CLV-Modelle ist, dass sie keine marketingrelevanten Variablen berücksichtigen, z. B. erwarteter Cross-Selling-Umsatz, Weiterempfehlungsverhalten oder Retentionsraten. Diese Tatsache führt dazu, dass sich Modelle unterscheiden und auch unterschiedliche Variablen berücksichtigt werden. Deshalb fehlt auch oft das Verständnis von Werttreibern.

Die Variablen, die in die Beziehung mit dem Kunden eingeführt werden, müssen einer ganzheitlichen Betrachtung unterzogen werden.[168] Laut Berger und Nasr (1998) sollten die folgenden Fragen bei der Berechnung des CLV aus dem Marketingmanagement angepasst an Best Ager beantwortet werden:

- Wie viele Best Ager kann das Unternehmen bei bestimmten Akquiseausgaben gewinnen?
- Wie groß wird der anfängliche Verkaufsumsatz an einem Best Ager sein?
- Wie hoch ist die Wahrscheinlichkeit, dass ein Best Ager zusätzliche Produkte oder Dienstleistungen des Unternehmens im Laufe der Zeit kauft?

168 Rust et al., 2004

- Wie verändert sich diese Wahrscheinlichkeit mit der Erhöhung oder Senkung der Marketingausgaben?
- Wann wird ein Best Ager nicht mehr bei einem Unternehmen einkaufen?

In einer Untersuchung grundlegender CLV-Modelle geben Bauer und Hammerschmidt (2005) Antworten zu diesen Fragen, indem sie mehrere Variablen in Betracht ziehen. Sie klassifizieren die Variablen dabei in drei Kategorien, auf die im Folgenden eingegangen wird:

- Erlöse,
- Kosten und
- Kundenbindung (Retention).[169]

Bauer und Hammerschmidt (2005) klassifizieren die Erlöse wiederum in vier Unterkategorien:

- autonome Erlöse,
- Up-Selling-Erlöse,
- Cross-Selling-Erlöse und
- Deckungsbeiträge resultierend aus Empfehlungsaktivitäten bestehender Kunden (Referenzwert).

Ihnen zufolge führen die ersten drei aus direkten Transaktionen mit dem Kunden zu direkten Geldeinnahmen oder zu direkten monetären Transaktionswerten, wohingegen Letzterer, der Referenzwert (RW), als indirekt-monetärer Interaktionswert eingebracht wird, da er die Kunde-zu-Kunde-Interaktion berücksichtigt.

Autonome Erlöse sind die Grundeinnahmen, die sich aus Standardmarketingmaßnahmen ergeben, z. B. TV-Werbung. Die Berechnung erfolgt über gängige Verfahren der Bedarfsprognose, z. B. Analysen von Zeitabläufen oder stochastische Brand-Choice-Modelle, wie das multinomiale Logit-Modell.[170]

Sobald das Unternehmen eine Beziehung zu einem treuen Kunden aufgebaut hat, kauft er normalerweise zusätzliche Produkte oder Dienstleistungen dieses Unternehmens.[171] In diesem Sinne kann es beides sein, Cross- oder Up-Selling. Grundsätzlich resultieren **Up-Selling-Erlöse** aus einer Steigerung des Kaufbetrags pro Transaktion, die ein Kunde in einem bestimmten Zeitraum tätigt.[172] Das Unternehmen versucht zu erreichen, dass der Kunde teurere Artikel einkauft oder Upgrades derselben Kategorie, um bessere Erlöse zu erzielen. Daher beschreiben Rust et al. (2000) Up-Selling

169 Vgl. Reinartz/Kumar, 2000
170 Bauer/Hammerschmidt, 2005
171 Rud, 2002, S. 64
172 Bauer/Hammerschmidt, 2005

auch als Upgrade. Die Best Ager, die Up-Selling-Einnahmen generieren, sind im Allgemeinen loyal, mit einer langfristigen Beziehung zum Unternehmen und einer geringeren Preissensibilität. Bauer und Hammerschmidt (2005) bezeichnen Up-Selling-Erlöse als Referenzwert eines Kunden. Für die Annahme von Up-Selling-Einnahmen können Grenzfunktionsmodelle als Prognoseverfahren verwendet werden. Staat et al. (2002) liefern einen Ansatz, der das Output-Input-Verhältnis eines ausgewählten Produkts berechnet. Das Ergebnis stellt den Wert für einen Kunden dar und spiegelt die Kauf- und Konsumeffizienz des Kunden wider.

Die Grenzfunktionsmodelle können auch zur Schätzung von **Cross-Selling-Erlösen** angewendet werden. Zusätzlich können Cross-Selling-Matrizen verwendet werden, um die Erlöse zu messen. Ein einfacher Fall des Cross-Sellings ist der Verkauf einer Kfz-Versicherung an eine Autokäuferin. Cross-Selling bietet sowohl eine höhere Marge als auch das Potenzial, die Kundenzufriedenheit und Retention zu verbessern.[173]

Kosten

Die **Kundenakquisekosten** (Customer Acquisition Costs, kurz CAC) sind die Kosten, die anfallen, um einen Kunden zu gewinnen. Berger und Nasr (1998) berücksichtigen die Akquisekosten nicht in ihrem CLV-Modell. Im Gegensatz dazu argumentieren Jain und Singh (2002), dass die Akquisekosten in den CLV einfließen müssen, denn der Lifetime Value eines Kunden muss nicht automatisch positiv sein. Die Berücksichtigung der Akquisekosten wird aus mehreren Gründen empfohlen: Sie machen nicht nur in vielen Fällen einen erheblichen Kostenanteil (Sales Calls, Anreizsysteme, Werbung etc.) aus, sondern erhöhen auch das Bewusstsein im Vertrieb, bestehende Best-Ager-Kunden nicht zu vernachlässigen. Für Marketingentscheidungen sind die Akquisekosten bereits bestehender Kunden nicht relevant und sollten als Sunk Costs (versunkene Kosten) in die CLV-Berechnung eingehen.[174] Außerdem hängt die Berechnung der Akquisekosten auch davon ab, welche Marketingmethoden angewandt werden, um einen neuen Kunden zu gewinnen (z. B. Direktmarketing vs. Massenmarketing).

Der Unterschied zwischen Akquisekosten und **Marketingkosten** sind die Kosten der Kundenbindung und Entwicklung. Zu den Marketingkosten zählen beispielsweise die Kosten, die für die Steigerung von Cross- bzw. Up-Selling verantwortlich sind (z. B. Versand von Katalogen oder Grußkarten).[175] Allerdings ist es manchmal schwierig, zwischen Akquise- und Marketingkosten zu unterscheiden, da beispielsweise Werbeaktionen als Retentionskosten angesetzt werden, durch sie aber natürlich auch neue Kunden akquiriert werden können.

173 Gupta/Lehmann, 2005
174 Bauer/Hammerschmidt, 2005
175 Bauer/Hammerschmidt, 2005

Wiederherstellungskosten beziehen sich auf Marketingkosten und können in zwei Klassen unterschieden werden: Kosten abfallender Kundenzahlen und Kosten, die nach Beendigung der Beziehung entstehen.[176] Erstere sind Kosten, die sich erhöhen, um eine Abwanderung zu vermeiden und die Kundenbeziehung aufrechtzuerhalten oder zu erneuern. Letztere sind Kosten, die durch Maßnahmen zur Wiedergewinnung eines Kunden entstehen.

Nach Bauer und Hammerschmidt (2005) sollten in der Berechnung des CLV Vertriebskosten (inklusive Herstellungskosten der verkauften Waren und aller Servicekosten) und Kündigungskosten (betreffend Kunden, bei denen es sich nicht lohnt, sie wieder zurückzubekommen) einbezogen werden. Die Vertriebskosten sind im Wesentlichen auf finanzielle Aspekte ausgerichtet.

Terminierungs- bzw. Kündigungskosten sind beispielsweise Verwaltungskosten bei der Kontoauflösung bzw. Kosten der Rücknahme von Produkten. Die Terminierungskosten basieren auf der Wechselwahrscheinlichkeit der verbleibenden Anzahl von Erstkunden zukünftiger Perioden.[177] Die Berechnung in Periode 1 für einen Kunden ist *1 – Retentionsrate*. Folglich ist auf lange Sicht die Summe der Wechselwahrscheinlichkeit aller Perioden gleich 1. Der Moment, in dem ein Kunde abwandert, kann als Wahrscheinlichkeit berechnet werden, dass der Kunde bis $t-1$ treu bleibt und in t migriert. Laut Bauer und Hammerschmidt (2005) ergibt der letzte Teil innerhalb der Summe im folgenden Term die Schätzung der Terminierungskosten.

Der Kundenwert wird durch die Verwendung der Retentionsrate und den Akquisekosten berücksichtigt. Dadurch wird eine deutlich höhere Prognosegüte im Vergleich zu einfachen Marktvolumen- oder Marktanteilsanalysen insbesondere mit Blick auf mittelfristige Zeiträume erreicht.[178] Nach Bauer et al. (2003) kann das CLV-Konzept auch im Portfoliomanagement für strategische Geschäftseinheiten verwendet werden. Ein profitabler Kunde ist dargestellt durch CLV > 0.

Schließlich können alle berechneten Variablen in die folgende CLV-Formel eingefügt werden:[179]

$$CLV_i = -AK_i + \sum_t^r \left(r_i^t \frac{AE_{ti} + UE_{ti} + CE_{ti} + RW_{ti}) - (UA_{ti} + MK_{ti})}{(1+d)^t} - \left(r_i^{t-1}(1-r_i) \right) \frac{TK_i}{(1+d)^t} \right)$$

176 Vgl. Keane/Wang, 1995; Bauer/Hammerschmidt, 2005
177 Bauer/Hammerschmidt, 2005
178 Bauer et al., 2003, S. 60
179 Bauer/Hammerschmidt, 2005, S. 337

Wobei gilt:

- AK_i = Akquisekosten des Kunden i
- AE_{ti} = autonome Erlöse des Kunden i
- UE_{ti} = Up-Selling-Erlöse des Kunden i im Zeitraum t
- CE_{ti} = Cross-Selling-Erlöse des Kunden i im Zeitraum t
- RW_{ti} = Referenzwert von Referenzaktivitäten des Kunden i im Zeitraum t
- UA_{ti} = Umsatzaufwand des Kunden i im Zeitraum t
- MK_{ti} = Marketingkosten für Kundenbindung des Kunden i im Zeitraum t
- TK_i = Terminierungskosten der Kundenbeziehung des Kunden i
- r_i = Retentionsrate des Kunden i im Zeitraum t
- d = für Marketinginvestitionen angemessener Abzinsungssatz

Die folgende Abbildung veranschaulicht ein detailliertes Implementierungsdiagramm der verschiedenen oben diskutierten Variablen:

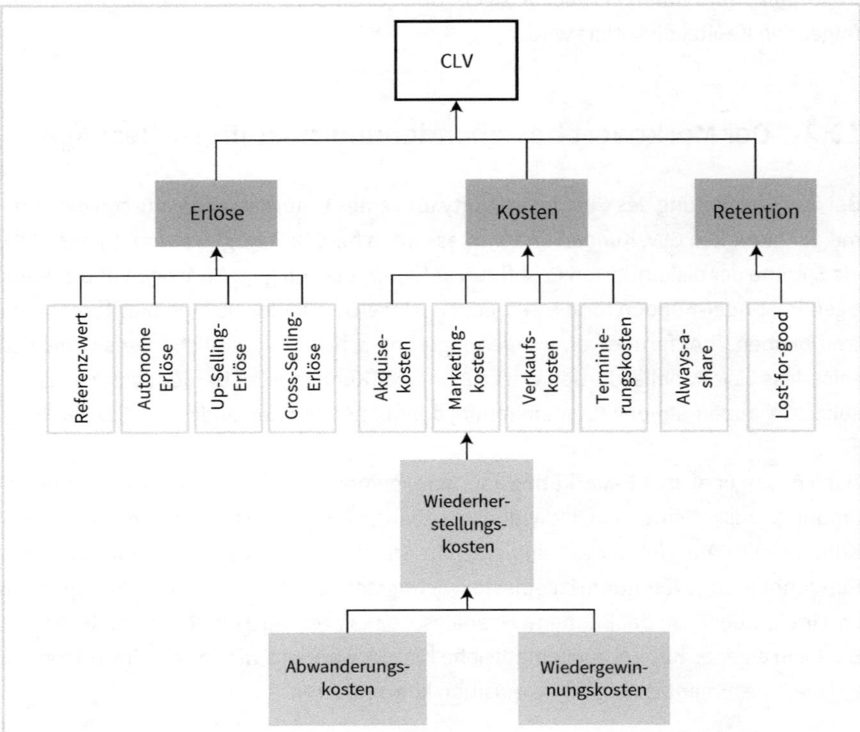

Abb. 30: Customer Lifetime Value Model (CLV)

Zusätzliche Fragen, die das Marketing und der Verkauf beantworten sollten, um das CLV-Modell mit entsprechenden Werten zu füttern, sind:

1. Wie sehen die Umsatzprognosen des Unternehmens aus?
2. Wie hoch sind die durchschnittlichen Akquisekosten?

3. Wie hoch ist die durchschnittliche Retentionsrate?
4. Wie hoch sind die Up-Selling- und Cross-Selling-Einnahmen (Retention und Cross-Selling-Werte)?

Es muss erwähnt werden, dass das oben vorgestellte CLV-Modell immer noch einige Kritikpunkte und Einschränkungen hat:[180]

- Das Modell geht von
- jährlichen Kaufzyklen,
- einer identischen Diskontierung aller Zahlungsströme und
- einer konstanten Retentionsrate im Laufe der Zeit aus, die eine Lost-for-good-Einstellung widerspiegelt.

Zudem muss die Länge des Projektionszeitraums je nach Branche sorgfältig definiert werden. Ein weiterer Nachteil vieler CLV-Modelle ist, dass sie **mögliche zukünftige Best-Ager-Kund:innen** vernachlässigen. Doch auch dazu gibt es eine Lösung, die im folgenden Kapitel diskutiert wird.

10.2 Der Marktwert bestehender und zukünftiger Best Ager

Bei der Betrachtung des Customer Equity (CE) eines Unternehmens müssen die Summe der aktuellen CLV, Kunden und Interessenten berücksichtigt werden. Daher ist CE als Summe der diskontierten Cashflows definiert, die von gegenwärtigen und zukünftigen Best-Ager-Kunden für die Zeit generiert werden, in der sie einem Unternehmen treu bleiben.[181] Aufgrund von Kundenmigration scheint es ziemlich offensichtlich zu sein, dass CLV-Modelle, die den Wert zukünftiger Kunden nicht berücksichtigen, einen sukzessiv abnehmenden Kundenstamm, der mit null Kunden endet, implizieren.[182]

Nach Bayón et al. ist **CE-Marketing** »ein Managementansatz für Akquise und Kundenbindung, ausgerichtet auf individuelle Lebenszeitwerte aktueller und zukünftiger Kunden mit dem Ziel der kontinuierlichen Steigerung des Customer Equity«.[183] Die Kundenbindung (Retention) ist eine der wichtigsten Variablen im Marketing allgemein und im Speziellen in der Kundenwertanalyse. Deswegen wird der Retention in diesem Buch ein eigenes Kapitel gewidmet (siehe Kap. 8), während wir uns hier im Folgenden auf die Zusammenfassung der Akquisition konzentrieren.

180 Bauer/Hammerschmidt, 2005, S. 338
181 Vgl. Jain/Singh, 2002; Bauer/Hammerschmidt, 2005; Rust et al., 2000; Bayón et al., 2002
182 Vgl. Jain/Singh, 2002; Bauer/Hammerschmidt, 2005
183 Bayón et al., 2002, S. 214

Blattberg und Deighton (1996) schlagen einen quantitativen Ansatz zur Überprüfung der Akquisitionsrate von gezielt akquirierten Kunden eines Unternehmens vor. Zum Beispiel steht der gewonnene Kunde im Verhältnis zu potenziellen Kunden, an die Akquisemaßnahmen gerichtet sind.[184] Laut den oben genannten Autoren lässt sich dies in folgender Formel fassen:

$$AR = CR \times \left[1 - \exp(-kA)\right]$$

Wobei gilt:

- AR = Akquisitionsrate
- CR = der obere Schwellenwert (das Maximum der Erfassungsrate, die erreicht würde, wenn es keine Begrenzung der Anschaffungskosten gibt)
- k = Konstante, die die Effektivität der Akquisitionstätigkeit ausdrückt
- A = die durchschnittlichen Akquiseausgaben pro adressiertem potenziellen Kunden

Dieser Ansatz ist nicht wirklich praktikabel, da beide Raten – Retention und Akquise – sich in die entgegengesetzte Richtung entwickeln. Außerdem sind proprietäre Daten notwendig, die in den meisten Fällen nicht vorliegen. Ein geeigneterer Ansatz besteht darin, einfach davon auszugehen, dass alle Marketingausgaben verwendet werden, um Kunden zu gewinnen. Vereinfacht gesagt: Die Teilung der Marketingkosten durch die Anzahl der neu gewonnenen Kunden für jeden Zeitraum ergibt die Akquisitionskosten pro Kunden.[185] Ein komplexeres Modell wird von Bayón et al. (2002) vorgeschlagen: das multinomiale Logit-Modell zur Schätzung der Kaufwahrscheinlichkeit aus der Verbraucherverhaltensforschung. Aus praktischen Gründen ist es auch möglich, ein Binomial-Logit-Modell zu verwenden.

Dennoch weisen die CE- und CLV-Methoden einige Einschränkungen bei der Berechnung auf. CLV ist auf der operativen Marketingmanagementebene angesiedelt und wird nicht auf strategischer Ebene berücksichtigt. Außerdem können Fixkosten, die nicht den Kunden zuzurechnen sind, nicht vom CLV geschätzt werden. Nach Bauer und Hammerschmidt (2005) sind diese Marketing-Gemeinkosten (z. B. Kosten für das Markenmanagement, für die Schulung der Vertriebskräfte oder Kosten der Marktforschung) und Produktfixkosten unterschiedlich zu berechnen. Dafür ist ein anderes Modell notwendig. Das Shareholder-Value-Modell (SHV) gehört zur Kategorie der finanziellen Bewertungsmethoden und berücksichtigt diese Einschränkungen von CLV und CE.

184 Vgl. Bayón et al., 2002; Bauer/Hammerschmidt, 2005
185 Gupta/Lehmann, 2005

Shareholder Value

Die Marktwertorientierung wird in der Regel als Kapitalmarktorientierung interpretiert. Daher wird häufig das Konzept des Shareholder Value (SHV) verwendet. Das SHV-Konzept betrachtet Cashflows auf einer hochaggregierten Ebene, wobei der Schwerpunkt auf materiellen und finanziellen Vermögenswerten liegt. Der Wert der immateriellen Vermögenswerte wird kaum in den Finanzkennzahlen berücksichtigt.[186]

Rust et al. (2000) kategorisieren die folgenden drei Treiber des Customer Equity: Value Equity, Brand Equity und Retention Equity. Es muss dabei berücksichtigt werden, dass die drei Treiber des Kundenwerts sich von einer Branche zur anderen unterscheiden und dass ihr Wertbeitrag variiert. Daher ist es für jedes Unternehmen wichtig, sie zu verstehen und die wichtigsten und untergeordneten Treiber sowie den Messprozess des Kundenwerts zu definieren.

Mehr Einblicke in die wesentlichen Variablen, die den Best-Ager-Kundenmarktwert steigern, können durch Kundenumfragen erreicht werden. Eine Online-Kundenumfrage bei Best Agern sollte zusätzlich mit einer Offlineumfrage ergänzt werden, da die Nutzung der Onlineangebote ab 65 Jahren in Deutschland stark abnimmt.

Die Treiber des Customer Equity werden in den nächsten Kapiteln detailliert behandelt.

186 Bauer/Hammerschmidt, 2005, S. 344

11 Wie Best Ager das Kosten-Nutzen-Verhältnis wahrnehmen

Alle wollen das Gleiche. Wirklich alle? Nein. Das wäre über das Massenmarketing schnell erledigt. Kundenbedürfnisse sind jedoch unterschiedlich und sollten vom Marketing differenziert betrachtet werden. Best Ager haben unterschiedliche Werte-Wahrnehmungen. Und wir Menschen können nicht nicht beurteilen. Wir bewerten und vergleichen alles. Und genau darum geht es. Es ist im Grunde eine relativ rationale, logische und objektive Bewertung des Nutzens eines Angebots basierend auf der Wahrnehmung seines Nutzens im Verhältnis zu seinen Kosten. Oder anders ausgedrückt: Der Kunde wägt ab und bewertet, was er für das, was er bekommt, aufgibt, einschließlich Zeit und Aufwand. Diese Bewertung wird als **Value Equity** bezeichnet. Die untergeordneten Treiber der Value Equity sind Preis, Qualität und Convenience.

Value Equity

Das Value Equity ist die objektive Bewertung der Angebote des Unternehmens durch die Kund:innen. Das Value Equity zählt neben Brand Equity und Retention zu den Treibern des Customer Equity.

Rust et al. (2000) klassifizieren **Qualität** weiter in Dienstleistungserbringung, Dienstleistungsprodukt, Serviceumfeld und das physische Produkt (sofern vorhanden). Qualität basiert schließlich auf der Kundenwahrnehmung – wenn dem Kunden die Qualität gleichgültig ist, wird sie keine Auswirkungen auf das Kaufverhalten haben. Wenn sie den Kunden nicht begeistert, könnte Qualität hinsichtlich Value Equity somit ignoriert werden.

Es gibt verschiedene Strategien, um über den **Preis** zu konkurrieren: Konstant niedrige Preise oder Rabatte und Sales-Angebote, wie sie von mehreren Einzelhandelsmärkten praktiziert werden, sind nur einige Beispiele. Weitere Arten sind unterschiedliche Zahlungsmöglichkeiten und Kreditpläne, die den Preis zeitlich neu positionieren.

Was der Kunde aufgeben muss, um etwas zu erhalten, spiegelt sich wiederum in der **Convenience**. Standort, Benutzerfreundlichkeit und Verfügbarkeit spielen eine wichtige Rolle hinsichtlich Komfort und Wertsteigerung.

Allerdings wollen nicht alle Best Ager das Gleiche und deshalb müssen Unternehmen verschiedene Marketingstrategien vorantreiben. Jede Branche muss ihre Subtreiber entsprechend definieren, die zu ihrem Geschäftsmodell passen. Daher müssen auch die unterschiedlichen Definitionen der Subtreiber je Best-Ager-Kundengruppe berücksichtigt werden. Kund:innen beispielsweise definieren Qualität unterschiedlich:

Der eine Autofahrer definiert Qualität als Zuverlässigkeit und der andere die technische Ausstattung.

Value Equity ist der größte potenzielle Beitrag zum Customer Equity, wenn Produkte differenziert werden und wenn die Produkte komplexer sind, sodass sie bewertet werden müssen.[187] Im Folgenden werden die wichtigsten Subtreiber aus der Sicht des Handels beschrieben.

11.1 Intrinsische Händlerqualität

Die **intrinsische Händlerqualität** beschreibt den Service (z. B. Servicequalität), der von einem Händler bereitgestellt wird, und steht daher in direktem Zusammenhang mit der funktionalen Leistung des Produkts. Die Konsequenz ist, dass sich die intrinsische Händlerqualität positiv auf die Loyalität der Best-Ager-Verbraucher:innen gegenüber dem Händler auswirkt.[188] Daraus lässt sich schließen, dass die intrinsische Qualität sich auch positiv auf die Retention auswirkt. Es ist davon auszugehen, dass der Händlerbeitrag für Produkte mit höherer intrinsischer Qualität geringer ausfällt. Mit anderen Worten: Premiummarken haben bereits einen hohen qualitativen Standard im Vergleich zu normalen (Volumen-)Marken. Die positive Wirkung von intrinsischer Händlerqualität auf die Händlerbindung ist daher bei Premiummarken am geringsten.[189]

Für Best Ager ist der Umstand, dass Vereinbarungen eingehalten und sie schnell bedient werden, eine wichtige Grundvoraussetzung für Folgegeschäfte. Entscheidende Bewertungskriterien sind die Qualität der eigentlichen Leistung sowie die Qualität der Erklärungen zu den Leistungen oder Produkten. Letzteres ist gerade bei Best Agern höheren Semesters und bei digitalen Produkten wichtig, da mitunter die Befürchtung steigt, man könne durch einen falschen Knopfdruck etwas kaputt machen. Sätze wie »Das müssen Sie googeln« von einem Verkaufs- oder Servicemitarbeiter sind extrem kontraproduktiv. Dies spiegelt die Qualität der Kommunikation und führt zu einer guten oder schlechten Kundenbewertung.

11.2 Extrinsische Händlerqualität

Babin et al. (1994) beziehen die **extrinsische Händlerqualität** auf das Erscheinungsbild (z. B. Verkaufsfläche, Showroom, Ambiente, Standort) des dargebotenen Pro-

187 Vgl. Rust et al., 2000; Kotler, 2003
188 Mittal et al., 1999
189 Verhoef et al., 2004

dukts oder Services. Beispielsweise kann eine hohe äußere Qualität auch durch die Betonung des Markenstatus durch eine luxuriöse Einrichtung entstehen. Der Status ist für Premiummarken am wichtigsten. Wenn eine billige Marke in einem zu luxuriösen Ausstellungsraum dargeboten wird, könnten die Best-Ager-Kund:innen den Eindruck bekommen, dass sie zu viel für das Produkt oder den Service bezahlen, was wiederum zu Unzufriedenheit der Kund:innen führt. Nach Verhoef et al. (2004) ist der positive Effekt der extrinsischen Qualität auf die Retention bei Premiummarken am größten.

Wenn die Qualität des Layouts der Verkaufsfläche oder des Ausstellungsraums mit »gut«, die Atmosphäre mit »normal bis gut« und die Ausstrahlung der Verkaufsfläche mit »wie gewohnt« bewertet werden, dann gilt es, die vom Best Ager wahrgenommene Gesamtatmosphäre zu verbessern.

11.3 Händler-Payment-Equity

Die von den Verbrauchern empfundene Fairness des für Produkte und Dienstleistungen zu zahlenden Preises wird als **Payment Equity** bezeichnet.[190] Da Premiummarken bereits auf einem hohen Preisniveau sind und mehr auf Status und Image setzen, liegt es auf der Hand, dass der Preis von Premiummarken für Best-Ager-Verbraucher:innen weniger wichtig ist als der für preisgünstige Marken. Laut Blattberg und Neslin (1990) sind die Konsument:innen von Premiummarken wenig preissensibel, weil sie in der Lage und bereit sind, Premiumpreise zu zahlen. Daher kann angenommen werden, dass das Payment Equity für Kunden von Premiummarken nicht sehr wichtig ist. Schließlich gehen Verhoef et al. (2004) davon aus, dass der positive Effekt des Equity Payment auf die Kundenbindung bei Premiummarken recht gering ist.

Beim Handel sollte die Kundenanalyse folgende Fragen beantworten:

- Wie würden Sie den Servicepreis im Zusammenhang mit einem Produkt einordnen?
- Wie zufrieden waren Sie mit dem Preis des After-Sales-Services?
- Wie empfinden Sie das Preis-Leistungs-Verhältnis beim Händler?
- Wie schätzen Sie den gezahlten Preis im Vergleich zum Markt ein?

Hinweis

Eine Checkliste zur Kundenanalyse steht Ihnen als digitales Extra zum Download zur Verfügung.

DIGITALE EXTRAS

Um die Wahrnehmung der Best Ager noch besser nachvollziehen zu können, lohnt es sich, sich in sie hineinzuversetzen und ihre Customer Journey nachzuvollziehen.

190 Bolton/Lemon, 1999

12 Jeder Kundenkontakt zählt: Von der Customer Journey zur Best-Ager-App

Der Google-Chairman und Ex-CEO Eric Schmidt wurde auf dem Panel des Weltwirtschaftsforums in Davos 2015 über die Zukunft des Internets befragt. Er antwortete: »...the internet will disappear« und weiter »...so many devices, sensors, things that you are wearing, things that you are interacting with that you won't even sense it. It will be part of your presence all the time. Imagine you walk into a room, and the room is dynamic. And with your permission and all of that, you are interacting with the things going on in the room.«[191]

Er meinte damit nicht, dass das Internet verschwindet, sondern dass die Grenzen zwischen offline und online verschwimmen werden. Durch das Internet der Dinge sind wir nie wirklich online und nie wirklich offline und bewegen uns auf der No-Line. Wenn ein Kunde heutzutage ein Auto kauft, informiert er sich zunächst im Internet und kauft das Auto dann beim Händler vor Ort. Der ROPO-Effekt (Research Online, Purchase Offline) geschieht im No-Line-Handel. Das geht auch andersherum. Ein Kunde sieht einen Laptop im Elektronikgeschäft, probiert ihn aus, fragt den Verkäufer über Details und kauft ihn dann über einen Onlineshop.

Typisch ist auch, dass Kund:innen in einem Laden stehen und sich während des Einkaufs mit dem Smartphone über das Produkt informieren. Nun sind es selten Best-Ager-Kund:innen, die sich so verhalten – jedoch sollte der Handel auch an die nächste Generation der Best Ager denken und sich auf dieses veränderte Recherche- und Shopping-Verhalten ihrer Kund:innen vorbereiten.

Ein Großteil der Best Ager verknüpft die Online- und Offlinekanäle während des Kaufs nicht miteinander. Zu sehr ist die analoge Welt für Best Ager noch bestimmend. Umso wichtiger ist es, sich die jeweiligen Kundenkontaktpunkte vor Augen zu führen und sich nicht nur auf die digitalen Kanäle zu konzentrieren.

Jeder Kontaktpunkt mit dem Kunden zählt. Das Visualisieren der direkten oder indirekten Interaktionspunkte des Kunden mit dem Unternehmen, Service oder Produkt ist ein wichtiger Bestandteil der strategischen Analyseinstrumente **Customer Journey** (Kundenreise) oder **Customer Experience** (Kundenerlebnis). Das kontinuierliche Bewusstmachen dieser Interaktionspunkte unterschiedlicher Kundengruppen oder Personas fördert neue, kreative Ansätze, um Kunden noch besser zu informieren oder einen gezielteren Service anzubieten.

191 https://www.businessinsider.com/google-chief-eric-schmidt-the-internet-will-disappear-2015-1

Das **Customer Journey Mapping** wurde 1985 von Ron Zemke und Chip Bell in einem Projekt entwickelt: Sie sollten einer Telefongesellschaft dabei helfen, den Grund für die Verärgerung der Kunden herauszufinden und Lösungen zu finden. Customer Journey Mapping zielt darauf ab, sich in den Kopf des Kunden hineinzuversetzen, um zu verstehen, was der Kunde Schritt für Schritt durchmacht. Und es kommt darauf an, welcher Touchpoint den größten Einfluss auf das Kundenerlebnis hat und damit auf die Bewertung des gesamten Einkaufprozesses – sei es analog, digital oder beides. Mit dieser Perspektive können Unternehmen Prozesse und Begegnungen besser gestalten oder umgestalten, um kundenzentrierter zu werden.[192]

Die **Customer Journey Map** ist ein Tool, um zu visualisieren, wie sich Best Ager durch die Touchpoints bewegen, welche Hindernisse, Abkürzungen oder Chancen sie nehmen. Auf welche Reise begibt sich der Best Ager? Ist die Reise eher beschwerlich und frustrierend, abenteuerlich oder erholsam und befriedigend? Es zeigt die ersten Berührungen mit der Marke und die unterschiedlichen Kundenwege durch das Marketing bis hin zum After-Sales-Service. Es unterstützt dabei, Produkte und Services weiterzuentwickeln und die Reise des Kunden möglichst zu erleichtern.

Laut Chip Bell sind folgende Kundenfragen entscheidend:[193]

- Was sollte bei dieser einen Interaktion geschehen?
- Welche Faktoren beeinträchtigen diese Interaktion?
- Welche Faktoren verbessern diese Interaktion?
- Wenn das Unternehmen das allerbeste sein will, wie könnte es diese Begegnung zu einer machen, von der Sie bei anderen schwärmen würden?

Man beginnt mit dem, was jeder gute Marketer beherrscht oder zumindest beherrschen sollte: Man versetzt sich in den Kunden hinein – wie er denkt, fühlt und handelt. Die Customer Journey ermöglicht es dem Marketingteam, ein gemeinsames Verständnis der Best Ager zu bekommen.

Die Customer Journey Map ist wie eine Matrix aufgebaut (siehe Abb. 31). Auf der Horizontalen wird die Abfolge der Erfahrungen, die ein Kunde mit dem Unternehmen macht, dargestellt: vom Kundenbedarf bis zu dem Zeitpunkt, an dem dieser Bedarf erfüllt (oder nicht erfüllt) wurde. Auf der Vertikalen werden alle möglichen Arten der Online- und Offline-Berührungspunkte zwischen Unternehmen und potenziellen Kunden aus dem Best-Ager-Segment erfasst und beschrieben. Bei Best Agern sind immer noch die analogen Touchpoints zur Kaufvorbereitung – wie Informationsgewinnung durch Magazine, Zeitschriften oder Flyer – sehr präsent. Jeder Schnittpunkt zwischen

192 https://cxmtoday.com/leadership/the-origin-of-customer-journey-mapping/
193 https://cxmtoday.com/leadership/the-origin-of-customer-journey-mapping/

Touchpoint und Abfolge wird aus der Best-Ager-Perspektive bezüglich Hindernissen, Chance, Gefühlslage, Maßnahmen und Mediennutzung hinterfragt und nach den Kategorien »gut«, »schlecht« und »neutral« vom Marketingteam bewertet.

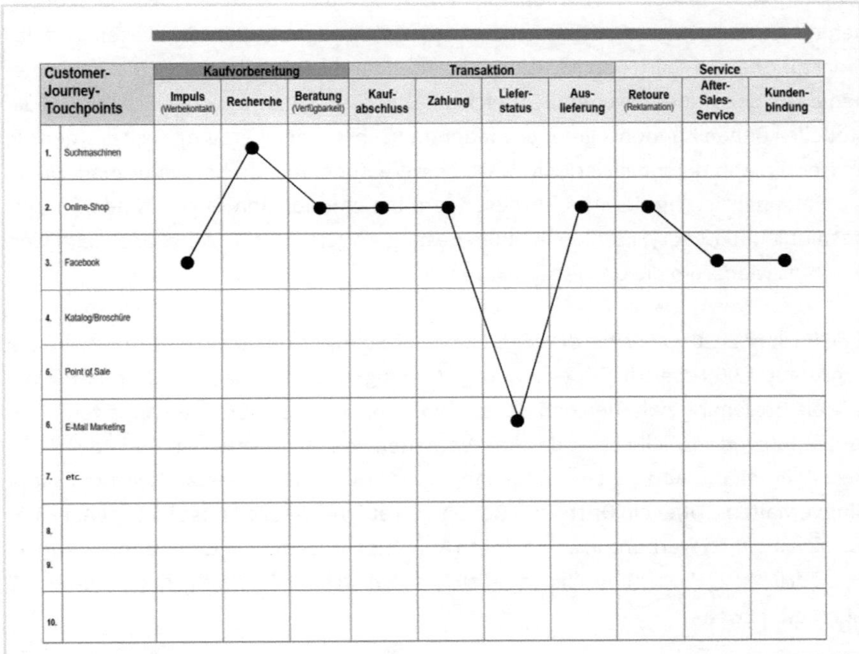

Abb. 31: Customer-Journey-Touchpoints

Das Customer Journey Mapping bietet eine Möglichkeit, die Welt aus der Sicht der Best-Ager-Kund:innen wahrzunehmen. Wenn die Reise des Kunden mit seinen Gains und Pains beim Unternehmen, Produkt oder Service erlebbar wird, ist das für das Marketingteam aufschlussreich und verbessert das Verständnis. Die Customer Journey Map ist ein wichtiges Tool für die Entwicklung eines kundenzentrierten Ansatzes.

Insbesondere das Gefühl und das eigentliche Handeln des Best Agers nachzuvollziehen ist auch im E-Commerce und Online-Marketing auschlaggebend. Beispielsweise markieren Kunden ihre favorisierten Kleidungsmarken oder legen diese im Onlineshop in einer Favoritenliste an, kaufen diese aber nicht unbedingt, weil sie vielleicht zu teuer sind. Sie verwenden die markierten Marken als Inspiration oder um ähnlich aussehende günstigere Marken zu kaufen. Wenn jetzt nur die Daten der Favoriten – im weitestgehenden Sinn der Gefühle – ausgewertet werden würden, läge man falsch und alle weiteren dem Einkäuferprofil vorgeschlagenen Artikel wären nicht korrekt. Die »emotionalen« Daten müssen mit den Daten der tatsächlichen gekauften Artikel und Transaktionen verknüpft und analysiert werden. Es geht darum, ein Verständnis der Bedürfnisse, Herausforderungen und Handlungen des Kunden zu entwickeln.

In der mobilen Welt sind **Daten** der Schlüssel zum Erfolg. Welche Daten kann man von Kund:innen für welchen Zweck unter der Berücksichtigung der DSGVO bekommen, welche können verarbeitet werden und wie kann wiederum daraus der größte Nutzen/Mehrwert für den Kunden erzielt werden? Am meisten Daten erhält das Unternehmen, wenn es für seine Kunden eine **App** zur Verfügung stellt. Deswegen sind das Smartphone und Third Party Cookies Garanten für die Datenlieferung. Die Daten dienen dazu, den Kunden weiterzuentwickeln. Durch ABC-Analysen, das CLV- oder RFM-Modelle können Kundensegmente wiederum nach Kundenwert eingeteilt werden. Je besser die App personalisiert ist, desto bessere Kundendaten bekommt man. Durch die Personalisierung der App, insbesondere bei emotionalen Gegenständen (Deko, Kosmetik und Beauty, Fashion) können Best Agern relevante Angebot angezeigt werden, was wiederum die Conversion Rate erhöht.

Eine im Jahr 2020 von *Criteo* durchgeführte Befragung untersuchte das App-Verhalten von knapp 1.000 Usern in Deutschland. *Criteo* ging davon aus, dass die Corona-Pandemie die Beziehung zwischen den Nutzern von Mobilgeräten und ihren Apps veränderte. Die folgende Tabelle stellt das App-Verhalten von Best Agern dar. Sobald sich die Best Ager mit der App angefreundet haben, wird sie zu einem Bestandteil ihres Shoppingverhaltens. Über ein Drittel der Befragten kaufen über die Apps ein. Best Ager stören sich mehr an Werbung in kostenlosen Apps als Mitglieder der Generation Z. Anders ausgedrückt: 27 Prozent der Best Ager stören sich nicht an Werbung, bei Generation Z ist es jeder zweite.

Antworten von Best Agern	
Ich habe mir in den letzten 15 bis 30 Tagen eine neue Retail-Shopping-App heruntergeladen.	14 %
Es macht mir nichts aus, Anzeigen in einer App zu sehen oder zu erhalten, die mir kostenlose Inhalte (Musik, Spiele, Videos usw.) anbietet. (»stimme völlig zu« und »stimme etwas zu«)	27 %
Es ist äußerst/etwas wahrscheinlich, dass ich einen In-App-Kauf in einer der Apps tätige, die ich aufgrund der Corona-Pandemie heruntergeladen habe. (äußerst/etwas wahrscheinlich)	36 %
Ich bin überzeugt, dass meine persönlichen Informationen und Bankdaten in einer Retail- und Shopping-App sicherer gespeichert sind als beim Kauf über eine mobile Website. (»stimme völlig zu« und »stimme etwas zu«)	19 %

Criteo, Deutschland, April 2020[194], n = 989

194 https://www.criteo.com/de/blog/verhalten-von-appnutzern-im-jahr-2020-deutschland/

Mittlerweile erwarten User, dass ihnen in ihrem Profil entsprechende Angebote zugespielt werden. Das Problem: Daten werden durch das Unternehmen meist aus unterschiedlichen Quellen erhoben und es ist nicht immer gegeben, dass diese automatisch verknüpft sind oder verknüpft werden können. Es lohnt sich, vor dem Entwickeln einer App und auch zwischendurch ein **Data Source Mapping** durchzuführen und Präferenzen zu hinterlegen. Das heißt: Wo kommen die Daten her, wie werden sie wo und wofür genutzt? Je weniger Abhängigkeiten zu Third Party Tools, desto besser, sofern das Know-how im eigenen Unternehmen vorhanden ist und darauf verzichtet werden kann.

Wie steigt man in den Dialog mit Kund:innen ein, um ihr Profil zu schärfen? Die Analyse der Einkaufssituation ermöglicht eine Differenzierung. Das **situationsbedingte Einkaufen** unterscheidet z. B. Occasion-Based Shopping (anlassbezogen), Sale Shopping, Screen Shopping oder Browse Shopping (Stöbern). Die Art, wie ein:e Kund:in für gewöhnlich einkauft, muss aus den erhobenen Daten ersichtlich sein, um das Profil bestmöglich anzupassen und den Kunden nicht zu irritieren. Der Einstig kann z. B. über die neuesten Produkte der Lieblingsmarke(n) erfolgen. In Shopping-Apps oder Onlineshops wollen Kund:innen Produktpräferenzen hinterlegen. Der Vorteil: Kund:innen können gelenkt werden, wodurch sich die Verkaufsrate erhöht. Dazu sollten die Kundenreaktion auf Präferenzen, diverse Einstiege und die Art der Interaktionen erfasst werden. Wie bewegen sich die App-User und wie können diese Daten für den Onlineshop genutzt werden? Die Königsdisziplin ist, dass das Konsumentenprofil im Single-, Multi- und Omnichannel reibungslos übergreifend funktioniert. Alle Touchpoints, ob in der App, im Onlineshop oder im Offlineshopping sollten in der Customer Journey intergiert sein.

Das alles bringt aber nichts, wenn keiner weiß, dass es eine App des Unternehmens gibt oder ein neues Feature in der App live geht. Dann kann man sich die App-Entwicklung auch sparen. **App-Marketing**, Incentivierungen und Aktionen sind entscheidend für das Wachstum der aktiven Userzahl. Es müssen gezielte Aktionen für die Best Ager gestartet werden, um darauf aufmerksam zu machen, dass es eine App gibt, wie sie genutzt werden kann und welche Vorteile sie den User:innen bringt. Best Ager, die mit Angehörigen der jüngeren Generation zusammenwohnen, besitzen nicht nur mehr technische Geräte, sondern sind auch prinzipiell offener für die Nutzung von Apps. Dieses Kundensegment der Best Ager bietet einen guten Einstieg für diese Zielgruppe. Ohne Vermarktung bleibt die App oder der Onlineshop unbekannt. Ohne Usability für Best Ager schafft man keine nachhaltige Nutzung.

Die Vermarktungsschritte:

1. Anreiz zum Installieren der App auf dem Smartphone aufgrund bestimmter Aktionen – wie gewisse Vorteile, Willkommensrabatte oder Community Incentives
2. Hinführung der User:innen zur App über z. B. Deep Links

3. Binden der User:innen an die App durch direkte Vorteile, Lieblingsmarken und Bedürfnisbefriedigung, aber auch Cognitive Design Engineering
4. Animieren zum Weiterempfehlen der App
5. Analysieren der Bewegungs- und Kaufdaten (Web Analytics)
6. Optimieren der Profile, Apps, Onlineshops

Eine von Statista (2022) veröffentlichte Umfrage mit knapp 11.000 Befragten ergab, dass 42 Prozent der Befragten über 55 Jahre ab und zu bis oft eine Shopping-App benutzen. Die jüngeren Best Ager nutzen diese App-Möglichkeit sogar noch mehr. App-Entwicklung für Best Ager wird ein zukunftsträchtiges Feld werden.

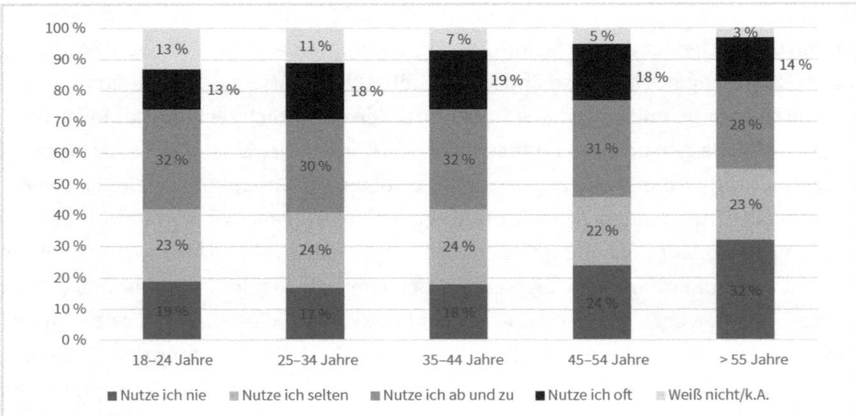

Abb. 32: Inwieweit nutzen Sie Apps von Einzelhandelsunternehmen, Baumärkten, Einrichtungshäusern, Supermärkten etc., um sich über Angebote oder Rabattaktionen zu informieren? App-Nutzung für den Einkauf nach Altersgruppen (Quelle: Statista, 2022)

Interessant wird es, die analoge Beratung und das damit verbundene Gefühl der Best Ager zu digitalisieren. Je nach Person kann dies dann durch einen Bot angeboten werden. Die liebste Verkaufsperson aus dem Geschäft erscheint online. Unternehmen wie *HourOne* oder *Samsung* bieten diesen Service an: Charaktere, Stimmen, Texte und bis zu 60 Sprachen können mit dem Firmenlayout kombiniert werden, um den oder die Lieblingsverkäufer:in zu Hause auf dem Laptop darzustellen.

13 Das Recovery-Programm für Best Ager: Kundenrückgewinnung

Den Gewinn, den ein Unternehmen mit der Kundenbindung erzielen kann, ist um ein Vielfaches höher als der Gewinn, der sich mit Neukundenakquise realisieren lässt. Die Akquise kostet zunächst und sollte über den Basisgewinn zumindest gedeckelt werden. Die Kosten und Erlöse müssen über einen bestimmten Einkaufszeitraum erfasst werden. So kann man es schaffen, durch eine Steigerung der Kundenbindungsrate um 5 Prozent den Gewinn um 25 bis 95 Prozent zu erhöhen.[195]

Abbildung 33 zeigt die einzelnen Gewinnpositionen über einen Zeitrahmen von sechs Jahren. Je länger man einen Best Ager binden kann, desto mehr wachsen die einzelnen Gewinnpositionen. Zusätzlich ist es nach Jahren der Bindung auch möglich, in die Gewinnpositionen höhere Preise einzukalkulieren.

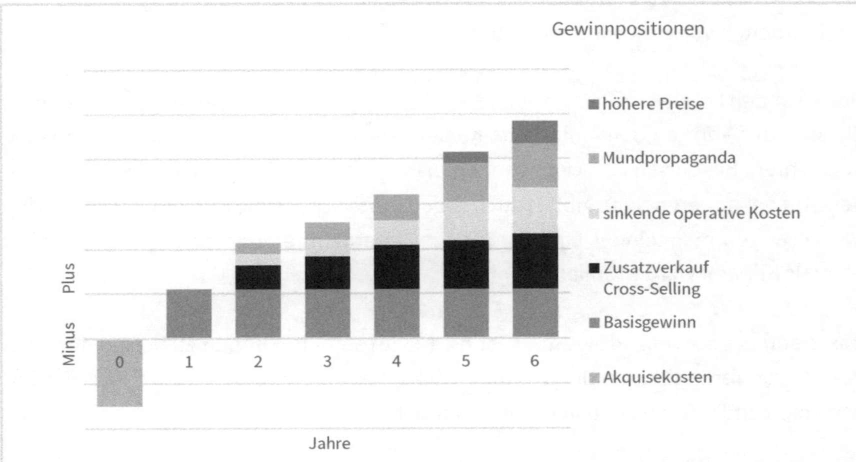

Abb. 33: Verhältnis der einzelnen Gewinnpositionen (in Anlehnung an Reichheld/Sasser, 2003, S. 153)

Demnach handelt ein Unternehmen leichtfertig, wenn es nicht versucht, vernachlässigte oder verloren gegangene Best-Ager-Kund:innen zurückzugewinnen. Die **Kundenrückgewinnung** bzw. Customer Recovery ist ein lohnenswertes Marketingprogramm bei Best Agern. Denn oft sind es nur Kleinigkeiten, die zu einer Kundenabwanderung oder zu einer Kündigung geführt haben. Wir Menschen vergessen gern, dass wir gern vergessen. So ist es auch bei den meisten Kunden. Kund:innen sind bereit zurückzukommen, wenn das Unternehmen bemüht ist, die Balance wiederherzustellen. In unserer Gesellschaft fällt es schwer, etwas abzulehnen, wenn jemand persönlich dar-

195 Reichheld/Schefter, 2000

um bittet oder zumindest bemüht ist. Ablehnung ist sozial unerwünscht. Die zurückgewonnenen Kunden brauchen besondere Aufmerksamkeit – auch ihre Unzufriedenheit muss adressiert werden, die der Grund für die Abwanderung war. Die verlorenen Best Ager möchten bei der Rückgewinnung ernst genommen werden und sehen, dass es dem Unternehmen wichtig ist, sie als Kunde oder Kundin wieder begrüßen zu dürfen. Oft möchten sie auch Nachweise für die Verbesserung z. B. eines Services sehen. Im persönlichen Gespräch können die Gründe der Abwanderung genau geklärt werden. Dieses erlangte Wissen kann wiederum für andere Kund:innen verwendet werden – ähnlich wie im Reklamationsmanagement, bei dem jede Reklamation als Chance für eine Weiterentwicklung des Unternehmens betrachtet wird.

Folgende fünf Schritte helfen dabei, Best Ager zurückzugewinnen:
1. Identifizieren der verloren gegangenen Best Ager
2. Analysieren der Abwanderungsgründe
3. Planen und Umsetzen von Rückgewinnungsmaßnahmen
4. Kontrollieren des Erfolgs und Anpassen der Maßnahmen
5. Erarbeiten von Präventionsmaßnahmen

Neue Kunden können im Prinzip auch zurückgewonnene Kunden sein. Es sind Kunden, die aufgrund von Fehlbehandlung zur Konkurrenz gingen oder eine andere Alternative aufsuchten. Bei diesen zurückgewonnenen Kunden handelt es sich um rentable Kunden. Auf der anderen Seite gibt es auch sogenannte verlassene Kunden. Diese Kunden hätten wegen mangelnder Eignung für das Unternehmen und geringer Rentabilität niemals Kunden werden sollen.

Das Ziel des Recovery-Programms ist es, nicht rentable Kunden zu vermeiden, den Verlust von rentablen Kunden zu minimieren, rentable verlorene Kunden zurückzugewinnen und rentable und loyale Kunden zu binden.

14 Ist Ihr Unternehmen bereit für Best Ager?

Der ideale Aufbau des Best-Ager-Marketings verlangt zunächst eine grundlegende Analyse des Ist-Zustands, die sogenannte **Unternehmensanalyse**. Es ergibt wenig Sinn, einfach draufloszuarbeiten und lediglich festzulegen: »Wir wollen die 50plus erreichen.« Die Analyse beginnt bei den internen Prozessen und Systemen, betrachtet das Marktumfeld, geht über digitale und reale Kontaktpunkt bis hin zur existenziellen Frage, wofür das Unternehmen stehen möchte, was seine Ziele sind und wie sein Purpose aussieht.

Die **Marketing-Research-Analyse** befasst sich mit der Beschreibung und Analyse der aktuellen Situation eines Unternehmens in einem bestimmten Marktumfeld. Die Analyse fokussiert sich in der Regel auf die Umwelt, die internen Unternehmenscharakteristiken, die aktuelle Strategie und die vergangene und zukünftige Performance. Ein Teil davon ist die **Unternehmensanalyse**, die die Stärken und Schwächen eines Unternehmens untersucht und bewertet. Deshalb sollten in dieser Analyse die entscheidenden Kompetenzen, mit denen sich das Unternehmen Wettbewerbsvorteile verschaffen kann, visualisiert werden.

In der **Industrieanalyse** werden Trends beobachtet, die Chancen und Risiken bergen. Zudem identifiziert die Industrieanalyse die Einflüsse der Wettbewerbssituation und die Schlüsselerfolgsfaktoren. Die **Konsumentenanalyse** klassifiziert Kunden nach verschiedenen Segmenten und legt die Treiber des Customer Equity fest. Eine tiefere Analyse des Customer Equity ergibt zusätzliche Informationen bezüglich wichtiger Faktoren des Kundenservices. Dies beinhaltet die bereits beschriebene Retentionsrate und den Referenzwert, die insbesondere für die Zielgruppe der Best Ager von hoher Bedeutung sind (vgl. Kap. 8 und 9). Eine Evaluierung des Marketingmix eines Unternehmens und seines Produktportfolios gibt Hinweise zu möglichen Strategien.

Die **Wettbewerbsanalyse** inklusive der Untersuchung der direkten und indirekten Wettbewerber eines Unternehmens betrachtet die Unterschiede hinsichtlich möglicher Wettbewerbsvorteile des Unternehmens. Die gesammelten Informationen all dieser Analysen werden in einer Stärken-Schwächen-Chancen-Risiken-Matrix (SWOT) zusammengefasst. Die Zusammenfassung aller Ergebnisse aus den Analysen ist essenziell für die erfolgreiche Entwicklung eines strategischen Marketing- und Managementkonzepts.

Die **interne Analyse** ist eine Evaluierung des eigenen Unternehmens inklusive aller Tochtergesellschaften, Standorte und Filialen, falls vorhanden. Das Ziel der Unternehmensanalyse ist es, aktuelle Ressourcen und Kernfähigkeiten aufzunehmen und zu bewerten sowie Schlüsselprozesse zu identifizieren, um Stärken und Schwächen des Unternehmens zu finden. Dies beinhaltet auch die Bewertung von Strategien, die Beurteilung von Arbeitskräften, Services, Kompetenzen, Prozessen, Fähigkeiten, kulturellen Aspekten der Organisation – und des Wissens über Best Ager.

Es ist dabei hilfreich, die Ursprünge und die Geschichte des Unternehmens zu dokumentieren: das originäre Geschäftsmodell – wie alles begann und sich entwickelt hat – inklusive Meilensteinen, Erfolgen, Auszeichnungen, Rückschlägen, Zahlen zu Umsätzen, Kunden und Mitarbeitenden.

14.1 Mission, Vision und Ziele

Die **Unternehmensvision** dient sowohl als Inspiration als auch als Leitlinie. Der **Purpose** steht für die Daseinsberechtigung des Unternehmens, dafür, was sein langfristiges Ziel ist und was getan werden muss, um es zu erreichen.[196] Ein Unternehmen kann seinen Kunden kaum *alles* bieten oder all ihre Wünsche erfüllen. In der Tat sollte sich ein Unternehmen auf relativ wenige Aktivitäten konzentrieren und die wenigen sehr gut umsetzen.

Eine **Vision** dagegen muss weitaus größer sein, als die aktuellen Ressourcen und Kompetenzen des Unternehmens es erlauben.[197] Kotter (1990) schlägt die folgenden drei Kriterien für die Entwicklung einer guten Vision vor, die strategische Orientierung und einen Motivationsfokus bieten. Die Vision

- muss klar sein, darf aber nicht so restriktiv sein, dass es die Initiative einschränkt.
- sollte in dem Sinne wünschenswert sein, dass es den berechtigten Interessen und Werten aller Stakeholder entspricht.
- muss machbar und umsetzbar sein.

Das grundlegende Ziel eines Unternehmens ist eine überlegene langfristige Kapitalrendite. Wachstum ist nur dann gut, wenn eine überdurchschnittliche Kapitalrendite erreicht und aufrechterhalten wird. Die Rentabilität muss realistisch gemessen werden, indem die tatsächlichen Gewinne der gesamten Investition erfasst werden. Rentabilitätskennzahlen neben dem ROIC (z. B. Umsatzrendite, EBITDA-Marge, Proforma-Gewinn, Cashflow-Marge) sind für die Strategie riskant. Verbreitete buchhalterische Anpassungen der ausgewiesenen Rentabilität (z. B. Abschreibungen, Wertberichtigungen, Umstrukturierungskosten) können die tatsächliche wirtschaftliche Leistung verschleiern und zu schlechten Wettbewerbsentscheidungen führen.

196 Mintzberg et al., 2005a, S. 124
197 Hamel/Prahalad, 1989

Kundenrentabilität und Goodwill müssen als Teil der Investition behandelt werden. Die Festlegung unrealistischer Rentabilitäts- oder Wachstumsziele kann die Strategie untergraben.[198]

14.2 Business Model Canvas

Das Geschäftsmodell versucht, die Architektur des Unternehmens zu beschreiben, die das Wertversprechen, Zielkundensegmente, Produktportfolio, Distributionskanäle, Wachstumsstrategien, Marketing- sowie Distributionsstrategien, Kundenbeziehungen, Kernkompetenzen und Netzwerke beinhaltet.[199] Dafür ist das von Alexander Osterwalder entwickelte Hilfsmittel, das **Business Model Canvas**, zu empfehlen. Das Business Model Canvas bietet eine visuelle Darstellung des existierenden oder zukünftigen Geschäftsmodells. Alle wesentlichen Elemente werden in ein skalierbares System gebracht. Es ermöglicht eine schnelle Weiterentwicklung und einen guten Vergleich zwischen verschiedenen Varianten von Geschäftsplänen.

DIGITALE EXTRAS

Schlüsselpartner	**Schlüsselaktivitäten**	**Wertversprechen (Value Proposition)**
• Wer sind unsere Schlüsselpartner/-lieferanten? • Welche Schlüsselressourcen erwerben wir von Partnern? • Welche Schlüsselaktivitäten leisten unsere Partner?	• Welche Schlüsselaktivitäten sind für unser Wertversprechen erforderlich? • Unsere Vertriebskanäle? • Kundenbeziehungen? • Einkommensströme?	• Welchen Wert liefern wir für den Kunden? • Welche Probleme unserer Kunden helfen wir zu lösen? • Welche Produkt- und Dienstleistungsbündel bieten wir den einzelnen Kundensegmenten an? • Welche Kundenbedürfnisse befriedigen wir?
Kundenbeziehung	**Kundensegmente**	**Schlüsselressourcen**
• Welche Art von Beziehung erwartet jedes unserer Kundensegmente von uns? • Welche Beziehungen haben wir bereits aufgebaut? • Wie sind sie in unser Geschäftsmodell integriert? • Wie kostspielig sind sie?	• Für wen schaffen wir Werte? • Wer sind unsere wichtigsten Kunden?	• Welche Schlüsselressourcen sind für unser Wertversprechen erforderlich? • Unsere Vertriebskanäle? • Kundenbeziehungen? • Einkommensströme?

198 Porter, 2006
199 Osterwalder, 2004

Kanäle	Kostenstruktur	Einnahmeströme
• Über welche Kanäle wollen unsere Kundensegmente erreicht werden? • Wie erreichen wir sie jetzt? • Wie sind unsere Kanäle integriert? • Welcher funktioniert am besten? • Welche sind am kosteneffizientesten? • Wie sind sie in die Kundenroutinen integriert?	• Welches sind die wichtigsten Kosten, die mit unserem Geschäftsmodell verbunden sind? • Welche Schlüsselressourcen sind am teuersten? • Welche Schlüsselaktivitäten sind am teuersten?	• Für welchen Wert sind unsere Kunden wirklich bereit zu zahlen? • Wofür zahlen sie derzeit? • Wie zahlen sie derzeit? • Wie würden sie lieber zahlen? • Wie viel trägt jede Einnahmequelle zu den Gesamteinnahmen bei?

Business Model Canvas

14.3 Value Chain

Das **interne Audit** versucht, die Stärken und Schwächen des Unternehmens zu erfassen. Der Zweck der Analyse besteht darin, die besonderen Kompetenzen des Unternehmens herauszufinden, die das Unternehmen vom Wettbewerb abheben und durch die es sich schließlich einen Wettbewerbsvorteil verschafft. Innerhalb dieses Prozesses spielen effektive Beziehungen zwischen Funktionsbereichen eine wichtige Rolle. Deshalb bietet es sich an, das interne Audit mithilfe des **Value-Chain-Modells**[200] durchzuführen. Porter erklärte 1985 in seinem Buch »Competitive Advantage«, dass die Wertschöpfungskette eine Prozesssammlung darstellt, die ein Unternehmen ausführt, um Wert für seine Kunden zu kreieren. Dieses Modell kann Unternehmen in die Lage versetzen, seine eigenen Stärken und Schwächen besser zu erkennen, und beinhaltet die Beschreibung von Zusammenhängen. Die Analyse des Unternehmens betrachtet dabei zwei verschiedene Bereiche:

- die primären Aktivitäten wie Eingangslogistik, Produktion/Operations, Ausgangslogistik, Marketing und Vertrieb sowie Service
- die Unterstützungsaktivitäten wie Firmeninfrastruktur, Personalmanagement, Technologieentwicklung und Beschaffung

Im Allgemeinen bestimmt das Wertschöpfungskettenmodell jede der oben genannten Aktivitäten auf Kosten und vergleicht sie mit Wettbewerbern. Das Modell hilft dabei, eine gründliche und vollständige Unternehmensanalyse durchzuführen. Ergänzend dazu kann die Wettbewerbsanalyse als Benchmark herangezogen werden.

200 Porter, 1985

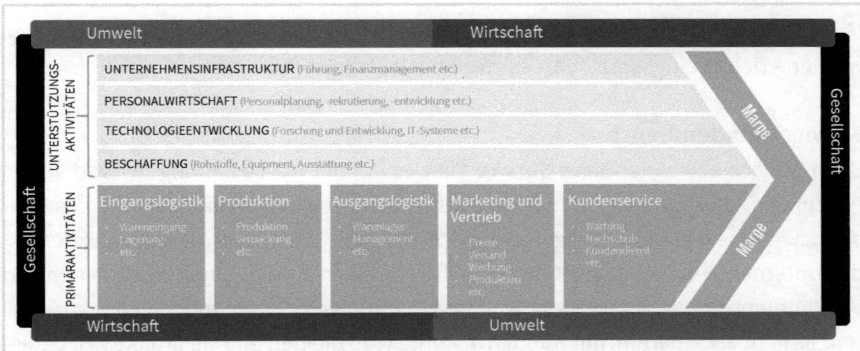

Abb. 34: Porters Wertschöpfungskette (in Anlehnung an Porter 1985)

Eingangslogistik

Alle Aktivitäten, die den Eingang, die Lagerhaltung und Bereitstellung von Halbfertigprodukten, Roh-, Hilfs- und Betriebsstoffen betreffen, fallen unter die Kategorie Eingangslogistik. In der Analyse sind diese Aktivitäten als Schwäche oder Stärke im Vergleich zu Mitbewerbern zu bewerten. Dabei fällt insbesondere auf das Lagermanagement und die Bestandsverwaltung ein großes Augenmerk.

Produktion

Produktion (Operations) betrifft alle Produktionstätigkeiten, die zur Erstellung eines Produkts notwendig sind – Umwandlungen, Zusammenführung, Zwischenlager, Qualitätskontrolle, Verpackung etc. Alle nicht wertschöpfenden Tätigkeiten (Verschwendungen) führen automatisch zu einer Schwäche.

Ausgangslogistik

Unter Ausgangslogistik werden alle Aktivitäten verstanden, die die Auslieferung an Kunden (Auftragsabwicklung, Kommissionierung, Fertiglager, Transport usw.) betreffen. Dieser Bereich lässt sich vor allem mit den sieben R der Logistik analysieren: Kommt das richtige Produkt in der richtigen Qualität in der richtigen Menge mit den richtigen Informationen zum richtigen Zeitpunkt mit den richtigen Kosten beim richtigen Empfänger an?

Marketing und Vertrieb

Marketing und Vertrieb umfasst die Marketingstrategie und deren verschiedenen Kanäle, um Produktbewusstsein und Verkauf zu generieren. Dazu gehören Werbung, Sponsoring, Promotion-Aktivitäten, Außendienst, Preisbestimmung, Kundensegmentierung, Kundenkontaktpunkte usw. Die Marketing- und Vertriebsaktivitäten bauen nicht nur Kunden- und Lieferantenbeziehungen auf und pflegen diese, sondern auch Stakeholder, was wiederum zu einer Verbesserung der Retention und Akquise von Kunden führen könnte. Schließlich kann die Einführung eines gezielten Best-Ager-

Marketings mit entsprechendem CRM-System als ausgeprägte Kompetenz gesehen werden – richtig eingesetzt führt es zu einem Wettbewerbsvorteil.

Service/Kundendienst

Beim Service bzw. After-Sales-Service geht es um die Werterhaltung der verkauften Produkte. Dabei kann es sich um unterschiedliche Leistungen handeln, die das Kundenbewusstsein in Bezug auf guten Service und gute Qualität vermitteln. Inwiefern ist das Unternehmen bereit, die Kunden zu ihrer vollsten Zufriedenheit zu bedienen und ein Rundumpaket (z. B. Mobilität, Wellness, Genusswelt, Sorgenfreiheit etc.) anzubieten? Es geht auch darum, mit Kunden in Kontakt zu bleiben und sie proaktiv zu bedienen – das wiederum erhöht die Kontakt- und Anlaufstellen zum und für Kunden. In der Tat ist dies oft ein Punkt, der Unternehmen von ihren Mitbewerbern unterscheidet. Service muss jedoch kontinuierlich weiter ausgebaut, determiniert und entwickelt werden, insbesondere unterstützt durch die folgenden Aktivitäten.

Unterstützende Aktivitäten

Die unterstützenden Aktivitäten oder sekundären Aktivitäten können in Unternehmensinfrastruktur, Human-Resource-Management (Personalwirtschaft), Technologieentwicklung und Procurement (Beschaffung) aufgeteilt werden.

- Die **Unternehmensinfrastruktur** erstreckt sich über das gesamte Unternehmen und die gesamte Wertschöpfungskette – sie lässt sich nicht einzelnen Produkten zuordnen. Zur Unternehmensinfrastruktur zählen unter anderem Systeme wie Finanzbuchhaltung, Planung, Management, Informationssysteme, ERP-Systeme (Enterprise Resource Planning) und Controlling.
- **Human-Resource-Management** bezeichnet die Aktivitäten, die den Produktionsfaktor Arbeit betreffen: Rekrutierung, Mitarbeiterbindung, Weiterbildung, Governance, Diversität, Ethik, Entlohnung, Vereinbarkeit, Gesundheitsmanagement etc. Gibt es Zielvorgaben und Entwicklungsgespräche? Haben Mitarbeitende die Möglichkeit, sich weiterzubilden?
- Heutzutage kommt kaum noch eine primäre Wertaktivität ohne Technologien aus. Bereiche wie Forschung und Entwicklung, Digitalisierung, Kommunikation, Machine Learning, preskriptive Instandhaltung etc. zählen zur **Technologieentwicklung**.
- Der **Beschaffung** werden alle Einkaufsaktivitäten zugeordnet. Jede Primäraktivität benötigt die Unterstützung der Beschaffung und diese wird wiederum von der Beschaffungspolitik bestimmt. Der Einkauf wird bestimmt durch Synergienutzung, den besten Preis, Qualität, Nachhaltigkeit unter Beachtung ökologischer, ökonomischer und sozialer Dimensionen und der Einhaltung terminlicher Fristen.

In Abbildung 35 ist ein Beispiel der primären und unterstützenden/sekundären Aktivitäten dargestellt. Die eingekreisten Bereiche der Value Chain stehen für die Stärken eines Beispielunternehmens. Hauptsächlich das Marketing, der Vertrieb und der Service haben eine ausgeprägte Kompetenz, die durch die qualitative Beschaffung und Weiterbildungsmaßnahmen unterstützt wird. Die Schwäche liegt im strategischen Management. Dies könnte es leicht machen, die aktuellen Stärken und ausgeprägten Kompetenzen von Mitbewerbern zu erfassen und zu kopieren.

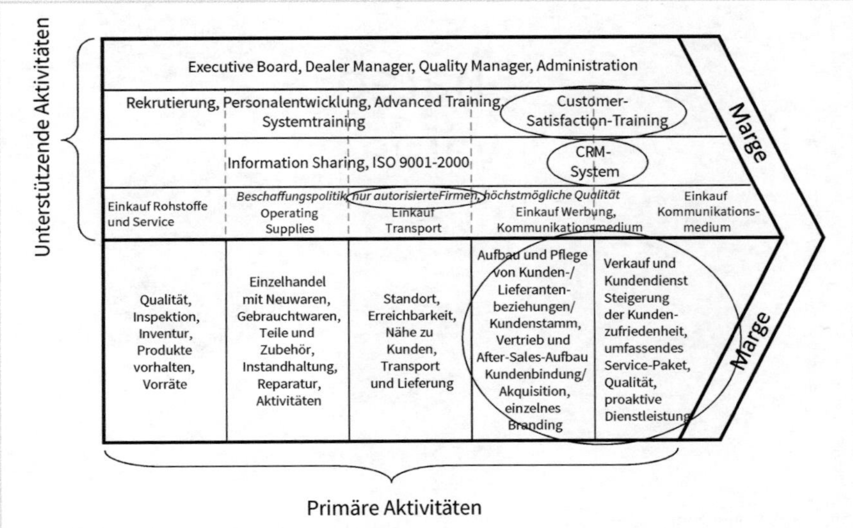

Abb. 35: Porters Wertschöpfungskette als Analyse

14.4 7S Framework

Peters und Waterman (1982) entwarfen das **7-S-Modell**, um eine exzellente Organisation innerhalb von McKinsey zu beschreiben. Auf der Suche nach einer perfekten Organisationsstruktur kamen Peters und Waterman zu der Erkenntnis, dass Struktur allein nicht das Problem lösen könne, wie Ressourcenzuweisung, Anreize und Aktionen in Organisationen zu koordinieren sind.

Das 7-S-Modell postuliert, dass Organisationen erfolgreich sind, wenn sie eine integrierte Harmonie zwischen drei »harten« S (Strategie, Strukturen und Systeme) und den vier »weichen« S (Skills, Staff, Style, Shared Value bzw. Fähigkeiten, Stammpersonal, Stil und gemeinsame Werte) haben.

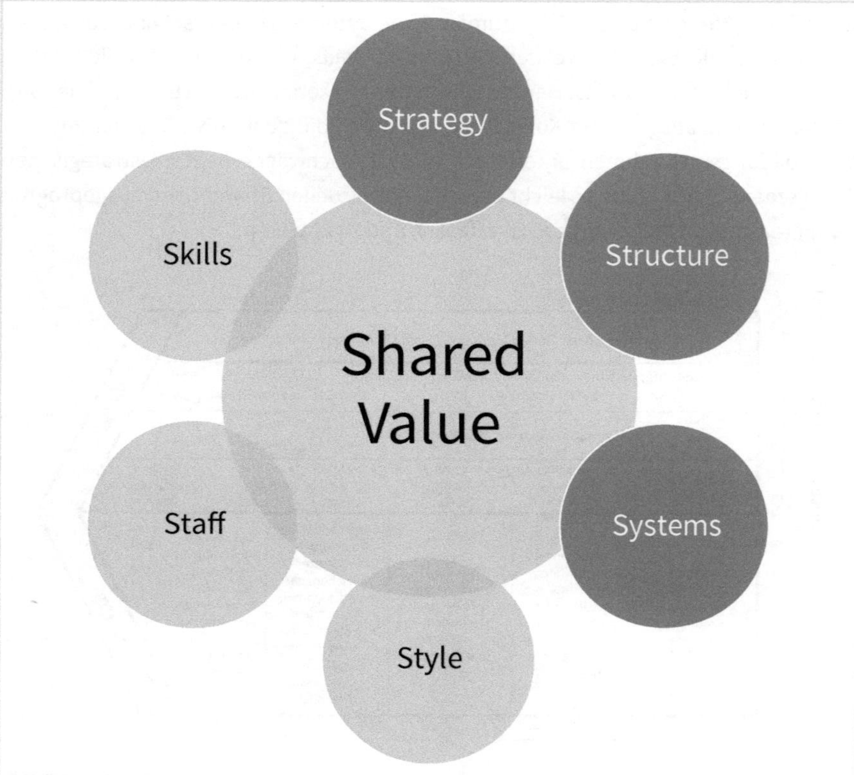

Abb. 36: 7S Framework

In der wissenschaftlichen Literatur konzentrieren sich Ökonomen und Strategiewissenschaftler eher auf die »harten« S als auf die »weichen« S. Das 7-S-Modell wird oft wegen des Mangels an Wettbewerbsfähigkeit kritisiert. D'Aveni (1995b) stellt fest, dass sich das Wettbewerbsumfeld so schnell bewegt, dass die 7-S-Funktionen dysfunktional sind und dass Organisationen mehr Geschwindigkeit, Agilität und Fähigkeit zur Bewältigung von Ungewissheit brauchen. D'Aveni entwarf deshalb das »New 7S Framework«, das sehr unterschiedliche Elemente enthält.

Das **New 7S Framework** identifiziert Stakeholder-Zufriedenheit, strategische Voraussicht, Geschwindigkeit, die Fähigkeit, Rivalen zu überraschen, die Fähigkeit, die Regeln des Wettbewerbs zu ändern, die Fähigkeit, Signalwirkungen zu erzielen, und gleichzeitige und sequenzielle strategische Stoßrichtungen.[201] Der 7-S-Ansatz von

201 Stakeholder Satisfaction, Strategic Soothsaying, Speed, capability to Surprise rivals, ability to Shift the Rules of competition, capable Signaling, and Simultaneous and Sequential Strategic Thrusts (vgl. D'Aveni, 1995a)

D'Aveni fokussiert mehr auf externe Faktoren als das traditionelle 7S Framework. Die externen Faktoren können auch durch eine Industrieanalyse untersucht werden.

In Unternehmen sind sowohl harte als auch weiche S wichtig. Die weichen S sollten nicht unterschätzt werden, da die Corporate Identity des Unternehmens von innen nach außen aufgebaut sein muss.

Strategy (Strategie)

Die Produkt-Markt-Wachstumsmatrix, kreiert von Ansoff (1965), besteht aus vier Strategien, die zu einem Unternehmenswachstum führen: Marktpenetration, Marktentwicklung, Produktentwicklung und Diversifikation.

		Markt	
		Bestehend	**Neu**
Produkt	**Bestehend**	Marktpenetration	Marktentwicklung
	Neu	Produktentwicklung	Diversifikation

Klassische Produkt-Markt-Wachstumsmatrix nach Ansoff (1965)

Laut Ansoff (1965) fokussiert sich die **Marktpenetration** auf gegenwertige Märkte und gegenwertige Produkte. Der Progress liegt darin, neue Kunden von Mitbewerbern zu gewinnen und den Konsum bestehender Kunden zu erhöhen, beispielsweise durch Werbung, Promotion und Kundenbeziehungsmanagement.

Es müssen Methoden gefunden werden, den Marktanteil für vorhandene Produkte im bestehenden Markt zu erhöhen. Marketingbemühungen wie Sponsoring oder Grußkarten reichen nicht mehr aus. Die sinnvolle Nutzung eines CRM-Systems, um sich mehr auf die existierenden Best Ager zu fokussieren und Kundendaten zu sammeln, ist eine Investition in die Strategierichtung der Marktpenetration. Dies ist besonders der Fall, wenn die Nutzerrate der bestehenden Kunden signifikant erhöht werden kann.

In der **Marktentwicklung** werden mit einem bereits bestehenden Produkt neue Märkte erobert. Neue Märkte sind neue Zielgruppen, Gebiete oder Länder. Eine Schwachstelle ist, wenn die Marktentwicklung immer wieder anläuft, aber nicht in dem gewünschten Maße aufrechterhalten werden kann und dann abflacht. Gründe dafür können ein nicht vorhandener Strategieplan, zu viele Ad-hoc-Maßnahmen, eine Verantwortungsdiffusion im Unternehmen, zu kurze Produkteinführungszeitspannen oder die Wahrnehmung, dass der Neukunde zu geringe Mengen kauft, usw. sein.

In der Produkt-Markt-Wachstumsmatrix von Ansoff wird die **Diversifikation** im Quadranten »neue Produkte und neue Märkte« platziert. Die Diversifikation konzentriert sich im Wesentlichen auf den Einstieg in neue Märkte mit neuen Produkten und wird oft weiter unterteilt in horizontale, vertikale, diagonale und konzentrische Diversifikation.

Mit der Strategie der **konzentrischen Diversifikation** werden neue, aber verwandte Produkte oder Dienstleistungen in neuen Märkten eingeführt.[202] Das Unternehmen bietet eine breite Palette von verwandten Produkten und Dienstleistungen an. Nach einiger Zeit erweitert es seine Service- und Produktpalette und wird früher oder später beispielsweise zum Full-Service-Anbieter.

Structure (Struktur)

Die Struktur eines Unternehmens spiegelt sich in der Aufbauorganisation wider und beinhaltet die Analyse der Leitungsebenen, Aufteilung der Bereiche, Befugniskaskaden und die damit verbundenen Entscheidungskompetenzen, Kommunikations- und Berichtswege etc. Welche Struktur fördert den Kundenkontakt zu den Best Agern, verkürzt die Kommunikation und ermöglicht schnelle Entscheidungen? Dazu zählt auch die Analyse des analogen Informationsflusses, wie die Besprechungskultur mit diversen regelmäßigen Meetings.

Systems (Systeme)

In der Analyse der Systeme wird der digitale Informationsfluss innerhalb des Unternehmens beschrieben und umfasst die Prozesse, die Mitarbeitende auf verschiedenen Organisationsebenen in der Organisation unterstützen: digitale Informationssysteme, Steuerungs- und Kontrollsysteme, wie ERP-, Controlling-, CRM-Systeme, Intranet. Es ist der Unternehmensinformationsinfrastruktur der Porters Value Chain ähnlich.

Ein wichtiger Bestandteil der Informationsweitergabe an Kunden ist die Unternehmenswebsite und die Präsenz auf Social Media, insbesondere *Facebook*. Nicht nur für Best Ager als Kunden oder Besucher müssen auf der Website für sie relevante Informationen einfach und schnell zu finden sein.

Style (Stil)

Unter Stil ist die Unternehmenskultur zu verstehen. Eine Kultur wächst in der Regel von innen nach außen. In unterschiedlichen Bereichen können auch unterschiedliche Kulturen und Verhaltensmuster herrschen. Welche Rolle spielen die Best Ager in der Unternehmenskultur? Das sollte nicht nur beim Management bekannt sein, sondern auch bei allen Mitarbeitenden. Inwiefern wird dies auch gelebt, teilen die Mitarbeitenden eine gemeinsame Denk- und Verhaltensweise im Dienst am Kunden? Wie gut kennen sie ihre Kunden?

202 Vgl. Ansoff, 1965; David, 2005

Staffing (Stammpersonal)

Bei der Analyse des Stammpersonals geht es um die richtige Mitarbeiterzuteilung zu bestimmten Funktionen, um den Ausbildungsstand sowie Diversität, Demografie, Krankheits- und Fluktuationsquote, Grundhaltung etc.

Skills (Fähigkeiten)

Die Mitarbeitenden sollten die Fähigkeiten besitzen, die nötig sind, um die Unternehmensstrategie umzusetzen. Haben Marketing und Vertrieb ein solides Hintergrundwissen zum Kundensegment Best Ager? Mitarbeitende sollten in der Lage sein, mit Marketing- und CRM-Systemen zu arbeiten und daraus die richtigen Schlüsse zu ziehen.

Shared Value (gemeinsame Werte oder Selbstverständnis)

Der Kunde ist die Essenz des Unternehmens – und das Gleiche gilt auch für die Mitarbeitenden. Am Ende sind sie es, die für den Erfolg des Unternehmens verantwortlich sind. Diese Art zu denken vermittelt ein Gemeinschaftsgefühl. Eine gute Stimmung unter der Belegschaft überträgt sich auch auf Kunden. Die Wertvorstellungen und Normen schaffen eine Unternehmensphilosophie und einen gemeinsame Basis für alle Mitarbeitenden.

14.5 Zusammenfassung zur Unternehmensanalyse

Das Ziel der Unternehmensanalyse ist das Identifizieren der Schlüsselprozesse, um Stärken und Schwächen herauszufinden. Oft ist es von Vorteil, bei der Unternehmensanalyse nicht nur ein Instrument zu verwenden, sondern mehrere, um eine möglichst breite und tiefe Analyse durchführen zu können. Die daraus gewonnenen Erkenntnisse sind die Grundlage für den Aufbau einer erfolgreichen Marketingstrategie.

Folgende Fragen unterstützen bei der Zielerreichung:

- Was sind die Hintergründe des Unternehmens (Ursprung, Gründung, Geschichte, Anzahl der Mitarbeitenden)?
- Was ist das aktuelle Geschäftsmodell?
  a) Wer sind die Kunden (B2C/B2B)?
  b) Was sind die Zielgruppensegmente?
  c) Welche Marketing- und Distributionsstrategie wird verfolgt?
  d) Wie kommt das Unternehmen mit den Kunden in Kontakt (Touchpoints)?
  e) Wie wird das CRM-System genutzt, um mit Kunden in Kontakt zu bleiben?
  f) Was sind die Kernkompetenzen des Unternehmens?
  g) Wie wird Netzwerk von Kooperationsvereinbarungen (Filialnetz, Standorte, Tochterunternehmen, Mitbewerber, Lieferanten, Kunden) gestaltet?

- Was sind die Strategien, Werte, Fähigkeiten und Systeme des Unternehmens?
- Was ist das Wertversprechen für Endverbraucher?
- Was ist das Wertversprechen für Lieferanten?
- Welche Zielsetzung gibt es und inwieweit wird die Planung zur Zielerreichung genutzt und ausgeführt?

DIGITALE EXTRAS

Hinweis

Eine Checkliste zur Unternehmensanalyse steht Ihnen als digitales Extra zum Download zur Verfügung.

15 Konsumentenanalyse: Best Ager ist nicht gleich Best Ager

Die **Konsumentenanalyse** ist eine Einschätzung der Konsumentenbedürfnisse und -wünsche. Prinzipiell wird zwischen Businesskunden (B2B) und Endkonsumenten (B2C) unterschieden. Dieses Buch legt den Fokus auf die Endverbrauchergruppe der Best Ager. Die Konsumentenanalyse beinhaltet Kundenumfragen, die Analyse der Verbraucherinformationen und des Kundenverhaltens. Die Informationen, die durch die Konsumentenanalyse gewonnen werden, sind essenziell für die Entwicklung des Inputs für den Customer Lifetime Value, das Customer Equity und schließlich für zukünftige Marketingstrategien. Die Analyse sollte deswegen insbesondere auf das Customer Equity zugeschnitten sein.

Menschen, die über 75 Jahre alt sind, kaufen fünfmal mehr Autos als die 18- bis 24-Jährigen.[203] Um beim Beispiel Auto zu bleiben: Allgemein sind die Faktoren, die mit dem Besitz eines Fahrzeugs einhergehen, recht komplex und betreffen den Wohlstand (steigendes Einkommen), die geografische Situation (Wohnort in Stadt oder Land), psychologische Faktoren (emotionale Assoziationen, Status, Selbstwertgefühl) und sozio-demografische Faktoren (Geschlecht, Alter, Familienstand). Es muss berücksichtigt werden, dass die meisten Verbraucher:innen sich für ein breites Angebot von Autos interessieren, mit dem sie sich bereits vor dem Besuch eines Showrooms im Internet auseinandersetzen, da sie ihre Informationen aus einer Vielzahl von Quellen sammeln. Über 88 Prozent besuchen beispielsweise die Herstellerwebseiten. Darüber hinaus hängt die Kaufentscheidung von vielen Aspekten ab. Einige Konsument:innen streben tendenziell danach, ein höherwertiges Auto zu erwerben, und andere wählen ein ähnlich großes Auto. Beobachtet man die Entwicklung der SUV-Zulassungen, scheint es eine Tendenz zum Kauf größerer Fahrzeuge zu geben. Die Entscheidung für größere Autos kann beispielsweise mit dem Beruf zusammenhängen (Manager entscheiden sich tendenziell für größere Autos), mit dem Vorhandensein von Enkelkindern oder mit dem Geschlecht: Best-Ager-Männer tendieren zu größeren Autos als Status, Best-Ager-Frauen aus Sicherheitsgründen. Doch ist das eine geeignete Einteilung?

Die Segmentierung der Verbraucher wird heutzutage immer präziser, aber auch komplexer. Es ist im Grunde ein Auswahlverfahren, das den breiten Verbrauchermarkt in überschaubare Kunden- und Nicht-Kundengruppen mit gemeinsamen Merkmalen aufteilt. Je besser ein Unternehmen seine Zielgruppen definieren kann, desto besser kann es seine Marketingaktivitäten gestalten. Die Segmentierung ermöglicht schließ-

203 https://www.marketingweek.com/marketing-to-over-50s/

lich die Kommunikation mit Gruppen von Verbraucher:innen mit ähnlichen Eigenschaften über maßgeschneiderte Produkte, Preise und Botschaften. Aber es muss beachtet werden, dass nicht alle Segmentierungen sinnvoll sind.

Logisch erscheint die Kundenaufteilung von Hiebing und Cooper (1997) in zwei breite Segmente, die wiederum in zusätzlichen Subsegmenten für die Marketingausrichtung entwickelt werden können:

- aktuelle Kund:innen aus dem Kundenstamm, mit dem ein Unternehmen derzeit Geschäfte macht
- Neukund:innen, mit denen ein Unternehmen derzeit keine Geschäfte tätigt oder bei denen zumindest ein Potenzial besteht, mehr Geschäfte zu tätigen

Die Generationentheorie bildet die Grundlage für die Segmentierung von Howe und Strauss (2006) . Sie beschreibt den Markt in Bezug auf die Einstellungen der Generationen einschließlich der sozialen Geschichte, die die Veränderungen öffentlicher Einstellung im Laufe der Zeit erklärt. Verbraucher sind hier in Generationen segmentiert, aufgrund der Ähnlichkeiten im Verbraucherverhalten innerhalb spezifischer Alterskategorien: Senioren 75plus, Babyboomer, Generation X und Generation Y. Das spezifische Einkaufsverhalten der jeweiligen Segmente gliedern Doyle und Bernbach (2005) folgendermaßen:

Senioren 65plus Jahre (2005)	**Babyboomer 45–64 Jahre (2005)**
• typischerweise sozial und finanziell konservativ • langsam im Akzeptieren von Veränderungen, langsam im Aneignen neuer Technologien • kaufen Produkte und Dienstleistungen, die ihren konservativen Grundwerten entsprechen • geben Geld für die Gesundheitsversorgung aus, einschließlich Versicherung • geben viel für Geschenke für ihre Enkelkinder aus • geben Geld für persönliche und Haushaltsdienstleistungen aus • verbringen Zeit mit Lesen, z. B. haben sie am ehesten Zeitungsabonnements • kaufen neue Autos und tauschen das alte Familienauto • passen den Konsum an den kleineren Haushalt an	• fühlen sich berechtigt, ein gutes Leben zu führen, und wollen als Individuen behandelt werden • Interesse an Produkten, die ihren Status verbessern • Fitnessgeräte und -videos für zu Hause, All-inclusive-Resorts und Kreuzfahrten, Casinos und Sportwagen sind einige der Produkte und Dienstleistungen, die auf dieses Segment abzielen • egoistischer, viele sorgen sich nicht darum, ob sie ihren Kindern ein Erbe hinterlassen • sehen den Ruhestand als eine Zeit für abenteuerliche Reisen, wollen sogar das Gap Year der Teenager nachahmen, indem sie zu ungewöhnlichen Orten reisen • Angst/Abneigung gegen das Altwerden • Status scheint wichtig zu sein • scheinen mehr Geld als Zeit zu haben (leben, um zu arbeiten)

Generation X 25–44 Jahre (2005)	Generation Y 5–24 Jahre (2005)
• Aerobic und andere anstrengende Übungen ersetzt durch Yoga und andere stressabbauende Übungen, um inneren Frieden zu finden • Suche nach Dingen, die dem Leben einen Sinn geben (Religion, Heiler, Selbsthilfebücher usw.) • Geburtenkontrolle wird immer wichtiger; Frauen erfahren mehr Freiheit bei der Planung ihres Leben • Überziehungskredite und Schulden werden als akzeptabel angesehen • arbeiten, um ein Leben zu haben • mögen Produkte und Dienstleistungen, die ihnen helfen, in Kontakt und unter Kontrolle zu bleiben, und die ihre unterschiedlichen oder besonderen Bedürfnisse erkennen • verwöhnen sich durch ihre Leidenschaft für Musik, Mode und Technik	• die Verfügbarkeit von Wahlmöglichkeiten ist ein tief verwurzelter Wert • sind keine Zuschauer, Zuhörer oder Leser, sondern Benutzer; sind eher bereit, ein Produkt zu kaufen, nachdem sie es ausprobiert haben • sind schwer davon zu überzeugen, dass sie etwas haben müssen • lassen sich eher von Werbung überzeugen, die Raffinesse, Sinn für Humor und Ehrlichkeit zeigt, denn es ist schwer, sie zu täuschen • bevorzugen maßgeschneiderte Produkte und Dienstleistungen, die von ihnen gestaltet werden • geben am meisten Geld für Sportschuhe und Audiogeräte aus • sind besessen von materiellen Werten, mehr als ihre Eltern vor ihnen • bevorzugen Dinge, die in den USA hergestellt werden • Teenager geben ihr eigenes Geld auf verschiedene Weise aus (Fast Food, Softdrinks, Süßigkeiten, Kaugummi, Snacks) • begeistern sich für Modetrends

Konsumentenverhalten innerhalb der Generationentheorie nach Doyle und Bernbach

Die Einteilung nach Doyle und Bernbach (2005) ist ein Negativbeispiel der Segmentierung, da sie weder die gesellschaftlichen oder technischen Entwicklungen, die alle Generationen beeinflussen, noch Zwischengenerationen- und altersspezifische Effekte oder den Lebenszyklus berücksichtigt. So ist z. B. die ältere Generation viel offener für Innovationen, als es noch vor zehn oder fünfzehn Jahren der Fall war. Der immense Einfluss des Internets, das bei der Erstellung der Segmentierung von Doyle und Bernbach (2005) bereits seit zehn Jahren existierte, spielte für Doyle und Bernbach anscheinend überhaupt keine Rolle. Es stellt sich die Frage, inwiefern die Einteilung nach generellen altersabhängigen Klischees für das Marketing tatsächlich hilfreich ist. Generell kann zu dieser Einteilung, obwohl die Autoren sie »Generationensegmentierung« nennen, gesagt werden, dass die aufgezählten Attribute eher eine altersspezifische als eine generationenspezifische Einteilung abbilden.

Eine sinnvolle Segmentierung für das Marketing ist komplex und die Zuschreibung von Einkaufsattributen reicht nicht aus. Laut einer Studie der Hochschule Niederrhein aus dem

Jahr 2006[204] waren beispielsweise Babyboomer schon damals definitiv ein Wachstumsmarkt für die Automobilindustrie. Vor allem die Frauen werden zu potenziellen Kundinnen aller Segmente beim Autokauf. Frauen beginnen im Alter zwischen 40 und 49 Jahren einen neuen Lebensabschnitt, Wünsche können verwirklicht werden und sie haben ein gewisses Ausgabenpotenzial. Aber auch Senior:innen 70plus sollten in ihrer Kaufkraft nicht unterschätzt werden. Durch die ständige Weiterentwicklung der Medizin und des Gesundheitsmarkts können sie länger fahren als es früher der Fall war. Darüber hinaus haben sie möglicherweise eine finanzielle Absicherung für den Kauf eines neuen Autos.

Kotler (2003) geht einen Schritt weiter und definiert die folgenden Hauptsegmentierungsvariablen:

- **Geografische Segmentierung:** Woher kommen die meisten Kunden, wie groß ist da Einzugsgebiet, wie viele potenzielle Kunden hat die Region?
- **Demografische Segmentierung:** Über welchen Prozentanteil an welcher Alterskohorte verfügt das Unternehmen, welche Alterskohorte nutzt die Marke? Sind es Kunden, die sich in der Postfamilienphase befinden? Welche Berufs- und Schulbildung haben Kunden, welchen sozialen Klassen sind sie zuzuordnen und über welches Einkommen verfügen sie?
- **Psychografische und Verhaltenssegmentierung:** Welche Hobbys haben Konsumenten (daraus lassen sich Rückschlüsse auf deren Lifestyle ziehen)? Sind Kunden beispielsweise mehr kulturorientiert als andere, sind sie belesen und gut informiert? Haben sie generell eine positive Einstellung zu bestimmten Produkten und genießen sie die Vorzüge guter Qualität?

Tatsache ist: Die Zielgruppe der Best Ager muss genauer definiert werden, um einen Rahmen für die abschließende Segmentierung zu schaffen. Deswegen werden in einem weiteren Schritt die verschiedenen Variablen für den Konsumentenmarkt erläutert. Daran anschließend werden die in der Literatur vorherrschenden Best-Ager-Segmentierungsansätze vorgestellt und analysiert. Abschließend folgt die Empfehlung, die Konsumentengruppe der Best Ager sinnvoll einzuteilen, um die gewünschte Zielgruppe erfolgsversprechend ansprechen zu können.

Festgelegt wird die Zielgruppe der Best Ager auf alle Menschen, die älter als 50 Jahre sind. Mit »Best Ager« soll das negativ konnotierte Wort »Senior:innen« ersetzt werden. »Senior:in« stammt aus dem Lateinischen und steht für »älter« oder »der Ältere«. In der Gesellschaft »existiert teilweise noch heute der Glauben, dass der Prozess des Alterns zwangsläufig mit Isolation, mit geistigem und körperlichem Verfall ebenso wie mit Hilfsbedürftigkeit einhergeht«.[205] Mit dem Begriff »Best Ager« sollen diese negati-

204 http://www.innovationsreport.de/html/berichte/studien/bericht-57082.html
205 Pencun, 2005, S. 26

ven Assoziationen verhindert und die positiven Aspekte dieser Personengruppen betont werden.

Im »Best-Ager-Alter« befinden sich diejenigen, die »aus dem Gröbsten raus sind« – gemeint ist damit, dass sich die Menschen der Altersgruppe 50plus in der Regel in einer Lebensphase befinden, in der man im Beruf gefestigt sowie das eigene Haus abbezahlt ist, die eigenen Kinder selbst schon erwachsen und ausgezogen sind. Gleichzeitig ist es eine Zeit, in der man noch nicht gebrechlich ist. Man kann sich selbst wieder in den Mittelpunkt der Lebensgestaltung stellen und sich auf die eigenen Hobbys zurückbesinnen.[206] Die heutigen Senior:innen fühlen sich selbst durchschnittlich 13 bis 15 Jahre jünger.[207] Diese positive Selbstwahrnehmung kann auf folgende Tatsachen zurückgeführt werden: Durch verbesserte gesundheitliche Versorgung sowie bessere Umweltbedingungen befinden sich die heutigen über 50-Jährigen in einem besseren gesundheitlichen Zustand. Hinzu kommt der nicht enden wollende Fortschritt der Kosmetikindustrie sowie das überdurchschnittliche Einkommen der reifen Generation. Laut der Gesellschaft für Konsumforschung (GfK Marktforschung GmbH, 2005) geben Personen zwischen 55 und 80 Jahren durchschnittlich zwischen 77 Prozent und 82 Prozent ihres ohnehin überdurchschnittlichen Einkommens für Konsumgüter aus. Im Vergleich dazu sind die 25- bis 54-Jährigen lediglich bereit, 71 Prozent bis 77 Prozent ihres Einkommens auszugeben. Erst bei den über 80-Jährigen nimmt die Kauffreude wieder ab, was auf den schlechteren gesundheitlichen Zustand zurückgeführt werden könnte.

In der Marktforschung wird die Altersgruppe 50plus als neue Zielgruppe der Zukunft betrachtet. Zum einen steht den Best Agern durch ihr überdurchschnittliches Einkommen eine große Geldsumme zur Verfügung, die sie mit großer Bereitschaft ausgeben. Zum anderen zeigt die Altersstruktur der Gesamtbevölkerung bekanntlich einen enormen Zuwachs der älteren Menschen sowie eine Abnahme der jüngeren Generationen. Daher wittern Marktforscher:innen in der Best Ager-Generation ein ausgesprochen lukratives Geschäft.

Um diese Zielgruppe anzusprechen, generierten Marketingexperten bereits unzählige Kunstwörter: »Best Ager«, »Golden Ager«, »Golden Oldies«, »Generation Silber«, »Silver Surfer«, »Woopies« (well off older people) oder »Master Consumers« sind nur einige Beispiele der Wortneuschöpfungen aus der Werbung.

Für ein erfolgreiches Marketing bedarf es jedoch auch einer zielgenauen Adressierung der Konsument:innen. Die Konsumentengruppe der Best Ager erweist sich marktana-

206 Meyer-Hentschel/Meyer-Hentschel, 2011, S. 43
207 Senf, 2008, S. 11

lytisch als äußerst heterogen. Diese Heterogenität des Konsumverhaltens resultiert aus der großen Altersspanne der Best Ager. Die Gruppe der Best Ager umfasst *alle* über 50-Jährigen. Daraus folgt, dass sich die Menschen in den unterschiedlichsten gesundheitlichen, psychologischen und soziologischen Umständen befinden. Diese diversen Umstände führen marktanalytisch wiederum zu völlig unterschiedlichen Bedürfnissen. Daher lässt sich in der Literatur keine allgemeingültige Kategorisierung finden. Dennoch ist eine sinnvolle Unterteilung der Best Ager für eine erfolgreiche Marketingstrategie entscheidend, denn nur mithilfe einer präzise definierten Konsumentengruppe kann das Marketing zielgenau ausgerichtet werden.

Es stellt sich nun also die Frage, nach welchen Kriterien eine Unterteilung der Best Ager erfolgen kann. Der Wirtschaftswissenschaftler Heribert Meffert schlägt folgende **Segmentierungsmöglichkeiten des Gesamtmarktes** vor:

Verhaltensorientierte Kriterien	Psychografische Kriterien	Geografische Merkmale	Soziodemografische Kriterien
Preisverhalten	**Allgemeine Persönlichkeitsmerkmale**	**Makrogeografische Merkmale**	**Demografische Merkmale**
Preisklasse	Lebensstil (Interessen, allg. Einstellungen)	Bundesländer, Städte/Land, Gemeinden	Alter, Geschlecht
Kauf von Sonderangeboten	Risikoeignung		Familienstand, Anzahl der Kinder
Mediennutzung	**Produktspezifische Merkmale**	**Mikrogeografische Merkmale**	**Sozioökonomische Merkmale**
Art und Zahl der genutzten Medien	Motive	Ortsteile, Wohngebiete, Straßenabschnitte	Beruf
Nutzungsintensität	Nutzenvorstellungen		Einkommen
Einkaufsstättenwahl			
Geschäftstreue			
Geschäftswechsel			
Produktwahl			
Kaufvolumen			
Produkt- bzw. Markenwahl			

Kriterien der Marktsegmentierung nach Meffert (Quelle: Mayer, 2008, S. 28)

Mithilfe der Tabelle können die verschiedenen Segmentierungsmöglichkeiten nochmals kategorisiert werden. Möchte man nach geografischen Merkmalen segmentieren, wäre beispielsweise sowohl eine makrogeografische Einteilung nach Bundesländern oder nach Stadt/Land als auch eine mikrogeografische Einteilung nach Ortsteilen, Wohngebieten oder sogar Straßenabschnitten möglich. Ebenso ist eine Segmentierung nach psychografischen Kriterien, verhaltensorientierten Kriterien oder nach soziodemografischen Kriterien denkbar. Liegt das Interesse bei psychografischen Kriterien, besteht die Möglichkeit, nach allgemeinen Persönlichkeitsmerkmalen wie dem Lebensstil oder der Risikoeignung zu segmentiert, liegt es dagegen eher bei produktspezifischen Merkmalen, könnte die Einteilung nach Motiven oder Nutzenvorstellungen erfolgen. Möglich wäre es auch, die Zielgruppe nach verhaltensorientierten Merkmalen zu kategorisieren. Hier schlägt Meffert verschiedene Segmentierungsmöglichkeiten wie beispielsweise die Segmentierung nach dem Kaufvolumen oder der Geschäftstreue vor.

Eine soziodemografische Abgrenzung anhand des Alters vorzunehmen, wie Meffert es vorschlägt, scheint zunächst aufgrund der großen Altersspanne der Zielgruppe 50plus sinnvoll zu sein. Eine solche Segmentierung findet sich auf verschiedenste Weise in der Literatur. Der Vorteil bei diesem Vorgehen ist, dass die Segmentierung nach dem chronischen Alter der Konsument:innen leicht zu erheben ist. Mayer hat hierfür die in Abbildung 37 gezeigte Tabelle erstellt, um einen Überblick über die verschiedenen Segmentierungsmöglichkeiten nach dem **Alter** zu bieten:

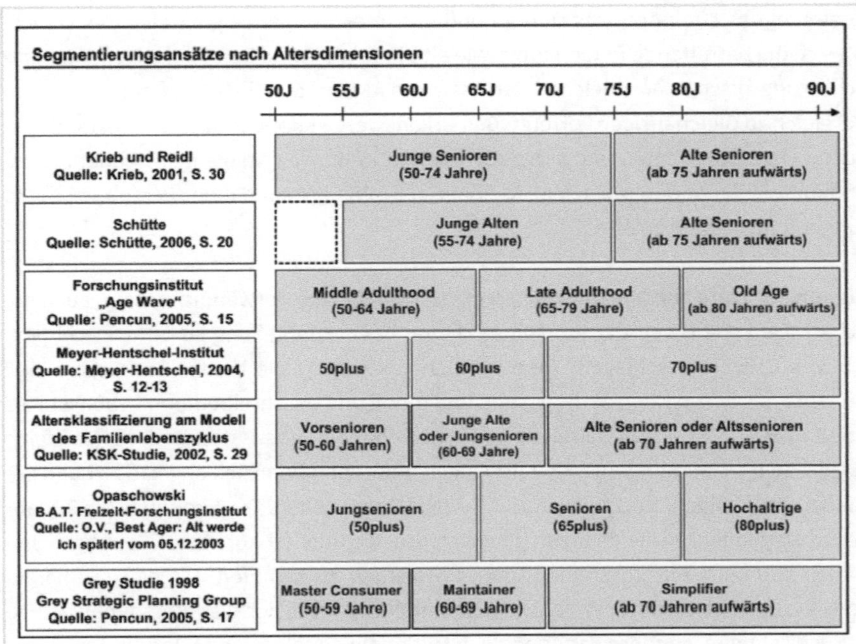

Abb. 37: Segmentierungsansätze nach Altersdimension (Quelle: Mayer, 2008, S. 29)

Bei diesen Segmentierungsansätzen werden die Best Ager in zwei beziehungsweise drei Gruppen eingeteilt: Die jüngste Gruppe beginnt bei fünf von sechs Ansätzen mit

50 Jahren. Die Spanne der jüngsten Gruppe reicht bei den verschiedenen Einteilungen jedoch von 59 bis 74 Jahre. Eine Einteilung in zwei Gruppen, wie Krieb und Reidl (2001) oder auch Schütte (2006) sie favorisieren, erscheint mir für das Ziel, eine erfolgreiche Marketingstrategie zu entwickeln, als zu unpräzise, da sich die Konsument:innen innerhalb der Gruppe der »jungen Senioren« bzw. »jungen Alten« zu stark in ihrem Konsumverhalten unterscheiden. Bei den Einteilungen in drei Subgruppen, wie es Pencun (2005), Meyer-Hentschel und Meyer-Hentschel (2011), Opaschowski und Grey vorschlagen, reicht die jüngste Gruppe von 59 bis 64 Jahre. Die zweite, mittlere Gruppe innerhalb der Best Ager umfasst das Alter ab 60 bzw. ab 65 Jahren und schließt alle bis zu einem Alter von 69 bzw. 79 Jahren ein. Die dritte Gruppe der Best Ager stellt damit, wie bei der Einteilung von Opaschowski und Pencun, die Hochaltrigen ab 80 Jahren und älter dar – oder die Gruppe der 70plus, wie es unter anderem Grey vorschlägt.

Was bei diesen Einteilungen jedoch nicht berücksichtigt wird, ist, dass sich viele Senior:innen nicht so alt fühlen, wie sie tatsächlich sind. Somit wird deutlich, dass eine Segmentierung nach Alter für eine erfolgreiche Marketingstrategie nicht ausreichen kann. Eberle (2017) beschreibt in seinem Essay »Altern als subjektive Erfahrung«, wie sich das Gefühl des Älterwerdens vom tatsächlichen Älterwerden unterscheidet. Unter die subjektive Erfahrungswelt des Alterns zählt nach Krieb und Reidl[208] das Feel-Age, das Look-Age, das Do-Age und das Interest-Age. Es geht also darum, wie alt sich die betreffende Person fühlt, wie alt die betreffende Person nach eigener Einschätzung aussieht und welche Interessen und Aktivitäten die betreffende Person im Vergleich zu Gleichaltrigen verfolgt. Bemerkenswert ist dabei, »dass der Abstand zwischen chronologischem und subjektiv erlebtem Alter mit steigendem Bildungsgrad zunimmt«.[209] In anderen Worten: Je höher der Bildungsstand einer Person ist, desto jünger fühlt sie sich im Alter.

Für eine erfolgreiche Marketingstrategie scheint es also notwendig zu sein, auch die subjektive Lebenswelt der Konsument:innen bei der Einteilung zu berücksichtigen. Die von Grey vorgeschlagene Einteilung charakterisiert die Master Consumers (50–59 Jahre) als berufstätig, aktiv, gesund und mobil und beschreibt deren Lebensstil als erlebnisorientiert, ausgabefreudig mit einem hohen Lebensstandard. Im Vergleich dazu sind die Maintainer (60–69 Jahre) pensioniert und finanziell abgesichert und genießen ihr familien- und freizeitorientiertes Rentnerleben. Die Simplifier (ab 70 Jahren) dagegen führen ein eher zurückgezogenes, traditionell-konservatives Leben und haben vermehrt mit gesundheitlichen Problemen zu kämpfen. Mit diesen Charakterisierungen versucht Grey, in der Segmentierung nicht nur die Altersdimension zu berücksichtigen, sondern daneben auch Merkmale der einzelnen Subgruppen zu benennen, die Einfluss auf deren Konsumverhalten haben könnten.

208 Zitiert nach Mayer, 2008, S. 30 f.
209 Zitiert nach Mayer, 2008, S. 31

Federsel-Lieb konzentriert sich bei seiner Segmentierung auf die verschiedenen **Lebensphasen** und nur bedingt auf das Alter der Menschen: Die Personen, die zum »Leeren Nest I« gehören, sind all diejenigen, die noch vor der Rente stehen, deren Kinder aber bereits ausgezogen sind. Die zweite Gruppe, das »Leere Nest II«, umschließt diejenigen, bei denen die Kinder bereits ausgezogen sind und die gleichzeitig schon in Rente sind. Zur dritten Gruppe »Witwe/Witwer« zählen schließlich diejenigen, die pensioniert sind und bereits ihre:n Lebenspartner:in verloren haben.[210]

Lebensphasen	Gemeinsame Merkmale in dieser Lebensphase
Leeres Nest I	ältere arbeitende Paare ohne zu Hause lebende Kinder
Leeres Nest II	ältere pensionierte Paare ohne zu Hause lebende Kinder
Witwe/Witwer	alte pensionierte verwitwete Menschen

Lebensphasen nach Federsel-Lieb (zitiert nach Mayer, 2008, S. 33)

Allerdings eignet sich meiner Meinung nach diese Segmentierung für ein erfolgreiches Marketing auch nur bedingt, da bei dieser Einteilung kinderlose Paare und alleinstehende Personen komplett ausgespart werden.

Die genannten Segmentierungskriterien wie das Alter oder die Lebensphase lassen nur bedingt Aussagen über das Konsumverhalten der betreffenden Konsument:innen zu. Hingegen lässt eine Typisierung anhand des **Lebensstils** genauere Analysen zum Konsum zu.

Die folgende Tabelle zeigt die **T.E.A.M.-Seniorentypologie** »Die unterschätzte Generation«:

Typen	Anteil an 50plus	Eigenschaften
Die wertkonservativen Genießer	15 %	sind stark qualitätsorientiert, aber sehr sparsam
Die sparsamen Zurückgezogenen	11 %	sind sparsam, konservativ
Die risikoscheuen Traditionalisten	19 %	sind sehr konservativ, traditionell, kaufen mehrheitlich bewährte Marken und Produkte
Die anspruchsvollen Konsumfreudigen	22 %	sind finanziell gut abgesichert und konsumfreudig, stark qualitätsorientiert, weniger preisorientiert, häufig Frauen

210 Zitiert nach Mayer, 2008, S. 33

Typen	Anteil an 50plus	Eigenschaften
Die ausgabebereiten Innovatoren	11 %	sind konsumfreudig, wechselfreudig, technikaffin, aufgeschlossen für Neues, stark qualitätsorientiert, weniger preisorientiert
Die erlebnishungrigen Traditionalisten	22 %	sind aktiv, konsumfreudig, offen für Neues, dennoch bewusste Käufer (Preis/Leistung), wechselfreudig

Typen der T.E.A. M.-Seniorentypologie »Die unterschätzte Generation« (vgl. Kirchmaier, 2005, S. 54 ff.; Weser, 2007)

Die T.E.A. M.-Studie konnte innerhalb der Best Ager insgesamt sechs altersunabhängige Typen identifizieren. Diese Typen reichen von sparsamen Zurückgezogenen über ausgabebereiten Innovatoren bis hin zu anspruchsvollen Konsumfreudigen. In ihren Eigenschaften unterscheiden sich die Subgruppen also insofern, ob sie eher bereit sind, ihr Geld für Konsumgüter auszugeben, oder eher sparsam und preisorientiert leben. Für einen Marketingplan erscheint mir diese Typisierung allerdings als zu weit ausdifferenziert.

Auch die Sozialforschungsinstitute *Infratest* und *Sinus* haben eine Segmentierung der Best Ager anhand des Lebensstils vorgeschlagen:

Die sicherheits- und gemeinschaftsorientierten Alten	Die resignierten Alten	Die pflichtbewussten häuslichen Alten	Die aktiven Alten
29 %	15 %	31 %	25 %
überwiegend ruhiges Leben mit zahlreichen sozialen Kontakten mit Nachbarn, Freunden und guten Bekannten aus Vereinen	desolate finanzielle Situation, niedriger Bildungsstand, schlechter Gesundheitszustand, weitreichende Einsamkeit	Sparsamkeit, Bescheidenheit und häusliche Pflichten, konservative Einstellung, starke Angst vor Abhängigkeit	relativ hoher Bildungsstand, kreativ, konsumfreudig, gesellschaftlich aktiv, selbstverwirklichend

Eigene Tabelle angelehnt an eine Befragung der Sozialforschungsinstitute *Infratest* und *Sinus*; vgl. Hörl, 1998, S. 10 f.

Diese Einteilung begrenzt sich auf vier Konsumtypen: Die sicherheits- und gemeinschaftsorientierten Alten, die resignierten Alten, die pflichtbewussten häuslichen Alten und die aktiven Alten. In dieser Typisierung wird unter anderem die finanzielle Situation, der Gesundheitszustand, das Sozialverhalten sowie der Bildungsstand berücksichtigt. Allerdings bleiben hier das Alter und die Lebensphase komplett unberücksichtigt.

Allein die von *TNS Infratest* vorgeschlagene Typisierung schafft es, bei ihrer Segmentierung der Best Ager sowohl den Lebensstil, das Alter, das Konsumverhalten als auch die Lebensphase zu berücksichtigen. Während die erlebnisorientierten Aktiven eher die Altersgruppe von 50 bis 59 Jahren einschließt, die als lust- und erlebnisorientiert beschrieben wird, zählen zu den kulturell Aktiven hauptsächlich Frauen mit einer überdurchschnittlichen Affinität zu Produkt- und Dienstleistungsbereichen. Bei passiven Älteren spielt für ihren zurückgezogenen Lebensstil auch ihr hohes Alter und ihr damit verbundener eher schlechterer gesundheitlicher Zustand eine Rolle. In dieser Gruppe sind 40 Prozent über 70 Jahre alt.

	Erlebnisorientierte Aktive	**Kulturell Aktive**	**Passive Ältere**
Anteil an 50plus	30 %	33 %	37 %
Freizeitaktivitäten	hohe Technikaffinität, besonders PC und Internet	sehr aktiv, mit kulturellem Hintergrund	passives Freizeitverhalten, leben zurückgezogen
	extrovertierter Lebensstil	familiär, kontaktfreudig	durchschnittlicher Medienkonsum, aber kaum Computer und Internet
Soziodemografie	überdurchschnittlicher Anteil an Männern und Altersgruppe 50–59 Jahre	erhöhter Frauenanteil	40 Prozent sind älter als 70 Jahre
			geringe Bildung, geringeres Haushaltsnettoeinkommen
Wertorientierungen	stark lust- und erlebnisorientiert, orientieren sich an jüngeren Altersgruppen	überdurchschnittliche Affinität zu Produkt- und Dienstleistungsbereichen	traditionelle, familiäre wie materielle Orientierung
	kritische Grundhaltung, Abgrenzung gegenüber religiösen, familiären, sozialen und materiellen Werten	stark kulturell, familiär, sozial, religiös orientiert	generell unterdurchschnittliche Produktverwendung

Best-Ager-Typologie 2005 von *TNS Infratest* (in Anlehnung an TNS Infratest, zitiert nach Mayer, 2008, S. 37)

Die Best Ager sind aufgrund der großen Altersspanne, der verschiedenen Lebensphasen und daraus resultierenden unterschiedlichen Lebensstile eine äußerst heterogene Gruppe. Eine Segmentierung in Subgruppen ist unbedingt erforderlich, um eine erfolgreiche Marketingstrategie zu entwickeln und die gewünschte Konsumentengruppe zielgenau anzusprechen. Es hat sich gezeigt, dass es für eine sinnvolle Einteilung nicht ausreicht, lediglich ein Kriterium zu berücksichtigen. Vielmehr erscheint es erfolgsversprechend, bei der Einteilung der Best Ager sowohl psychografische, verhaltensorientierte als auch soziodemografische Kriterien miteinzubeziehen.

Nichtsdestotrotz konnte nicht *die eine* Segmentierung ausgemacht werden, die für jedes Marketing die richtige ist. Erfolgsversprechend ist es, individuell für jedes Marketing eine Mischung aus den verschiedenen Idealtypen herauszuarbeiten, um so die für das eigene Marketing perfekte Typologie zu finden.

Ziel: Identifizieren der Endkonsumenten, des Einkaufsverhalten und der Kauftrends

- Wer sind die Schlüsselkundengruppen in Ihrem Markt? (Ist die Best-Ager-Gruppe die größte Gruppe?)
- Was ist eine logische Segmentierung der Konsumentengruppen und inwiefern wird diese im CRM-System angewandt?
- Wen erreichen Sie?
- Gibt es demografische Veränderungen durch einen verbesserten Gesundheitszustand älterer Menschen, durch viele Renteneintritte usw.?
- Welche Projekte sind geplant, die die Endkonsumenten beeinflussen könnten (Wohnungsprojekte, Stadtmarketing, neue Gesetze, Bielefelder Modell etc.)?
- Wie hoch ist die Gesamtanzahl potenzieller Kunden (in naher Zukunft)?
- Was sind die Kaufkriterien der Verbraucher und inwieweit werden diese Kriterien bewertet (Marke, Qualität, Preis, Sicherheitsaspekte etc.)?
- Welche aktuellen und kommenden Produktmöglichkeiten gibt es, die Marken mit den sich ändernden Bedürfnissen und Vorlieben der Verbraucher up to date halten (neue Features am Produkt)?
- Wie empfänglich reagieren Verbraucher auf Werbeaktionen?
- Wie preissensibel sind Ihre Kunden?
- Wie loyal sind Ihre Kunden?
- Wie sehen die Wechselbewegungen hin zu bzw. weg von Ihrer Marke aus?
- Was motiviert die Konsumenten zum Kauf (Rundumpaket, Service, Marke, Beziehungen, Bequemlichkeit etc.)?
- Welche anderen Marken sind wichtige Alternativen?

16 Das Jonglieren mit dem Marketingmix für Best Ager

Die **Marketingmix-Analyse** stellt ein detailliertes Marketing-Audit dar, das in Bezug auf Best-Ager-Marketing in Unternehmen Anwendung finden sollte. Es ist relevant für die Beeinflussung des Customer Value und somit für die gesamte Profitabilität des Unternehmens. Verschiedene Stärken und Schwächen des internen Marketings werden durch die Nutzung von McCarthys 4Ps-Konzept identifiziert.

Der Marketingmix fand schon weit vor seiner eigentlichen Bezeichnung Anwendung. McCarthy (1964) war der Erste, der den Marketingmix tatsächlich so definierte: eine Kombination aller Faktoren, die einem Marketingmanager zur Verfügung stehen, um den Zielmarkt zu befriedigen. 20 Jahre später modifizierte er seine Definition: Der Marketingmix ist die Kombination aus den kontrollierbaren Variablen, die eine Organisation koordinieren kann, um ihren Zielmarkt zufriedenzustellen.

Marketingmix

Der Marketingmix ist die Kombination aus den kontrollierbaren Variablen, die eine Organisation koordinieren kann, um ihren Zielmarkt zufriedenzustellen. Der Marketingmix ist auch bekannt unter den 4Ps – product, price, promotion, place (Produkt, Preis, Kommunikation zur Absatzförderung und Distribution).

Obwohl andere Marketingmix-Frameworks entwickelt wurden, ist McCarthys **4Ps-Konzept** – product, price, promotion, place (Produkt, Preis, Kommunikation zur Absatzförderung und Distribution) – noch immer das anerkannteste. Oft wird sogar der Begriff »Marketingmix« in der Literatur synonym verwendet. Das 4Ps-Konzept wird als Analyseinstrument verwendet, um zu verdeutlichen, wie das Unternehmen derzeit einen Mehrwert für seine Kunden – die Best Ager – schafft.

Trotz seiner Popularität wurde das 4Ps-Framework von McCarthy auch vielfach kritisiert. Verschiedene Autoren argumentieren, dass der Marketingmix der 4Ps zu einfach und irreführend und nicht für jede Branche geeignet sei. Gerade im Bereich Service gibt es viel Kritik am 4Ps-Framework. Es wird behauptet, dass aufgrund der Immaterialität, Vergänglichkeit, Heterogenität und Untrennbarkeit von Dienstleistungen ein anderer Marketingmix erforderlich ist. Booms und Bitner (1981) fügten dem traditionellen Marketingmix drei Ps hinzu, um die Merkmale von Dienstleistungen zu integrieren. Diese sind: participants, physical evidence und process. Um die Beziehung zwischen allen beteiligten Faktoren hervorzuheben, wurden diese Faktoren in das traditionellen 4Ps-Framework integriert. Im Folgenden wird der 4Ps-Framework auf das Best-Ager-Marketing angewandt.

16.1 Product – Produkt mal besser

Der Begriff »Product« bezeichnet sowohl materielle physische Produkte als auch Dienstleistungen. Viele Unternehmen bieten sowohl greifbare Produkte als auch weniger greifbare Dienstleistungen an. In den vergangenen Jahren nahmen die weniger greifbaren Dienstleistungen rund um ein Produkt zu. Die Differenzierung nur durch ein Produkt nimmt ab. Deswegen muss ein Service um das Produkt herum entwickelt werden, der dem Kunden einen zusätzlichen Nutzen bringt – ein Produkt-Dienstleistungs-Kontinuum. Früher lag der Fokus der Vermarktung auf dem Produkt an sich – heute geht es um das Lebensgefühl: Früher war es das Auto – heute ist es die Mobilität. Bei Best Agern ist es die Verwirklichung von Träumen. In anderen Worten: Vor 20 Jahren ging es nicht mehr nur um das Produkt, das Auto, sondern um ein Paket aus Produkt mit Service – ein Mobilitätspaket. Und heute geht es nicht nur um das Produkt und den angeschlossenen Service, die Mobilität, sondern um Emotionen, ein Lebensgefühl, und schließlich darum, Langersehntes umzusetzen.

Es bietet sich demnach an, zum Produkt passende Leistungen anzubieten. Kunden, die zusätzlichen Service kaufen, sind im After Sales treuer als Kunden, die das nicht tun. Beispielsweise liegt die Treue von Kunden, die zusätzliche Serviceangebote (Versicherung, Service-Paket usw.) beim Autokauf in Anspruch nehmen, bei 76 Prozent und ist um 25 Prozentpunkte höher als von Kunden mit universellen Leasing-, Finanzierungs- oder Versicherungsverträgen. Wenn das Angebot eine breite Produktpalette umfasst, so fasst die Marke im Prinzip alle Produkte und Leistungen um die Produkte zusammen.

Das Ziel ist, ein Rundumpaket an Dienstleistungen für ein Produkt mit höchsten Ansprüchen, Kundenorientierung und -zufriedenheit anzubieten, um den Produktverkauf bei Best Agern zu maximieren. Dies setzt ein proaktives Bedienen der Kunden voraus. Die Kundenkontaktpunkte sollten dementsprechend definiert und mit dem CRM-System verknüpft sein.

Verpackung und Kennzeichnung gehört zur Produktpolitik und ist ein Teil der Produktstrategie. Manche Marketer bezeichnen die Verpackung auch als »das fünfte P« des Marketingmix: das Packaging. Bei der Verpackung wird zwischen Primär- (direkte Berührung mit dem Produkt), Sekundär- und Versandverpackung unterschieden. Um ein effektives Verpackungskonzept zu konzipieren, stellte man sich früher zunächst die Frage: Wie sollte die Verpackung sein oder was sollte sie für das Produkt tun: Größe, Form, Material, Farbe, Text, Recyclingfähigkeit und Markenzeichen? Die unterschiedlichen Verpackungselemente müssen harmonieren. Dies muss wiederum mit dem gesamten Marketingmix harmonieren. Nach dem Designen muss die Verpackung getestet werden. Neben den technischen und visuellen Tests sind Händler-Tests zur

Bewertung der Attraktivität und des Handlings und vor allem Kundentests relevant, um eine positive Reaktion der Verbraucher:innen zu gewährleisten.

Besteht die Verpackung den Best-Ager-Test? Um ein effektives Verpackungskonzept zu konzipieren, stellt man sich heutzutage die Frage: Wie sollte die Verpackung für den Best-Ager-Kunden sein oder was sollte sie für den Kunden tun? Im Best-Ager-Test sollten folgende Aspekte geprüft werden:

- Wirkung der Verpackung im Regal
- Lesbarkeit der Information auf der Verpackung, MHD und grafische Gestaltung
- Öffnen der Verpackung (Öffnungsmechanismen), selbsterklärend, möglichst einfach und leicht
- Entnehmen des Produkts
- Verschließen der Verpackung
- Entsorgen der Verpackung, möglichst wenig Verpackungsmaterial

»Rund ein Drittel kaufen künftig ein anderes Produkt, wenn sie mit der Verpackung unzufrieden waren«.[211] Die Verpackung sollte eine Wiedererkennbarkeit und klare Kontraste auf matten Folien aufweisen, die Produktinformationen und das MHD müssen auch ohne Hilfe lesbar sein. Laut dem Meyer-Hentschel Institut haben über 90 Prozent der über 60-Jährigen Schwierigkeiten beim Öffnen von Verpackungen. 55 Prozent der Best Ager beklagen sich über die gängigen Öffnungsmechanismen.[212]

Im Jahr 2030 werden ca. 50 Prozent der Deutschen zu den Best Agern zählen. Dementsprechend entwickeln sich die Konsumgüterverpackungen, um kein Hindernis im Alltag für jeden zweiten Deutschen darzustellen. Es klingt banal, aber das Erkennen, Lesen und Öffnen von Verpackungen und Produkten ist entscheidend für das alltägliche selbstständige Leben.

16.2 Pricing – Preis mal anders

Die Preisgestaltung ist der Prozess zur Bestimmung des Verkaufspreises eines Produkts.

In vielen Unternehmen gelten der Herstellungspreis und die Marge als vordefiniert. Dazu orientieren sich einige am Preislevel des jeweiligen Marktes. Wenn über den Verkaufspreis eines Produkts entschieden wird, werden hauptsächlich drei Faktoren berücksichtigt: die Kosten, die Mitbewerber und die Kundenwahrnehmung hinsichtlich Preis und Wert. Im Allgemeinen ist beispielsweise ein neues Auto ein Produkt mit

211 Meyer-Hentschel Institut, 2010
212 Meyer-Hentschel Institut, 2010

hohem Involvement der Kunden. Bei Produkten, die im Premiumsegment angesiedelt und von hoher Qualität sind, ist die Preisgestaltung meist wertorientiert und die Preise sind relativ hoch. Diese **Preisstrategie** ermöglicht die Marktabschöpfung bei neuen Produkten, wie z. B. Neuwagen. Der Gebrauchtwagenpreis hingegen nähert sich dem Preislevel des Marktes an.

Viele Unternehmen setzen auf **Preisnachlässe**, um ihren Umsatz zu steigern. Die Gesamtauswirkungen von Preisnachlässen auf die kurz- und langfristige Rentabilität sind jedoch komplexer. Dies verdeutlichte bereits 1992 eine Studie[213]: Im Durchschnitt verursacht eine Verbesserung der Fixkosten um 1 Prozent eine Verbesserung der Rentabilität um 2,3 Prozent. Eine Erhöhung des Verkaufsvolumens um 1 Prozent ohne jegliche Änderung anderer Faktoren (z. B. Preis) erhöht den Gewinn um 3,3 Prozent. Die Reduzierung der variablen Kosten um 1 Prozent erhöht den Gewinn um 7,8 Prozent. Und eine Preiserhöhung um 1 Prozent ohne eine Änderung im Verkaufsvolumen führt zu einer Gewinnerhöhung um 11,1 Prozent. Umgekehrt führt eine Preissenkung um 1 Prozent ohne jegliche Änderung des Verkaufsvolumens zu einer Gewinnreduzierung um 11,1 Prozent!

Natürlich erhofft man sich durch einen Discount ein Hochschnellen der Verkaufszahlen. Aber ist das tatsächlich so? Bei einem Discount von 1 Prozent und gleichbleibendem Verkaufsvolumen reduziert sich der Gewinn um 11,1 Prozent. Nehmen wir also an, das Verkaufsvolumen erhöht sich um 1 Prozent durch den Preisnachlass um 1 Prozent, dann geht der Gewinn wieder hoch auf 3,3 Prozent. Das Verkaufsvolumen müsste sich jedoch auf 3,36 Prozent erhöhen, um durch den Preisnachlass beim Break-even zu landen. Fazit: Ein Preisnachlass von einem Prozent muss das Verkaufsvolumen um mehr als 3,36 Prozent ansteigen lassen, um rentabel zu sein. Die sogenannte **Preiselastizität** ist in diesem Fall 3,36. Die Preiselastizität liegt branchenübergreifend im Durchschnitt bei 2. Für die meisten Produkte oder Dienstleistungen lohnt sich demnach ein Preisnachlass nicht. Regelmäßige Preisnachlässe schaden sogar dem Brand Equity, reduzieren die Kundenloyalität und erhöhen die Kundenpreissensibilität. Anstelle von direkten Preisnachlässen sollten effektivere Preisstrategien angewendet werden: Preisdiskriminierung, Bündelung, nichtlineare Preisbildung.[214]

Es wird zunehmend wichtig, von Beginn an zu wissen, welcher Preis die Masse der Best Ager anspricht. So ist die entscheidende Frage der strategischen Preispolitik: Hat das Angebot einen Preis, das die Masse der Best Ager bereit ist zu zahlen? Eine Methode, um diese Frage zu beantworten, ist die Zielkostenrechnung, auch »Target

213 Marn/Rosiello, 1992
214 Gupta/Lehman, 2005

Costing« genannt. Die Zielkostenrechnung ist eine kundenorientierte Methode. Insbesondere in wettbewerbsintensiven Märkten ist sie für strategische Entscheidungen hilfreich.

Zielkostenrechnung

Bei der Zielkostenrechnung, auch »Target Costing« genannt, orientiert sich die Preisfindung eines Produkts oder einer Dienstleistung am Markt. Was ein Produkt am Markt kosten darf, erschließt sich daraus, welchen Preis der Kunde oder die Kundin bereit ist, dafür zu zahlen. Dieser Preis wird »Zielpreis« genannt und bildet die Ausgangsbasis aller mit dem Produkt verbundenen Kosten. Die Kosten müssen entsprechend durch Kostenreduktionsmaßnahmen unter dem Zielpreis liegen, damit das Unternehmen noch eine Marge erwirtschaftet.

Der **Preiskorridor der Masse** ist ein Tool für Marketingmanager:innen, um den richtigen Preis für ein unwiderstehliches Angebot zu finden, der nicht unbedingt der niedrigste Preis sein muss. Das Tool enthält zwei unterschiedliche, aber miteinander verbundene Schritte:[215]

1. Identifizieren des Preiskorridors im Markt
2. Spezifizieren der Preisebene (untere, mittlere, obere) innerhalb des Preiskorridors

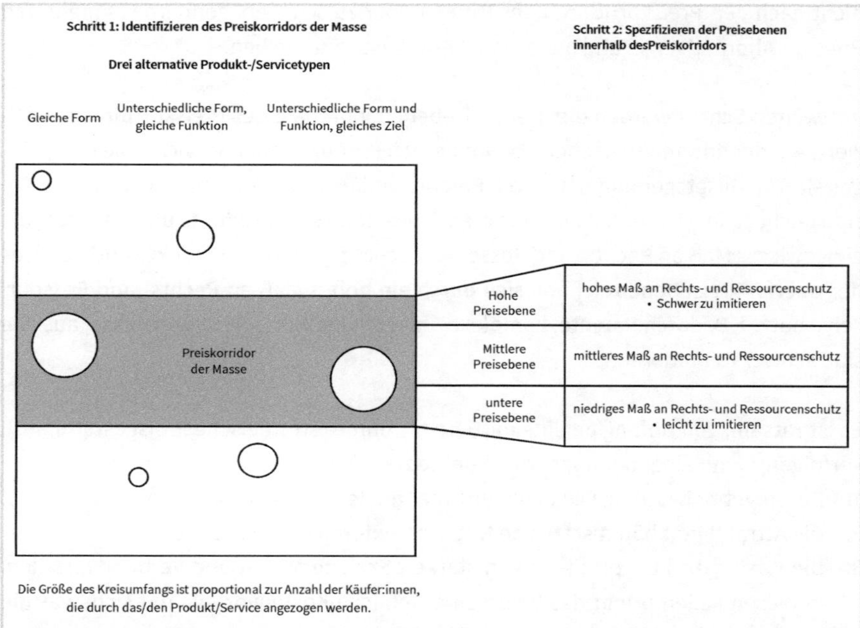

Abb. 38: Preiskorridor der Masse (in Anlehnung an Chan und Mauborgne, 2005)

215 Chan/Mauborgne, 2005

Zunächst gilt, es den Preiskorridor im Markt zu identifizieren. Dazu muss das Preisempfinden derjenigen verstanden werden, die das neue Produkt oder die neue Dienstleistung mit einer Vielzahl von sehr unterschiedlich aussehenden Produkten und Dienstleistungen vergleichen werden, die außerhalb der Gruppe der traditionellen Wettbewerber angeboten werden. Um außerhalb der eigenen Branche zu schauen, sollten solche Produkte oder Service aufgelistet werden,

- die unterschiedliche Formen haben, aber dieselbe Funktion erfüllen, z. B. Kutsche und Auto, Buch und E-Book, Telefon und E-Mail, E-Mail und WhatsApp, Dating-Plattformen, Fleischersatzprodukte, Hafermilch (eigener Stellenwert und erweiterter Zweck),
- die unterschiedliche Formen und Funktionen haben, aber dieselben übergreifenden Ziele verfolgen, z. B. Bar und Zirkus (Ziel: Entertainment), Kopfhörer (Fashion, Noise Cancelling, Musik), Apps und Smartwatches, das Internet insgesamt.

Bei der Auflistung der Gruppe alternativer Produkte und Services wird ersichtlich, welche Käufer:innen von anderen Industrien abgeworben werden könnten. Es können direkt Best-Ager-Käufer identifiziert werden und der Preis, den sie bereit sind, für Produkte oder Services, die sie derzeit nutzen, zu zahlen. Die Bandbreite des Preises, die die größte Gruppe einschließt, ist der Preiskorridor der Masse. Der Trick hierbei ist, nicht nach den Preiskorridoren der Mitbewerber zu schauen, sondern vielmehr den Preis für Alternativen in und außerhalb der Industrie zu suchen.

Im zweiten Schritt werden die drei Preisebenen innerhalb des Preiskorridors spezifiziert. Auf der unteren Preisebene befinden sich Produkte oder Services, die ein geringes Maß an Gesetzgebung z. B. durch Patente und Ressourcenschutz auszeichnet. Sie sind leicht zu imitieren. Auf der mittleren Preisebene sind Produkte und Services, die ein gewisses Maß an Rechts- und Ressourcenschutz genießen. Produkte und Services der oberen Preisebene zeichnen sich durch ein hohes Maß an Rechts- und Ressourcenschutz, z. B. durch Patente, komplexe Anlagen und Herstellungsprozesse, aus. Sie sind schwer zu imitieren.

Es ist ratsam, von Anfang an eine mittlere bis untere strategische Preisgestaltung zu verfolgen, wenn einer der folgenden Punkte zutrifft:

1. Das Angebot hat hohe Fixkosten und marginale variable Kosten.
2. Die Attraktivität hängt stark von Netzwerkexternalitäten ab.
3. Die Kostenstruktur profitiert von starken Skaleneffekten und Verbundvorteilen. In diesen Fällen bringt das Volumen erhebliche Kostenvorteile mit sich, was die Preisgestaltung für das Volumen noch wichtiger macht.

Der Preiskorridor der Masse zeigt die zentrale strategische Preiszone auf und verdeutlicht, inwiefern die Preise anzupassen sind.[216]

Um die Zielkosten zu berechnen, müssen vom durch die strategische Preisfindung ermittelten Preis alle Kosten, die das Produkt/die Dienstleistung dem Unternehmen verursacht, abgezogen werden. Dies ist essenziell, um eine Kostenstruktur zu erzielen, die sowohl profitabel als auch schwer kopierbar ist. In der Regel ist die Zielkostenrechnung eine aggressive Preisstrategie. Sie verfolgt nicht nur eine Divergenz, sondern auch einen Fokus, wodurch das Unternehmen Kosten spart.

16.3 Promotion – Kommunikation mal ehrlich

Best Ager merken, wenn der Content zu allgemein und nicht ortsspezifisch ist. Wenn Hotels im Sommer Winterfotos posten, um damit zu werben, dass man vom Hotel aus direkten Meerblick hat, so ist das womöglich nicht ehrlich, weil dies tatsächlich nur im Winter zutrifft, weil dann die Bäume kahl sind und die Blätter nicht – wie im Sommer – den Blick verdecken. Promotion ist auch eine Frage von Ehrlichkeit.[217]

Promotion – oder der Marketing-Kommunikations-Mix – besteht für Kotler (2003) aus fünf Hauptinstrumenten: Werbung, Direktmarketing, Verkaufsförderung, Public Relations und persönlicher Verkauf. Diese werden in der Regel kombiniert, um den Endverbraucher zu erreichen.

Promotion
In diesem Zusammenhang bedeutet Promotion die Übermittlung von Informationen an Kunden über das Produkt oder den Service mit dem Ziel, eine positive Kundenresonanz zu erzeugen.

Laut einer Umfrage von Gransnet mit 1.028 Teilnehmenden aus der Altersgruppe über 50 Jahre beschäftigt sich die befragte Gruppe am meisten mit Werbung in Zeitschriften oder Zeitungen.[218] Onlinewerbung ist bereits an dritter Stelle nach der Fernsehwerbung.

216 Chan/Mauborgne, 2005
217 Alexander Stein im Interview 2023
218 https://www.gransnet.com/online-surveys-product-tests/advertising-marketing-over-50s-survey-data-results

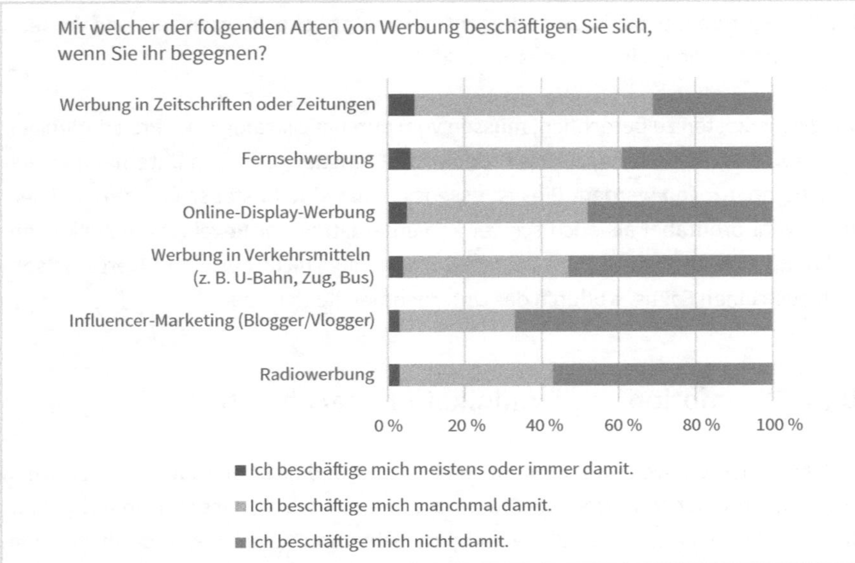

Abb. 39: Beschäftigung mit Werbung bei der Altersgruppe über 50 Jahre (n = 1.028; Quelle: https://www.gransnet.com/online-surveys-product-tests/advertising-marketing-over-50s-survey-data-results)

Alexander Stein, Digitalisierungsmanager einer Kurverwaltung auf Rügen, bestätigt die Annahme, dass Best Ager im (Tourismus-)Marketing vernachlässigt werden:

> »Ich glaube, größere Hotelketten haben erkannt, dass Best Ager wichtig sind und dass marketingtechnisch gehandelt werden muss, um sie zu gewinnen. Aber für viele ist es faktisch egal. Hauptsache, es kommen Gäste. Natürlich spielt hier auch die Region eine Rolle. Gerade auch in den Monaten außerhalb des Sommers ist das ganz wichtig, dass man die Best Ager gezielt anspricht.«
>
> Alexander Stein, Interview 2023

Die Wünsche und Ziele der Best Ager in der Kommunikation sind:

- einen kompetenten Gesprächspartner zu haben
- kontinuierlich betreut zu werden, insbesondere bei Veränderungen
- immer auf die Betreuung zurückgreifen zu können
- sich als Kunde oder Kundin vom Mitarbeitenden ernst genommen zu fühlen und gut behandelt zu wissen

Wie bei der Beschreibung der Best Ager zu Beginn des Buches geschildert, fühlen sich Best Ager in der Promotion nicht richtig wahrgenommen. Welche Lösungen die Best Ager selbst als geeignet ansehen, um sich nicht mehr benachteiligt fühlen zu müssen, zeigt folgende Tabelle. Realistischere Ansichten über die Best Ager und Authentizität haben für die Zielgruppe einen sehr hohen Stellenwert.

Welche Lösungen sollte die Werbe- und Marketingbranche Ihrer Meinung nach in Betracht ziehen? Bitte kreuzen Sie alle zutreffenden Punkte an.	
Realistischere Ansichten darüber haben, wie sich meine Altersgruppe fühlt/lebt.	78 %
Den Einsatz von Bildbearbeitungssoftware (z. B. Photoshop) in Werbungen, die meine Altersgruppe darstellen/ansprechen, vermeiden.	68 %
Verwenden Sie »echte« Menschen meiner Altersgruppe anstelle von Schauspielern in der Werbung.	64 %
Mehr Menschen aus dieser Altersgruppe in der Werbung einsetzen.	64 %
Sprechen Sie direkter mit meiner Altersgruppe (durch persönliche Fokusgruppen).	59 %
Andere Lösungen	9 %

Vorgeschlagene Lösungen zur besseren Ansprache der Best Ager (Quelle: https://www.gransnet.com/online-surveys-product-tests/advertising-marketing-over-50s-survey-data-results)

Best Ager und Online-Marketing: Ehrlichkeit

Best Ager merken mittlerweile ebenso wie auch die jüngeren Generationen, wenn der Content zu allgemein ist und wenn die Promotion und die damit verbundene Kommunikation nicht stimmig oder gar ein »Fake« ist. Das fällt unter den Punkt Ehrlichkeit, gerade bei Fotos.

Sollte Promotion nur noch digital erfolgen? Die Kommunikation mit Best Agern muss wohlüberlegt sein: Im Jahr 2019 waren es acht von zehn Best Agern, die den Einsatz von Chatbots als wenig sinnvoll empfanden.[219] Chatbots haben sich in den letzten Jahren zwar stark weiterentwickelt und sind mittlerweile auch bei Konsument:innen bekannter, als es noch vor vier Jahren der Fall war. Dennoch legen Best Ager im Kundenservice viel mehr Wert auf einen persönlichen Kontakt mit realen Menschen.

Promotion hat auch damit zu tun, wie Emotionen übermittelt werden. Die Emotionen werden gerade für und bei Best Agern noch im analogen transportiert. »Viele sagen uns zum Beispiel, wir bräuchten keine Printmedien mehr und es ginge alles nur noch online. Das können wir so aber nicht bestätigen. Analoge Promotion ist nach wie vor ein Kanal für Best Ager.«[220]

219 MindTake Research, 2019
220 Alexander Stein im Interview 2023

16.4 Place – Distribution mal näher

»Place« befasst sich mit verschiedenen Methoden des Transports und der Lagerung der Produkte und wie sie dem Kunden oder der Kundin am richtigen Ort und zur richtigen Zeit zur Verfügung gestellt werden. Es geht um die Produktverfügbarkeit. Wenn potenziell interessierte Best Ager ein Produkt suchen und dieses nicht an ihrem bevorzugten Einkaufsort finden, greifen sie zu Alternativprodukten – oder gar keinem. Es ist ein potenzieller Umsatzverlust. Über 90 Prozent der Befragten über 50 Jahre gaben an, am liebsten das einzukaufen, »was ich immer schon einkaufe und gut kenne«.[221] Gewohnheiten sind bei Best Agern die zentralen Motive bei Einkaufsort und Produktwahl. Ein wichtiger Ort des Einkaufs von täglichen Bedarfsgütern ist nach wie vor die bekannte Einzelhandelsfiliale, bei der man schon seit Jahren einkauft. Über 90 Prozent der über 50-Jährigen gaben an, dort einzukaufen, »wo ich immer schon einkaufe und mich gut auskenne.«[222]

Jedoch gibt es Trends, die nahelegen, dass sich die Einkaufsorte ändern:

- Digitalisierung führt zu wachsender Verschmelzung von Online- und Offlinehandel. Kunden kaufen selektiver und sind besser vorinformiert.
- Innenstädte gleichen sich immer mehr, weil inzwischen überall Filialen bekannter Ketten auftauchen.
- Steigende Distanz- und Zeitsensibilität in den Großstädten. Die Umsätze auf den Entfernungsbereich bis 5 Minuten nehmen zu. Es waren 2016 knapp 50 Prozent.[223]
- Die Bedeutung von Gesundheit steigt.

Onlineshopping nimmt bei Best Agern, wie in den vorangegangenen Kapiteln dargestellt, zu. Aber auch die Nähe des physischen Einkaufsortes spielt eine zunehmende Rolle bei den Best Agern.

16.5 Die Aufgabe des Marketings

Die Aufgabe des Marketings ist das Jonglieren mit den 4 Ps, um damit einen idealen Marketingmix für die Best Ager zu kreieren. Dazu kombiniert das Marketing die kontrollierbaren Variablen im Marketingmix, um die Best-Ager-Kund:innen möglichst zufriedenzustellen. Das bedeutet, alle 4 Ps müssen in einem Gesamtbild zusammenhängend betrachtet und deren Interoperabilität berücksichtigt werden.

221 Umfrage des Institut für Generationenforschung 2020 mit 3.241 Konsument:innen
222 Umfrage des Institut für Generationenforschung 2020 mit 3.241 Konsument:innen
223 https://www.gfk.com/de/insights

Für das Erstellen geeigneter Marketingaktionen ist es hilfreich, die Auswirkungen der Aktionen des Marketingmix auf die einzelnen Variablen des Customer Lifetime Value im Vorfeld zu evaluieren. Dabei wird, wie in der folgenden Tabelle dargestellt, der Einfluss der Marketingaktion auf die jeweiligen Variablen aufgelistet und bewertet:

- (–) negative/abnehmende Wirkung
- (+) positive/zunehmende Wirkung
- (0) keine Auswirkung

Marketingaktion	Akquise	Marge	Retention	Fixkosten
Preis: Erhöhen der Verkaufspreise ohne Änderung am Produkt	–	+	–	0
Distribution:				
Erhöhen des Direktverkaufs an Best Ager	+	+	+	+
Einführen eines Online-Channels	+	0	+	+
Promotion: Erhöhen der Werbepräsenz	+	+	+	+
Produkt: Verbessen der Verpackungsqualität für Senioren	+	–	+	+
Service: Schulen des Servicepersonals in Bezug auf Kommunikation mit Best Agern	+	–	+	+

Der Einfluss von Marketingaktionen auf den Customer Value (Quelle: Gupta und Lehmann, 2005).

Durch die Aufstellung lässt sich relativ schnell erkennen, welche Aktion zielführend für das Gesamtergebnis ist.

Im Anschluss sollte das Produktportfolio mithilfe der Boston-Consulting-Group-Matrix ermittelt werden. Die Matrix gibt Hinweise darauf, welche Strategie gewählt werden sollte. Das Produktportfolio basiert auf den generierten Cashflows der verschiedenen strategischen Geschäftseinheiten (vgl. Kap. 17).

Marketingmix-Analyse

Das Ziel der Marketingmix-Analyse ist das Identifizieren des Produktportfolios inklusive Verkauf, Positionierung, Produktlebenszyklus, Verkaufsleistung und Promotion.

In Bezug auf das **Produkt** müssen folgende Fragen beantwortet werden:

- Wie definieren sich das aktuelle Produktportfolio und die Produktkategorien?
- Haben Sie ein effizientes Sortiment und wo liegen die Stärken und Schwächen des aktuellen Produktportfolios?
- Worin liegen die Verkaufsmöglichkeiten (Onlineshop, Einzelhandelsmöglichkeiten) für die einzelnen Produktkategorien?

In Bezug auf den **Preis** müssen folgende Fragen beantwortet werden:

- Wie lautet die aktuelle Preisstrategie?
- Welche Preisstrategie wird den Verkauf maximieren?
- Wo wurden Mengenzuwächse beim Produktabsatz erzielt und was waren die Gründe für diesen Produktzuwachs?
- Welche Produkte fördern das Kategorienwachstum?
- Welche Kategorien treiben das Geschäfts- oder Onlineshop-Wachstum voran?
- Wie sehen die Produktlebenszyklen Ihrer Marken aus und welche Marken verlieren Marktanteile?

In Bezug auf **Promotion** müssen folgende Fragen beantwortet werden:

- Wie sind Ihre Promotion-Aktivitäten organisiert?
- Wie effizient sind die Promotions der jeweiligen Kategorien?
- Welche Produktaktionen haben den größten Einfluss auf das Kategorienwachstum?
- Wie können Promotions für die Kategorie optimiert werden?
- Welche Werbeaktionen haben sich bewährt und welche nicht?
- Welches sind die angemessensten Werbezeiten und -längen?
- Gab es eine Konkurrenzreaktion auf Werbemaßnahmen?
- Erhöhen Werbeaktionen nur Verkäufe oder belohnen/ziehen sie Verbraucher oder neue Verbraucher an?
- Hatte die Werbeaktion einen langfristigen Einfluss auf die Verbraucherumsätze?
- Wie beeinflusst die Dauer einer Werbeaktion ihre Wirksamkeit?
- Wie hoch ist der ROI für Promotion und Werbung?

In Bezug auf **Place** müssen folgende Fragen beantwortet werden:

- Wie wichtig ist der Standort, Verkaufs-/Einkaufsort, der Point of Sales (PoS)?
- Was sind die wichtigsten Themen für den Point of Sales (hohe Marge, Markenwert usw.)?
- Wo suchen potenzielle Best-Ager-Kund:innen nach welchem Produkt?
- Wie unterscheidet sich die Vertriebsstrategie von der der Mitbewerber?
- Wie muss das Sales-Team aufgestellt und geschult sein, um Best Ager zu erreichen?
- Wie geht das Verkaufspersonal mit Best-Ager-Anliegen um (Reklamationen, Anfragen, Information, Hilfe und Unterstützung usw.) – vor Ort, am Telefon, online?
- Welcher Mix der unterschiedlichen Kanäle sollte wann angewendet werden: online, offline oder ein Mix aus beidem?

DIGITALE EXTRAS

Hinweis

Eine Checkliste zur Marketingmix-Analyse steht Ihnen als digitales Extra zum Download zur Verfügung.

17 Vom Stern zur Kuh: Produktportfolioanalyse

Im Allgemeinen besteht der Sinn einer Produktportfolioanalyse darin, die Stärke einer strategischen Geschäftseinheit (SGE) bzw. Strategic Business Unit (SBU) zu identifizieren, um die Expansion einer anderen zu stimulieren. Sie ermöglicht es, Investitionen zwischen verschiedenen Geschäften zu integrieren und die Portfolio-Performance als Ganzes zu optimieren, anstatt sich auf die Leistung der einzelnen Einheiten zu konzentrieren. Die Analyse schafft sowohl einen Überblick über das Produktsortiment als auch über die Lebenszyklen. Sie ist eine Entscheidungshilfe, in welche Produkte Energie in Form von Marketingressourcen, Personal und Finanzen für die Best Ager investiert werden sollte. Die Produktportfolioanalyse ist damit auch ein Prognoseinstrument, um vorherzusagen, welche Geschäftseinheiten und welche Produkte sich wie in Zukunft für Best Ager entwickeln können.

Für die Analyse des Portfolios wird in den meisten Fällen der Boston-Consulting-Group(BCG)-Ansatz bzw. die BCG-Matrix angewendet. Die **BCG-Matrix** wurde von Henderson (1984) entwickelt. Sie wird auch »Wachstumsanteilsmatrix « oder »Geschäftsportfoliomatrix« genannt. Diese Portfoliomatrix ist zwar schon über 40 Jahre alt, zählt aber immer noch zu den am häufigsten zitierten standardisierten Methoden.[224] Prinzipiell unterscheidet die Matrix Produktlinien in zwei Dimensionen: auf der Ordinate den Wachstum des Marktes, in dem sich das Produkt befindet, und auf der Abszisse der Marktanteil des Produkts im Verhältnis zum Anteil seiner nächstgrößten Mitbewerber.[225] Produktlinien werden in einem der vier Quadranten der Matrix platziert, von denen jeder eine bestimmte Cashflow-Situation darstellt:[226]

224 Lilien/Rangaswamy, 2003
225 Vgl. Shay/Rothaermel, 1999; Kotler, 2003; David, 2005
226 Vgl. Lilien/Rangaswamy, 2003; Mintzberg et al., 2005a; Shay/Rothaermel, 1999; Kotler, 2003; David, 2005

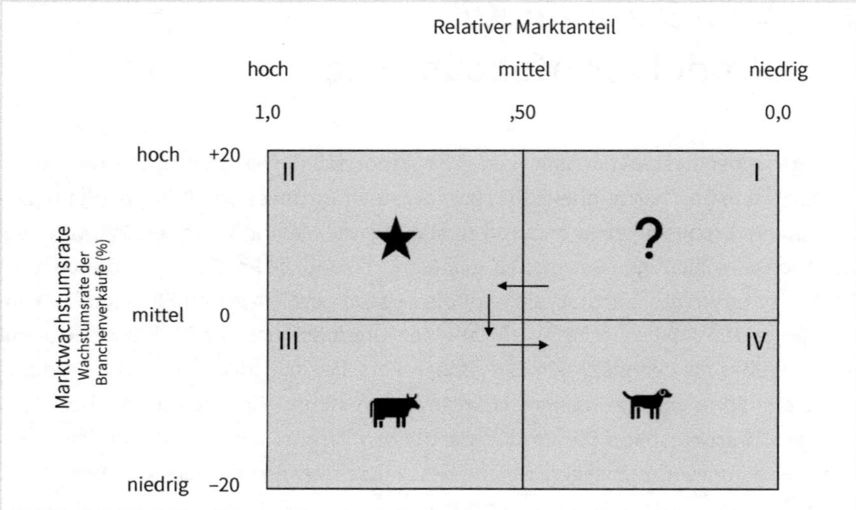

Abb. 40: BCG-Matrix

Quadrant I: Question Marks (Fragezeichen-Produkte) sind strategische Business Units (SBUs) mit geringem Anteil in Wachstumsmärkten. Sie brauchen viel Geld, um ihre Marktanteile zu halten und zu erhöhen. Ein neues Produkt, das in einem wachstumsstarken Markt mit einem bestehenden Marktführer eingeführt wurde, würde als Fragezeichen gewertet werden. Die strategischen Optionen für Fragezeichen umfassen Marktdurchdringung, Marktentwicklung und Produktentwicklung. Diese Strategien zählen zu den intensiven Strategien oder zum Divestment.

Quadrant II: Star-Produkte sind SBUs mit hohem Wachstum und hohem Marktanteil. Sie brauchen viel Cash, um ihr schnelles Wachstum zu finanzieren. Sterne erzeugen einen mäßig positiven oder leicht negativen Cashflow. Langfristig verlangsamt sich ihr Wachstum, sie werden zu Cash Cows und zu wichtigen Cash-Generatoren, die andere SBUs unterstützen. Zu den Strategieoptionen für Stars gehören Integration (vorwärts, rückwärts und horizontal), Marktdurchdringung, Marktentwicklung, Produktentwicklung oder Joint Ventures.

Quadrant III: Cash-Cow-Produkte sind SBUs mit niedrigem Wachstum und hohem Marktanteil. Sie produzieren viel Cash, mit dem andere SBUs unterstützt werden können. Das Ziel ist, die Cash Cows möglichst lange in ihrer starken Position zu halten. Deren strategische Optionen beinhalten die Produktentwicklung und konzentrische Diversifikation. Wenn ihre Position infolge eines Marktanteilverlustes oder einer Marktkontraktion schwächer wird, dann wären die Optionen Konsolidierungen oder gar Divestment.

Quadrant IV: Poor-Dog-Produkte sind SBUs mit geringem Wachstum und niedrigem Marktanteil. Sie könnten genügend Geld erwirtschaften, um sich zu behaupten, jedoch sind sie kaum in der Lage, andere SBUs zu unterstützen. Zu den strategischen Optionen gehören Konsolidierungen oder, falls sie wiederbelebt werden könnten, Liquidation und Divestment – falls es jemand kauft.

Der BCG-Ansatz bestimmt jede SBU und platziert sie in einem Gesamtportfolioansatz. In diesem Fall werden die Produkte auf der Basis des Cashflow-Potenzials einer Einheit definiert, wie z. B. der Cashflow für eine SBU in einem bestimmten Zeitraum (Geschäftsjahr).

Es muss erwähnt werden, dass die Platzierung von Geschäftseinheiten in der Matrix in der Regel subjektiv erfolgt.[227] Zudem ist es oft schwierig, eine Geschäftseinheit in nur eine von vier Kategorien zu pressen. Manchmal ist es einfach nicht möglich, eine Geschäftseinheit so zu klassifizieren. Prinzipiell ist es zu einfach, ein Business nur durch zwei Variablen, wie in der BCG-Matrix, zu charakterisieren. Es sind weitere Variablen, wie z. B. die Größe des Marktes, der Wettbewerbsvorteil und der betrachtete Zeitrahmen, erforderlich. Dennoch liefert die BCG-Matrix eine gute Momentaufnahme einer Organisation zu einem bestimmten Zeitpunkt (David, 2005).

Um eine logische Klassifizierung der SBUs zu erhalten, ist es notwendig, einen genauen Blick auf die jeweiligen Produkte, deren Umsätze und Cashflows zu werfen. Folgende Fragen sollten dabei beantwortet werden:

- Welche Produktkategorien werden wo (Standort/Niederlassung/Filiale/eigener Onlineshop oder über Drittanbieter/Plattformen) angeboten?
- Welche Umsätze werden mit den jeweiligen Kategorien je Standort (online/offline) erwirtschaftet?
- Welche Kategorie erwirtschaftet über die meisten Standorte (online/offline) am meisten Umsätze?

Die Kategorie mit den meisten Umsätzen sollte im Detail betrachtet werden – sie sollte nach den einzelnen Produkten und deren Umsätzen je Standort aufgegliedert werden.

Die Produktportfolioanalyse soll im Folgenden am Beispiel eines Autohauses dargestellt werden, da die größte Konsumentengruppe des Autohandels die Best Ager sind.

227 Kluyver/Pearce, 2003

Platz	Marke	Durchschnittliches Alter der privaten Halter bei Pkw-Neuzulassungen im Jahr 2023 (online)[228]	Marke	Durchschnittliches Alter der privaten Halter bei Pkw-Neuzulassungen im Jahr 2021 (offline)
1	Jaguar	53,3	Suzuki	57,8
2	Porsche	53,2	Subaru	57,3
3	Ssangyong	53,0	Ssangyong	56,9
4	Subaru	52,6	Honda	56,4
5	Lexus	52,5	Lexus	56,2
6	Mercedes-Benz	52	Porsche	55,4
7	Dacia	51,6	Mitsubishi	55,0
8	Jeep	51,3	Mercedes, Smart	54,6
9	Saab	51,2	Toyota	54,5
10	Lada	51,1	Jaguar	54,4
11	Suzuki	51,1	Opel	54,2
12	Nissan	51,0	Citroen, Fiat	54,1
13	Daihatsu	50,7	BMW	53,9
14	Land Rover, Mitsubishi	50,5	Dacia	53,8
15	Toyota	50,4	Nissan, Mazda	53,5
16	Honda	50,3	Jeep	53,4
17	Hyundai, Rover	49,9	VW	53,3
18	Chrysler	49,7	Ford	52,7
19	Volvo, Citroen	49,6	Skoda	52,6
20	Lancia	49,1	Renault	52,5

Durchschnittliches Alter der privaten Halter bei Pkw-Neuzulassungen offline und online

228 Daten von Verivox. Ausgewertet wurden alle Versicherungsabschlüsse, die in zwölf Monaten bei dem Vergleichsportal Verivox abgeschlossen wurden – und zwar online. Deshalb ist hier das Durchschnittsalter geringer als in der offiziellen Statistik.

Ein Autokäufer in Deutschland war im Jahr 2021 durchschnittlich 45,8 Jahre alt.[229] Nach einer Untersuchung von Online-Versicherungsabschlüssen über das Vergleichsprotal *Verivox* der letzten 12 Monate sind im Jahr 2023 die Neuwagenkäufer durchschnittlich 53 Jahre alt.[230] Der Volvo-Neuwagenkäufer in Deutschland ist um die 50 Jahre alt.

Deswegen wird im Folgenden die Herangehensweise an einem Volvo-Händler mit mehreren Standorten erklärt. Der Volvo-Händler bietet drei Produktkategorien an vier Standorten an: Neuwagen, Gebrauchtwagen, Teile und Zubehör.

Abbildung 41 zeigt die Umsätze der Produktkategorien an den vier Standorten. Den meisten Umsatz erwirtschaftet der Standort A mit 14,5 Millionen Euro im Geschäftsjahr 2018.[231] Nicht überraschend ist, dass der größte Umsatz an jedem Standort durch das Neuwagengeschäft generiert wurde, gefolgt vom Gebrauchtwagengeschäft.

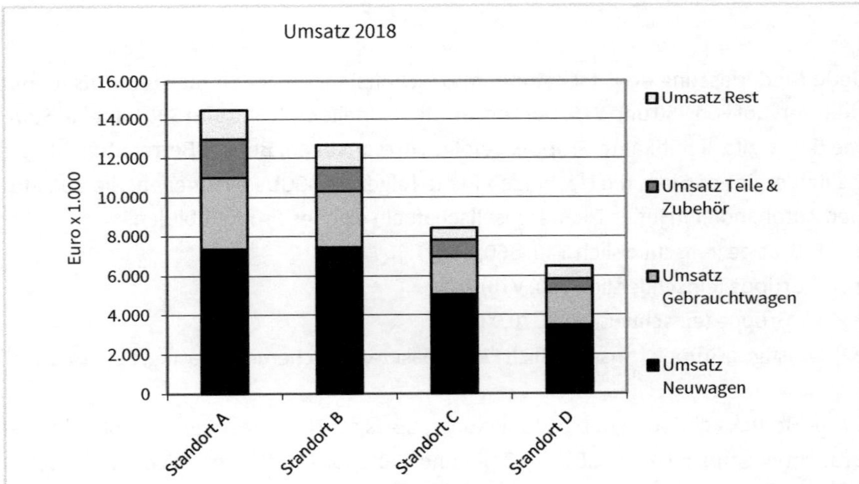

Abb. 41: Umsatz des Volvo-Händlers je Standort im Jahr 2018

Der Umsatz der Neuwagen spielt in diesem Geschäft eine signifikante Rolle und sollte näher betrachtet werden. Abbildung 42 zeigt die Anzahl der Neuwagen je Niederlassung im Geschäftsjahr 2018.

229 https://de.statista.com/statistik/daten/studie/1034022/umfrage/durchschnittsalter-von-neuwagenkaeufern-ausgewaehlter-automarken-in-deutschland/
230 https://www.verivox.de/kfz-versicherung/autos-fuer-senioren/
231 Geschäftsjahr wurde aufgrund der Anonymität geändert.

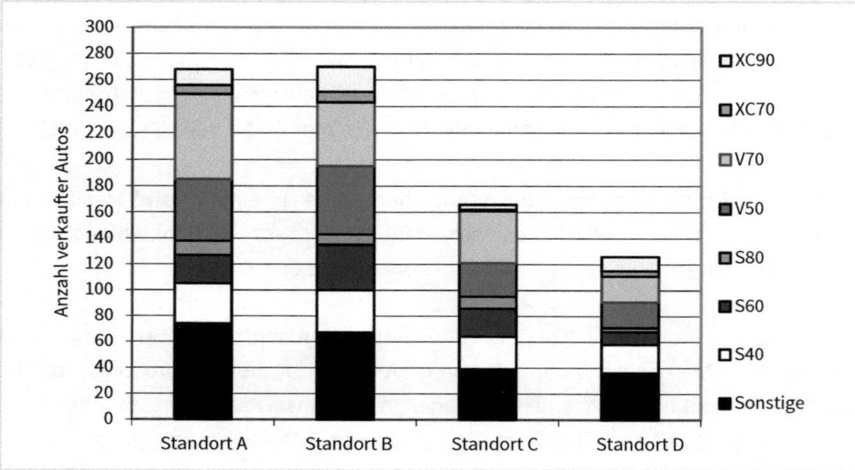

Abb. 42: Anzahl der verkauften Neuwagen an vier Standorten des Volvo-Händlers im Jahr 2018

Jede Niederlassung erwirtschaftete im Geschäftsjahr 2018 den meisten Umsatz mit dem Verkauf von V50 und V70. Der Umsatz der Modelle S40, S60 und S80 bildet in Summe die zweite signifikante Gruppe, gefolgt von sonstigen. Bei der Betrachtung dieser Zahlen ergibt es Sinn, die Neuwagen in die folgenden SBUs einzuteilen, die auch für den Autohändler in jeder Tochtergesellschaft ein eigenes Produkt bilden:

- S-Gruppe (einschließlich S40, S60, S80)
- V-Gruppe (einschließlich V50, V70)
- XC-Gruppe (einschließlich XC70, XC90)
- Sonstiges-Gruppe (einschließlich Finanzpakete, Versicherung, Leasing, Finanzierung)

Unter Berücksichtigung der verschiedenen SBUs für Neuwagen und der SBU für Gebrauchtwagen sowie der SBU für Teile und Zubehör (T&Z) ergibt sich ein logisches Portfolio des Autohändlers. Es wird ersichtlich, dass der Volvo-Händler keine Poor Dogs im Portfolio führt. Da die BCG-Matrix bei allen vier Tochtergesellschaften recht ähnlich aussieht, wird nur die von Standort A im Detail erläutert.

Produktportfolio von Standort A

Die SBU mit C70 war im Geschäftsjahr 2018 definitiv ein **Fragezeichen**. Bevor eine SBU überhaupt Cash generieren kann, musste viel Geld in Form von Werbung, Promotion und weiteren Ressourcen investiert werden. Daher ist der Cashflow zu Beginn sehr negativ und die geeigneten Strategien für diese Segmente sind eine offensive bzw. defensive Strategie. Wenn diese Produktgruppe über genügend Potenzial verfügt, können die Fragezeichen durch eine offensive Strategie in Sterne verwandelt werden.

Die **Stars** stehen für die besten langfristigen Chancen auf Wachstum und Rentabilität. Je höher der Marktanteil einer SBU ist, desto mehr Cash generiert sie, denn nach Lilien und Rangaswamy (2003) geht ein höherer Marktanteil mit einem höheren Rentabilitätsniveau einher. Andererseits ist der Bedarf der SBU an liquiden Mitteln zur Unterstützung ihres Wachstums umso höher, je höher die Wachstumsrate des Marktes ist. Daher haben die Stars einen mäßig positiven oder leicht negativen Cashflow. Die geeignete Strategie ist eine Investitionsstrategie, um relative Marktanteile zu gewinnen und zu vergrößern. Schließlich können die vier SBUs (SBU Sonstige, SBU S, SBU XC und SBU Teile und Zubehör) am Standort A als Stars eingestuft werden, da ihr Cashflow nicht extrem hoch ist und sie über ein hohes Potenzial verfügen, um weiter zu wachsen. Insbesondere die SBU-XC hat in den Portfolios der Tochtergesellschaften den niedrigsten Cashflow, aber sie könnte ein hohes Potenzial haben, weitere Marktanteile zu gewinnen und Verkäufe zu generieren.

Die SBUs Gebrauchtwagen und V50, V70 bilden die **Cash Cows** – die schwindenden Stars, die immer noch einen relativ großen Marktanteil haben und den höchsten positiven Cashflow produzieren. Der Cashflow, der mit den Cash-Cow-Produkten generiert wird, ist notwendig, um die Fragezeichen- und Stars-Produkte zu entwickeln. Darüber hinaus verwendet der Standort A seine Cash Cows, um Verbindlichkeiten zu begleichen und andere Geschäfte, wie oben erwähnt, zu unterstützen. Wenn eine Cash Cow anfängt, relative Marktanteile zu verlieren, muss der Volvo-Händler wieder Geld investieren, um die Marktführerschaft zu behalten. Bei den Cash Cows sollte eine Konsolidierungsstrategie gewählt werden. Außerdem muss der Volvo-Händler prüfen, ob die notwendigen Investitionen zur Erhaltung des aktuellen Marktanteils den erwirtschafteten Cashflow nicht zu stark minimieren.

Abschließend ist zu erwähnen, dass der erwirtschaftete Cashflow bei den Gebrauchtwagen am höchsten ist, gefolgt von der SBU V, aber dennoch ist zu berücksichtigen, dass die Anzahl der verkauften Gebrauchtwagen (287 Stück) mehr als doppelt so hoch war wie bei der V-Gruppe (47 neue V50 und 64 neue V70). Beim Aufschlüsseln – erwirtschafteter Cashflow geteilt durch die Anzahl der verkauften Gebrauchtwagen – wäre die SBU Gebrauchtwagen die kleinste Gruppe und könnte je nach Entwicklungsdaten im Poor-Dogs- oder im Stars-Quadranten platziert werden, abhängig von den Entwicklungsdaten der letzten Jahre.

Poor Dogs – die in diesem Segment enthaltenen Produktgruppen haben einen schwachen Marktanteil in wachstumsschwachen Märkten. Der Standort A hat keine Poor Dogs in seinem Portfolio. Im Allgemeinen generieren Poor Dogs einen mäßig positiven oder sogar einen negativen Cashflow. Daher sollten keine weiteren Investitionen in diese Gruppe getätigt werden.

Abbildung 43 zeigt die Position der verschiedenen SBUs in der Matrix. Der Umfang der einzelnen Kreise verdeutlicht die Höhe der generierten Cashflows:

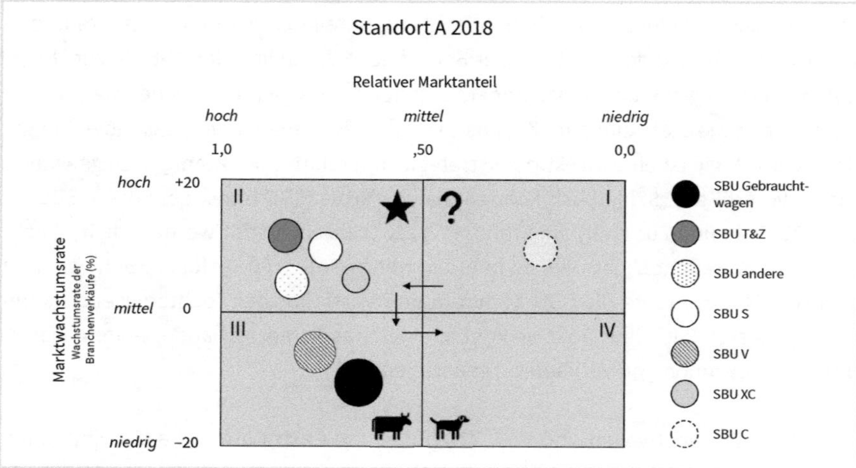

Abb. 43: BCG-Matrix des Volvo-Händlers am Standort A im Jahr 2018[232]

Im Laufe der Zeit verändern sich die SBU des Volvo-Händlers bzw. seine Produkte ändern ihre Position in der Wachstumsanteilsmatrix. Erfolgreiche SBUs haben einen Lebenszyklus, der in der BCG-Matrix gegen den Uhrzeigersinn verläuft. Sie beginnen als Fragezeichen, werden zu Stars, dann zu Cash Cows und schließlich zu armen Hunden. Der nächste Schritt beinhaltet die Eliminierung einiger Produktgruppen, wenn die notwendigen Investitionen den erwirtschafteten Cashflow übersteigen.

Die erste Stufe des **Lebenszyklus** ist die Einführungsphase. Für die Fragezeichen ist es notwendig, Ressourcen für eine Weiterentwicklung zuzuweisen. Derzeit tragen diese Produkte zu einem negativen Cashflow bei. Die nächste Stufe im Lebenszyklus spiegelt die Wachstumsphase wider. Für die Verbesserung der enthaltenen Star-Produkte muss der Ressourceneinsatz fortgesetzt werden. Die Star-Produkte realisieren Gewinne. Die nächste Phase im Lebenszyklus wird als Reifephase bezeichnet. Die Reifephase beinhaltet die Cash-Cow-Produkte. Die letzte Phase im Produktlebenszyklus ist der Niedergang. Hier werden die Arme-Hunde-Produkte aufgenommen.[233]

Aufgrund der wechselnden Positionen der Produktgruppen ist eines der Ziele des Volvo-Händlers, ein ausgewogenes Produktportfolio für Best Ager anzubieten, was bedeutet, dass in jedem Vierteljahr fast die gleiche Menge jeder Artikelgruppe in jedem Quadranten der BCG-Matrix vorhanden sein sollte. Da der Volvo-Händler sehr gesunde Cashflows der vier Tochtergesellschaften und ihrer SBUs vorweisen kann, sieht die

232 Die Zahlenbereiche auf den x-Achsen (mit 1,0 bis 0,0 und mit 0,5 als mittlerer relativer Marktanteil) und y-Achsen (mit −20 Prozent bis 20 Prozent und 0 Prozent als mittleres Umsatzwachstum der Branche) werden nach David (2005) häufig verwendet, es könnten aber auch andere Zahlenwerte festgelegt werden.
233 Shay/Rothaermel, 1999

BCG-Matrix mit ihrer Gewichtung auf Stars und Cash Cows recht einseitig aus. Die großen Cash Cows (meist SBU Gebrauchtwagen und SBU V) finanzieren die Stars, die ein Potenzial für weiteres Wachstum haben könnten. Daher scheinen die BCG-Matrizen »gesund« zu sein. Schließlich könnte die tiefere Untersuchung der SBU Gebrauchtwagen und SBU Sonstige durch weitere Klassifizierungen die Konstellation der aktuellen BCG-Matrizen verändern. Bis dahin sollte der Volvo-Händler die grundsätzliche Strategie evaluieren, um die aktuelle Marktposition zu halten.

Da das Portfolio in allen Tochtergesellschaften ähnlich aussieht, kann der Volvo-Händler die folgenden Strategien für verschiedene SBUs in allen Tochtergesellschaften vornehmen: Für SBU C als Fragezeichen wäre es die Marktdurchdringung oder die Marktentwicklung; für SBU V und SBU Gebrauchtwagen als Cash Cows könnte es die konzentrische Diversifizierung sein; und für die übrigen SBUs als Stars wäre es Marktdurchdringung oder Marktentwicklung.

18 Der Kampf um die besten Kund:innen: Wettbewerbsanalyse

»Halte deine Feinde möglichst nahe« – so ein Spruch aus der Politik. Im Marketing bringt es durchaus Vorteile zu wissen, welche Schritte die Mitbewerber unternehmen und welche Stärken und Schwächen sie haben, um sich zu differenzieren oder auch lohnenswerte Kooperationen einzugehen. Die **Mitbewerber- oder Wettbewerbsanalyse** berücksichtigt potenzielle und tatsächliche Mitbewerber eines Unternehmens. Es wird untersucht, ob sich die Mitbewerber in strategischen Gruppen konzentrieren. Im Rahmen der Wettbewerbsanalyse ist zwischen verschiedenen Ebenen von Wettbewerbern sowie zwischen direkten und indirekten Wettbewerbern zu unterscheiden. Die direkten Mitbewerber sollten im Detail hinsichtlich der Adressierung der Best Ager analysiert werden. Daher versucht die Analyse, die internen Merkmale, die Marketingstrategien (online und offline) und die Leistung der Wettbewerber zu erfassen. Die Analyse wirft auch einen Blick auf die Expansionsmöglichkeiten der Mitbewerber. Die gesammelten Informationen über die direkten Mitbewerber werden in einer Mitbewerberprofilmatrix abgebildet und ausgewertet. Die indirekten Mitbewerber werden in einer allgemeineren Form zusammengefasst und bewertet.

Die Analyse der Mitbewerber ist in der Regel von der Qualität der Wettbewerberdaten abhängig. Die Analyse sollte dabei auf primäre und sekundäre Forschungsdaten zurückgreifen. Die Wettbewerbsanalyse basiert in vielen Unternehmen auf Daten, die von den einzelnen Wettbewerbern (öffentlich) zur Verfügung gestellt werden. Die wichtigsten Informationen können durch Sekundärforschung aus folgenden Quellen oder Datenplattformen entnommen werden: Marktstudien, Branchenvergleiche durch Verbände, Jahresabschlüsse, Benchmarks, Bundesanzeiger, Statistisches Bundesamt, Veröffentlichungen, Industrie- und Handelskammern bzw. Handwerkskammern, Gesellschaft für Konsumforschung, Genios, Statista, die Website der einzelnen Wettbewerber usw. Falls Daten fehlen, besteht die Möglichkeit, im Rahmen der Primärforschung Best Ager zu befragen (online/offline), Workshops mit Fokusgruppen durchzuführen und Produkte und Dienstleistungen der Mitbewerber zu testen. Bei der Analyse wird häufig der Schwerpunkt nur auf direkte Mitbewerber gesetzt. Die Analyse sollte durch das Miteinbeziehen von indirekten Mitbewerber und ggf. auch Start-ups differenzierter gestaltet werden.

Oft sind die Webseiten wenig ergiebig, wenn es um genauere Informationen über das Unternehmen oder diverse Tochtergesellschaften wie Strategie, interne Merkmale oder Leistung geht. Darüber ist es nur sehr bedingt möglich, die Stärken und Schwächen der Mitbewerber zu erfahren. Das Benchmarking der finanziellen Leistungsfähigkeit sollte zumindest den Solvabilitätskoeffizienten der Mitbewerber beinhalten.

Wenn die weiteren finanziellen Leistungen fehlen und die Kennzahlen einzelner Mitbewerber nicht vorliegen, können sie mit der gesamten Branche verglichen werden.

Bevor die Mitbewerber eines Unternehmens in Bezug auf die Kundengruppe der Best Ager analysiert werden können, muss zunächst definiert werden, wer als Mitbewerber gilt.. Wenn das eigene Unternehmen Produkte mit Premiummarken anbietet, sind die untersuchten Wettbewerber auch im Premiumsegment angesiedelt. In diesem Fall kann die Wahrnehmung bzw. das Verhalten der Best Ager helfen. Letztendlich bewerten die Kunden ein Produkt oder einen Service nach dessen Austauschbarkeit durch Mitbewerberangebote.[234] Zunächst ist es sinnvoll, drei bis sieben Mitbewerber klar zu definieren und den Absatz der gleich einzuordnenden (Premium-)Marken im gleichen Markt zu betrachten. Um die Mitbewerber sinnvoll mit dem eigenen Unternehmen zu vergleichen, können diese auf eine bestimmte geografische Region je nach Verkaufsgebiet, z. B. Deutschland, Bundesland oder Stadt, eingeschränkt werden.

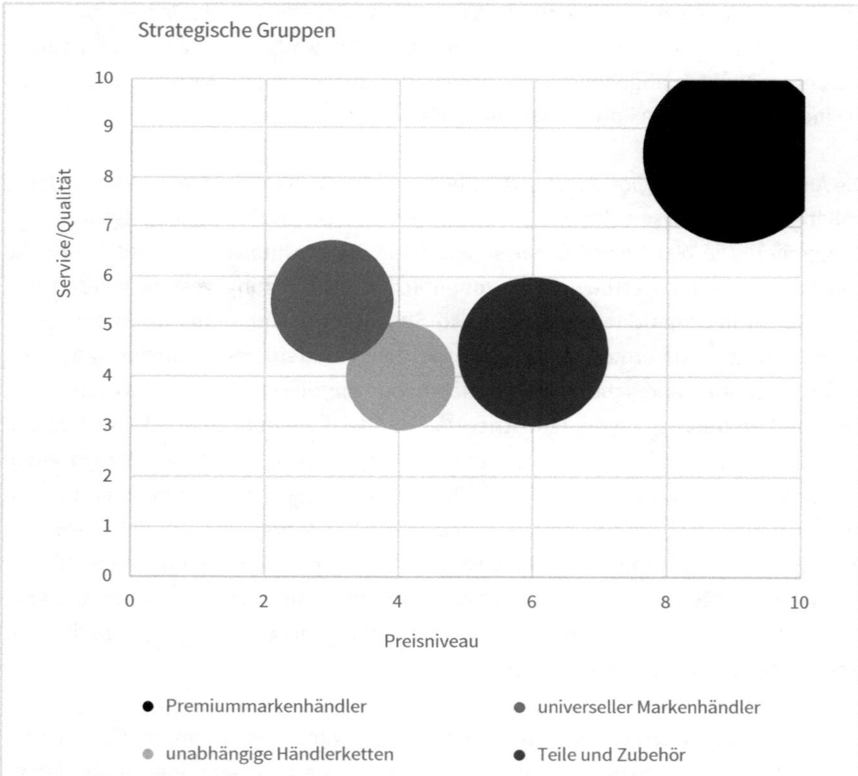

Abb. 44: Matrix der strategischen Gruppen

234 Best, 2004

Im nächsten Schritt können folgende Produkt- bzw. Serviceeigenschaften mit denen des eigenen Angebots für Best Ager verglichen werden: Usability, Qualität, Service, Preis, Design, Unique Selling Proposition (Alleinstellungsmerkmal) usw. Für einen besseren Überblick empfiehlt es sich, die Mitbewerber in Gruppen zu clustern und in eine Matrix der strategischen Gruppen einzuordnen (vgl. Abb. 44), die die Marke, den Service/die Qualität und die Preise vergleicht. Die Abszisse der Matrix stellt die Preisgestaltung, die Ordinate die Produktqualität sowie das Serviceangebot und der Kreisumfang das Markenlevel dar.

Die einzelnen Mitbewerber der jeweiligen strategischen Gruppen werden aufgelistet und mit relevanten Informationen beschrieben: Unternehmensaufstellung, -entwicklung, Produktportfolio, Geschäftsmodell, Markenauftritt, Social Media, Zertifizierungen, Serviceangebote, Kommunikation mit Best Agern usw.

Den Best Agern ist der Service wichtiger als jüngeren Kunden und demnach sollte die Serviceleistung der direkten Mitbewerber der strategischen Gruppen zusätzlich untersucht und bewertet werden. Dazu werden die Serviceleistungen der strategischen Gruppen durch ein Ratingsystem von eins (nicht wichtig) bis fünf (sehr wichtig) bewertet. Diese Daten werden mit den Ergebnissen des eigenen Unternehmens und dessen Serviceleistung in einem Benchmark verglichen. Nach dem Benchmark in der folgenden Tabelle punktet das eigene Angebot genauso hoch wie die Serviceleistung des Mitbewerbers 3. Mitbewerber 1 schneidet relativ bescheiden ab und stellt auf dem Gebiet der Serviceleistungen keine echte Konkurrenz dar. Mitbewerber 2 jedoch ist nur einen Punkt von der eigenen Gesamtnote für die Serviceleistung entfernt und sollte zukünftig ebenfalls im Benchmark mitberücksichtigt werden.

Serviceleistung	**Rating**	**Eigenes Angebot**	**Mitbewerber 1**	**Mitbewerber 2**	**Mitbewerber 3**
Direkter telefonischer Kundenservice	5,0	×		×	
24/7 Erreichbarkeit	2,0		×		×
Längere Garantien als gesetzlich vorgegeben	3,0		×	×	×
Kundenfreundlicher Reklamationsprozess	4,0	×			×
Überdurchschnittlich gute Kundenbewertung	3,5	×		×	×
Gesamtbewertung		**12,5**	**5,0**	**11,5**	**12,5**

Vergleich von zusätzlichen Serviceleistungen

18.1 Finanzielle Performance der direkten Mitbewerber

Die finanzielle Performance der direkten Mitbewerber darf in der Mitbewerberanalyse nicht fehlen und rundet sie ab. Sie gewährt einen kleinen Einblick, wie die Mitbewerber ihre Geschäfte mit Best Agern in der Vergangenheit bewältigt haben. Es bietet sich dabei an, die Solvabilitätskoeffizienten zu vergleichen. Der **Solvabilitätskoeffizient** misst die Fähigkeit eines Unternehmens, seinen langfristigen Verpflichtungen nachzukommen. In diesem Fall wird der Solvabilitätskoeffizient so berechnet: Eigenkapital geteilt durch die Bilanzsumme. Abbildung 45 zeigt die Solvabilitätskoeffizienten verschiedener Biofleischverarbeiter pro Jahr.

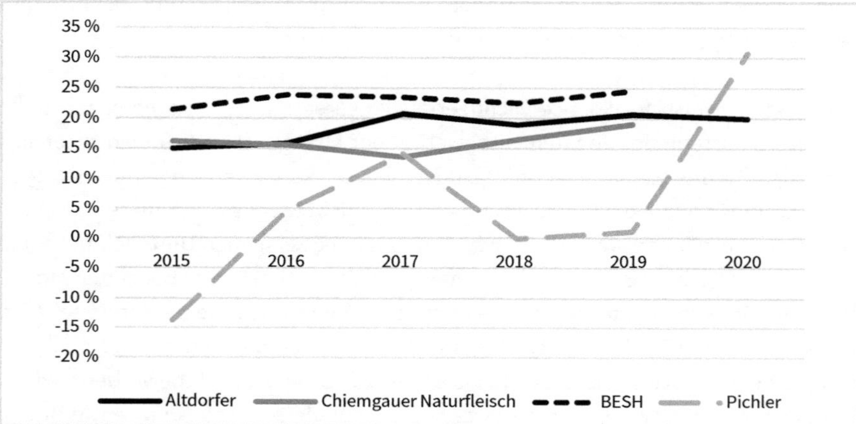

Abb. 45: Der Trend des Solvabilitätskoeffizienten[235]

Die akzeptablen Solvenzquoten variieren von Branche zu Branche, aber als allgemeine Faustregel gilt eine **Solvenzquote** von mehr als 20 Prozent als finanziell gesund. Generell gilt: Je niedriger der Solvabilitätskoeffizient eines Unternehmens ist, desto größer ist die Wahrscheinlichkeit, dass das Unternehmen seinen Verpflichtungen nicht nachkommen kann. Es kann durchaus interessant sein, einen finanziell schwachen Mitbewerber mit einem reizvollen Kundenstamm aus Best Agern zu übernehmen.

Die Berechnung des Solvabilitätskoeffizienten erleichtert den Vergleich des Unternehmens mit seinen Mitbewerbern. Es sollte jedoch generell vermieden werden, Rückschlüsse aus einer einzigen Kennzahl zu ziehen. Die Kennzahl gibt lediglich einen kleinen Hinweis auf die Leistungsfähigkeit und fließt in die Mitbewerberprofilmatrix ein.

235 Vgl. Bundesanzeiger (Bundesministerium der Justiz): https://www.bundesanzeiger.de/pub/de/start?4

18.2 Mitbewerberprofilmatrix

Die **Mitbewerberprofilmatrix** bzw. Competitive Profile Matrix (CPM) ist im Allgemeinen ein Instrument zur Identifizierung der wichtigsten Mitbewerber eines Unternehmens und deren Stärken und Schwächen.[236] Es bietet sich sehr gut an, die Mitbewerberprofilmatrix zu verwenden, um die direkten Mitbewerber in Bezug auf die Kundengruppe der Best Ager zusammenzufassen und zu bewerten. Die Matrix besteht aus **kritischen Erfolgsfaktoren** einschließlich interner und externer Aspekte, die durch ein Gewichtungs- und Bewertungssystem beurteilt werden. Die Ergebnisse der gewichteten Werte können mit den direkten Wettbewerbern eines Unternehmens verglichen werden und wichtige interne strategische Informationen hinsichtlich der Best-Ager-Adressierung liefern. Ein Beispiel ist in der folgenden Tabelle dargestellt. Bevor wir jedoch näher auf die Details der Matrix eingehen, muss gesagt werden, dass die kritischen Erfolgsfaktoren nicht mit Scheuklappen betrachtet werden sollten. Sie müssen vielmehr mit einem ganzheitlichen Blick betrachtet werden, da sie keine spezifischen oder faktischen Daten enthalten und sich sogar auf interne Fragen konzentrieren können.

In dieser beispielhaften Mitbewerberprofilmatrix sind die kritischsten Erfolgsfaktoren die Serviceangebote für Best Ager, gewichtet mit 0,18, direkt gefolgt von der Absatzentwicklung mit Best Agern (0,15), den finanziellen Ressourcen und der Performance des Unternehmens (0,14) sowie dem Best-Ager-Marketing (0,14), dem Markenimage (0,11), der Produktpalette für Best Ager (0,08), der Distribution (0,09) und der Expansionsmöglichkeit (0,11).

Schließlich ist immer zu bedenken, dass die Mitbewerberprofilmatrix kein magisches Instrument ist. Die Zahlen zeigen die relative Stärke der Unternehmen in Bezug auf Best Ager auf, aber sie basieren auf subjektiven Wahrnehmungen und sind daher nie zu 100 Prozent präzise. Tatsächlich besteht der Zweck der Mitbewerberprofilmatrix nicht darin, eine einzige Zahl zu ermitteln, sondern Informationen auf eine verständliche Art und Weise anzuwenden und zu bewerten, um den Prozess der Entscheidungsfindung zu erleichtern.[237]

Erläuterung der CPM

- kritische Erfolgsfaktoren umfassen interne und externe Aspekte
- Gewichtung: gibt den Grad der Bedeutung innerhalb der Branche an
- Bewertung: gibt die Gesamtbewertung eines Unternehmens an: 4 = große Stärke, 3 = kleine Stärke, 2 = kleine Schwäche, 1 = große Schwäche
- durch Multiplikation der Bewertung und der Gewichtung (Bewertung × Gewichtung) und deren Summe ergibt sich die endgültige Punktzahl

236 David, 2005
237 David, 2005

DIGITALE EXTRAS

Strategische Gruppe		Eigenes Unternehmen	Mitbewerber 1	Mitbewerber 2	Mitbewerber 3	Mitbewerber 4
Kritische Erfolgsfaktoren	**Gewicht**	**Bewertung**	**Bewertung**	**Bewertung**	**Bewertung**	**Bewertung**
Absatzentwicklung	0,15	2	2	1	2	1
Marketing	0,14	3	2	2	2	2
Distribution	0,09	3	2	2	2	4
Produktpalette	0,08	3	3	4	3	4
Markenimage	0,11	4	3	4	3	4
Expansionsmöglichkeit	0,11	3	2	2	2	4
Serviceangebot	0,18	4	4	2	4	4
Finanzielle Ressourcen und Performance	0,14	4	1	2	3	3
Gesamt	**1,00**	**3,28**	**2,41**	**2,23**	**2,69**	**3,19**
Rangfolge		**1**	**4**	**5**	**3**	**2**

Mitbewerberprofilmatrix

Die Ergebnisse der CPM zeigen ein Gesamtranking von fünf Unternehmen in den oben genannten acht Bereichen. Die Schlussfolgerung, die aus der CPM-Analyse der direkten Mitbewerber gezogen werden kann, ist, dass das hier dargestellte »eigene Unternehmen« hauptsächlich aufgrund der soliden finanziellen Lage und des zielgerichteten Marketings auf dem ersten Platz landet. Das Unternehmen hat zwar eine kleinere Produktpalette, kann aber genau dadurch ein gezielteres und kosteneffizienteres Marketing ausführen. Dadurch hebt sich das eigene Unternehmen von den vier Mitbewerbern ab.

Ziel: Die Mitbewerber zu bewerten

- Wie unterscheiden sich in Ihrer Branche direkte und indirekte Mitbewerber?
- Wie erfolgreich sind Ihre Mitbewerber beim Aufbau von Werten, Absatz und Loyalität in Bezug auf Best Ager?
- Was sind die kritischen Erfolgsfaktoren der Branche?
- Wie ist die Serviceleistung für Best Ager Ihrer direkten Mitbewerber im Verhältnis zur Serviceleistung Ihres Unternehmens?
- Category Management: Welche anderen Produktkategorien (andere Marken) interagieren mit Ihren und welchen Einfluss haben sie?
- Wie schneidet Ihr Preis im Vergleich zu Wettbewerbspreisen ab?
- Was kann man vom Wettbewerb in Bezug auf Best Ager lernen (Chancen und Risiken)?

19 Wie Sie eine Marketingstrategie für Best Ager erarbeiten

Das grundlegende Ziel einer **Marketingstrategie** ist, die Kundenrentabilität zu erhöhen und damit den Umsatz und das Wachstum des Unternehmens zu steigern und den Wettbewerbsvorteil langfristig zu verbessern. Bevor die Strategien formuliert werden, sollte ein einheitliches Verständnis von Strategien geschaffen werden.

19.1 Die strategische Richtung ausloten

Das Wort »Strategie« kommt ursprünglich aus dem Militärischen und beschreibt die Fähigkeit der Heeresführung, ein bestimmtes Ziel zu erreichen. Erst Mitte des 20. Jahrhunderts wurde der Begriff auch in der Betriebswirtschaft adaptiert. Eine Organisation wird ausgerichtet, um ein bzw. mehrere Ziele zu erreichen. Strategien erfüllen demnach einen bestimmten Zweck mit entsprechenden Mitteln. Porter präsentierte 2006 auf dem World Business Forum, was für ihn eine Strategie darstellt und was nicht.

Was ist eine Strategie?	Was ist keine Strategie?
• ein einzigartiges Wertangebot gegenüber der Konkurrenz • eine andere, maßgeschneiderte Wertschöpfungskette • klare Kompromisse und die Entscheidung, was man nicht tun sollte • Aktivitäten, die zusammenpassen und sich gegenseitig verstärken • Kontinuität der Strategie mit kontinuierlichen Verbesserungen bei der Umsetzung der Strategie	• Verbesserung bewährter Verfahren • Ausführung von Maßnahmen • Bestrebungen • eine Vision • Lernen • Beweglichkeit • Flexibilität • Innovation • Digitalisierung • Verkleinerung • Restrukturierung • Fusionen/Konsolidierung • Allianzen/Partnerschaften • Outsourcing

Was ist eine Strategie? (Porter, 2006)

In der Phase der Strategieformulierung werden die gesammelten Erkenntnisse aus den vorangegangenen Analysen in einem definierten Strategierahmen umgesetzt, um spezifische Strategien für das Unternehmen zu entwickeln. Daraus ergeben sich die empfohlenen Strategien. Wenn das Unternehmen keine empfohlenen Strategien umsetzt, wählt es die sogenannte Nulloption. Anschließend wird ein allgemeiner Überblick über die wichtigsten Stärken und Schwächen sowie die Chancen und Risiken für das Unternehmen gegeben. Danach folgt die Bewertung der externen und internen Faktoren des

Unternehmens. Durch die im Vorfeld durchgeführte Ursachenanalyse (vgl. Kap. 6.1) können die Ursache für die Schwächen eines Unternehmens identifiziert werden. Kombiniert mit den zusätzlichen Informationen aus den Analysen des Marketing Research lässt sich die strategische Richtung ableiten, die das Unternehmen einschlagen sollte, ob aggressiv, konservativ, defensiv oder wettbewerbsfähig (s. auch Kap. 19.2).

Auf der Grundlage der ermittelten strategischen Ausrichtung werden spezifische operative strategische Alternativen beschrieben. Ein Gesamtfazit der genannten Strategien kann durch die Verwendung eines quantitativen Strategie-Entscheidungsmodells gezogen werden, das Schlüsselfaktoren zur Abwägung der verschiedenen Strategien gewichtet, um letztendlich die beste Strategie für das Unternehmen herauszufinden.

Die Analyse des Marketing Research fasst die Unternehmens-, Branchen-, Verbraucher-, Marketingmix- und Wettbewerbsanalyse mithilfe einer Strengths-Weaknesses-Opportunities-Threats(Stärken-Schwächen-Chancen-Risiken)-Matrix, kurz SWOT, zusammen. Die **SWOT-Matrix** ist eine praktische Methode, um die identifizierten Chancen, Risiken, Stärken und Schwächen aus den Ergebnissen der internen und externen Analysen zusammenzufassen. Obwohl nach Macmillan und Tampoe (2000) die SWOT-Analyse am effektivsten ist, wenn lediglich das wichtigste halbe Dutzend Themen für jede Kategorie zusammengefasst wird, hilft es, zunächst alle wichtigen Faktoren einschließlich der Unterpunkte aufzulisten und dann unwichtigere zu streichen.

Chancen und Risiken ergeben sich aus dem externen Wettbewerbsumfeld eines Unternehmens. Dazu gehören die wichtigsten makroökonomischen Faktoren (demografisch-ökonomische, technologische, politisch-rechtliche und sozial-kulturelle) und die wichtigsten Akteure des Mikroumfelds (Kunden, Mitbewerber, Händler, Lieferanten).[238] **Stärken und Schwächen** beziehen sich auf interne Faktoren eines Unternehmens, die in den oben beschriebenen Analysen identifiziert wurden. Darunter fallen Fähigkeiten, Fachwissen oder technologisches Know-how, organisatorische Ressourcen, Markenbekanntheit usw. Schritt für Schritt wird die SWOT-Matrix wie folgt ausgefüllt (siehe dazu auch die folgende Abbildung):

1. Auflisten der wichtigsten externen Chancen des Unternehmens
2. Auflisten der wichtigsten externen Risiken des Unternehmens
3. Auflisten der wichtigsten internen Stärken des Unternehmens
4. Auflisten der wichtigsten internen Schwächen des Unternehmens
5. Bringen Sie die internen Stärken mit den externen Chancen zusammen und tragen Sie die resultierenden SO-Strategien in die entsprechende Zelle ein.
6. Bringen Sie die internen Schwächen mit den externen Chancen zusammen und tragen Sie die resultierenden WO-Strategien in die entsprechende Zelle ein.

238 **Kotler, 2003, S. 102**

7. Bringen Sie die internen Stärken mit den externen Risiken zusammen und tragen Sie die resultierenden ST-Strategien in die entsprechende Zelle ein.
8. Bringen Sie die internen Schwächen mit den externen Risiken zusammen und tragen Sie die resultierenden WT-Strategien in die entsprechende Zelle ein.

DIGITALE EXTRAS

	Strengths S (Stärken) **Auflisten von 10 Stärken**	**Weaknesses W (Schwächen)** **Auflisten von 10 Schwächen**
Opportunities O (Chancen) *Auflisten von 10 Chancen*	**SO-Strategien** Stärken nutzen, um Chancen zu ergreifen	**WO-Strategien** Schwächen überwinden, indem Chancen genutzt werden
Threats T (Risiken) *Auflisten von 10 Risiken*	**ST-Strategien** Stärken nutzen, um Bedrohungen zu vermeiden	**WT-Strategien** Schwächen minimieren und Bedrohungen vermeiden

Die SWOT-Matrix

Es ist nicht immer gleich möglich, eine entsprechende Strategie nur aus der Auflistung der Stärken und Schwächen sowie Risiken und Chancen zu erschließen. Dazu hilft eine Ergänzung der SWOT-Matrix um eine quantitative Bewertung der einzelnen Faktoren.

Die **externe Faktorevaluationsmatrix** (EFE) ermöglicht es, Strategien und Trends in der Branche und im Markt sowie Wettbewerbsinformationen abzuleiten und zu bewerten.[239] Das Hauptziel der Matrix besteht darin zu ermitteln, inwieweit das analysierte Unternehmen auf bestehende Chancen und Risiken in seiner Branche reagiert.

Die folgende Tabelle enthält die Erweiterung der Reaktion eines Unternehmens auf externe Faktoren, verdeutlicht am Beispiel eines Autohandelsunternehmens. Die Faktoren werden aus einer SWOT-Matrix entnommen:

DIGITALE EXTRAS

Externe Schlüsselfaktoren	Gewichtung	Rating	Gewichtete Punktzahl
Beispiele für Opportunities (Chancen)			
Autotrends (Kundenanpassungen, Antriebstechnik, autonomes Fahren, Nachhaltigkeitsaspekte)	0,1055	2	0,2110
Erhöhte Investitionen in Straßeninfrastruktur	0,0931	2	0,1862
Expansionsmöglichkeiten	0,1005	3	0,3015
Regionale Entwicklungen	0,0853	2	0,1706

239 David, 2005, S. 101

Externe Schlüsselfaktoren	Gewichtung	Rating	Gewichtete Punktzahl
Beispiele für Threats (Risiken)			
Hohe Rivalität/Konkurrenz	0,1005	2	0,2010
Steigende Nebenkosten (Kraftstoff/Strom)	0,0865	2	0,1730
Marktsituation (Rezession)	0,1342	2	0,2684
Lieferkettenengpässe	0,1985	3	0,5955
Fachkräftemangel	0,0959	2	0,1918
Gesamtsumme	**1,0000**		**2,299**

EFE-Matrix

Erklärung der EFE-Matrix:

- **Gewichtung:** branchenbasiert; 0,0 = unwichtig, 1,0 = alles wichtig (Gesamtsumme muss 1 sein)
- **Rating:** unternehmensbezogen; 1 = Resonanz ist schlecht, 2 = Resonanz ist durchschnittlich, 3 = Resonanz ist überdurchschnittlich, 4 = Resonanz ist überragend
- **Gewichtete Punktzahl:** Multiplikation von Gewichtung und Rating. Werte unter 2,5 sind in der Regel ein Zeichen dafür, dass Unternehmen nicht gut auf Chancen oder Risiken reagieren, und Werte über 2,5 sind ein Hinweis darauf, dass Unternehmen gut auf Chancen und Risiken reagieren.

In der Autohandelsbranche scheinen Expansionen direkt eine große Chance zu sein, gefolgt von den Branchentrends und den staatlichen Investitionen in Infrastrukturprojekte (Lademöglichkeiten, 5G, Straßenbau). Der wichtigste Faktor auf der Risikoseite sind die schon länger anhaltenden Lieferengpässe, die beginnende Rezession sowie intensive Rivalität innerhalb dieser Branche. Schließlich ergibt sich die gerundete gewichtete Gesamtsumme von 2,3, was bedeutet, dass dieses Unternehmen unterdurchschnittlich in seinen Bemühungen ist, Strategien zu verfolgen, die externe Chancen nutzen und Risiken vermeiden. Das Unternehmen hat diese Chancen und Risiken nicht effektiv genug mit seinen Strategien erfasst.

Eine Gesamtsumme von 4,0 würde indizieren, dass das Unternehmen hervorragend auf Chance und Risiken der jeweiligen Branche eingeht. In anderen Worten: Die Unternehmensstrategien nutzen effektiv die Vorteile der bestehenden Chancen und minimieren die nachteiligen Wirkungen der externen Risiken. Und eine Gesamtsumme von 1,0 würde genau das Gegenteil bedeuten.[240] Es muss erwähnt werden, dass das eigentliche Verständnis der verwendeten Faktoren wichtiger als die verwendeten Gewichte und Bewertungen sind.

240 **David, 2005, S. 103**

Der Aufbau der **internen Faktorevaluationsmatrix** (IFE) als Werkzeug zur Marketingstrategieformulierung hilft bei der Zusammenfassung und Beurteilung der wichtigsten Stärken und Schwächen eines Unternehmens. Außerdem bildet sie die Grundlage für die Identifizierung und Bewertung von Beziehungen zwischen Geschäftsbereichen.[241] Die IFE-Matrix ist ähnlich wie die EFE-Matrix aufgebaut. Die folgende Tabelle veranschaulicht die IFE-Matrix:

DIGITALE EXTRAS

Interne Schlüsselfaktoren	Gewichtung	Rating	Gewichtete Punktzahl
Beispiele für Stärken			
Solide Kundenbasis an Best Agern	0,1293	4	0,5172
Finanzielle Situation	0,1025	4	0,4100
Hohe/r Markenwert/-erkennung	0,0995	4	0,3980
Qualifizierter Mitarbeiterstamm	0,1525	3	0,4575
Beispiele für Schwächen			
Strategisches Denken	0,1571	1	0,1571
Marketingaktivitäten bzgl. Best Ager	0,0994	2	0,1988
Prozessverständnis	0,1198	2	0,2396
Serviceeffizienz	0,1399	2	0,2798
Gesamtsumme	**1,0000**		**2,6580**

IFE-Matrix

Erklärung der IFE-Matrix:

- **Gewichtung:** branchenbasiert; 0,0 = unwichtig, 1,0 = alles wichtig (Gesamtsumme muss 1 sein)
- **Rating:** unternehmensbezogen; 1 = große Schwäche, 2 = kleine Schwäche, 3 = kleine Stärke, 4 = große Stärke
- **Gewichtete Punktzahl:** Multiplikation der Gewichtung und der Bewertung. Bei Werten unter 2,5 überwiegen in der Regel interne Schwächen und bei Werten über 2,5 die internen Stärken.

Die Hauptstärken des Unternehmens sind der solide Kundenstamm an Best Agern, die finanzielle Situation und der Wiedererkennungswert der Marke, wie durch die Bewertung von 4 angegeben. Die Hauptschwäche ist der Mangel an strategischem Denken. Die Summe der gerundeten gewichteten Gesamtpunktzahlen von 2,7 bedeutet, dass das Unternehmen mehr Stärken als Schwächen hat bzw. strategisch gesehen die Stärken die Schwächen überwiegen.

241 **David, 2005, S. 147**

Die Gesamtsumme kann zwischen 1,0 und 4,0 liegen. Eine Gesamtsumme unter 2,5 deutet darauf hin, dass das Unternehmen intern schwach aufgestellt ist. Eine starke innere Position des Unternehmens verdeutlicht eine Gesamtsumme weit über 2,5. Auch hier muss erwähnt werden, dass das gründliche Verständnis von verwendeten Faktoren wichtiger ist als die angewandten Gewichtungen und Ratings.

Die IFE- und die EFE-Matrix sollten jeweils zehn bis zwanzig Schlüsselfaktoren enthalten. Falls eine Schwäche gleichzeitig eine Stärke ist, sollte sie in beiden Feldern auftauchen und die Gewichtung sowie Ratings sollten entsprechend zugeordnet werden.

Um aus den durchgeführten Analysen eine Strategie abzuleiten, schlägt David (2005) einen dreistufigen Entscheidungsfindungsrahmen vor: Der Rahmen fasst die Ergebnisse der verschiedenen verwendeten Instrumente aus dem Marketing Research zusammen und kombiniert sie in den folgenden Matrizen.

1. Stufe:
Die **Inputstufe** des Strategieformulierungsrahmens umfasst die externe und interne Faktorevaluierungsmatrix (EFE und IFE), die Mitbewerberprofilmatrix (CPM), der Customer Lifetime Value (CLV) und das Customer Equity (CE). Alle grundlegenden Eingaben werden in dieser Stufe zusammengefasst.

2. Stufe:
Die **Anpassungsstufe** besteht aus der SWOT-Matrix, der Strategic-Position-and-Action-Evaluation(SPACE)-Matrix (vgl. Kap. 19.2), der BCG-Matrix (vgl. Kap. 17) und der Ursachenanalyse bzw. Root Cause Analysis (RCA) (vgl. Kap. 6.1). In der zweiten Stufe werden realisierbare Strategiealternativen durch die Nutzung externer und interner Faktoren generiert.

3. Stufe:
Die **Entscheidungsstufe** umfasst die Quantitative Strategic Planning Matrix (QSPM) (vgl. Kap. 19.2), die die Informationen aus Stufe 1 verwendet, um die in Stufe 2 klassifizierten machbaren Alternativen zu bewerten. Nach David (2006) veranschaulicht eine QSPM die relative Attraktivität alternativer Strategien und bietet somit eine Grundlage für die Auswahl bestimmter Strategien.

Die Formulierung von Strategien kann in drei verschiedene strategische Ebenen unterteilt werden: die Unternehmens-, die Geschäfts- und die operative Ebene. Peng erklärt die Unterscheidung mit der folgenden Metapher: »Die Strategie auf Unternehmensebene hilft, den Wald zu sehen, während sich die Strategie auf der Geschäftsebene auf die Bäume konzentriert.«[242] Die **operative Strategie** ist eine sehr eng gefasste Strategie und konzentriert sich auf die alltäglichen betrieblichen Aktivitäten. Sie ist für die Umsetzung

242 Peng, 2006, S. 361

der Geschäftsstrategie verantwortlich, die auf einer höheren Ebene angesiedelt ist. Die operative Strategie konzentriert sich beispielsweise auf die Verbesserung des Kundenwerts. Die **Geschäftsstrategie** informiert die operative Ebene und befasst sich mit der Entscheidung, welches Produkt oder welche Dienstleistung angeboten werden soll, wie es bzw. sie erstellt und auf den Markt gebracht wird.[243] Die Geschäftsstrategie wird mithilfe der generischen Strategie von Porter ermittelt, die sich aus Differenzierung, Kostenführerschaft und Fokus zusammensetzt (vgl. Kap. 19.3).[244]

Die höchste Strategieebene ist die **Unternehmensstrategie**, die sich aus der Produkt-Markt-Wachstumsmatrix von Ansoff ergibt, das die Marktentwicklung, die Marktdurchdringung, die Produktentwicklung und die Diversifizierung umfasst.[245] Die Unternehmensstrategie befasst sich mit der Frage, in welchen Geschäftsbereichen ein Unternehmen konkurrieren sollte und wie dies zum Wettbewerbsvorteil des Unternehmens als Ganzes beiträgt. Aufgrund der zunehmend komplexeren Märkte wurde die Ansoff-Matrix[246] später durch McKinsey weiterentwickelt und enthält mittlerweile sowohl »modifizierte Produkte« als auch »neue Zielgruppen« als mögliche strategische Ausrichtungen. Insbesondere die neuen Zielgruppen machen die Matrix interessant für die Strategieentwicklung in Bezug auf Best Ager. Die folgende **Neun-Felder-Matrix** erweitert die Ansoff-Matrix daher um die Strategien Markterweiterung, Produktmodifikation, eingeschränkte Diversifikation und partielle Diversifikation. Die folgende Tabelle veranschaulicht eine detaillierte Aufteilung der Matrix:

	Bestehende Produkte	**Modifizierte Produkte**	**Neue Produkte**
Bestehende Märkte und Zielgruppen	**Marktdurchdringung** Weiter bestehende Produkte an bestehende Kunden verkaufen	**Produktmodifikation** Modifikation bestehender Produkte für bestehende Märkte	**Produktentwicklung** Neue Produkte für bestehende Märkte
Neue Märkte	**Markterweiterung** Verkauf bestehender Produkte in neuen geografischen Märkten	**Eingeschränkte Diversifikation** Vermarktung modifizierter Produkte in neuen geografischen Märkten	**Partielle Diversifikation** Entwicklung neuer Produkte für neue geografische Märkte
Neue Zielgruppen	**Marktentwicklung** Vertrieb bestehender Produkte an neue Kundentypen (Best Ager)	**Partielle Diversifikation** Vermarktung modifizierter Produkte an neue Kundentypen (Best Ager)	**Diversifikation** Entwicklung neuer Produkte zur Vermarktung an neue Kundentypen (Best Ager)

Die Neun-Felder-Matrix

243 Kluyver/Pearce, 2003
244 Porter, 1985
245 Ansoff, 1965
246 Igor Ansoff veröffentlichte seine Matrix 1957 im Harvard Business Review im Artikel »Strategies for Diversification«.

Marktdurchdringung, -entwicklung und Diversifikation wurden im Kapitel zum 7S Framework (vgl. Kap. 14.4) erläutert. Bei der Marktentwicklung sei noch angefügt, dass diese Strategie zuweilen mit einer längeren Durststrecke verbunden ist und es vorkommt, dass Unternehmen zu früh aufgeben. So läuft die Marktentwicklung bei Unternehmen immer wieder an, kann aber nicht in dem gewünschten Maße aufrechterhalten werden und flacht dann ab. Dies liegt zuweilen an einem nicht vorhanden Strategieplan, an ad-hoc-Maßnahmen, Verantwortungsdiffusion oder der Wahrnehmung, dass der Neukunde zu geringe Umsätze generiert.

Alle drei Strategieebenen werden in Abbildung 46 basierend auf dem strategischen Planungs-, Umsetzungs- und Kontrollprozesses von Kotler (2003) zusammengefasst dargestellt. Beispielsweise wird die Marktpenetration durch die Unterstützung der Differenzierungsstrategie umgesetzt, die sich wiederum auf der Implementierung der operativen Aktivitäten zur Erhöhung des Customer Equity fokussiert. Die Strategien werden in einem kybernetischen Regelkreis kontinuierlich verbessert.

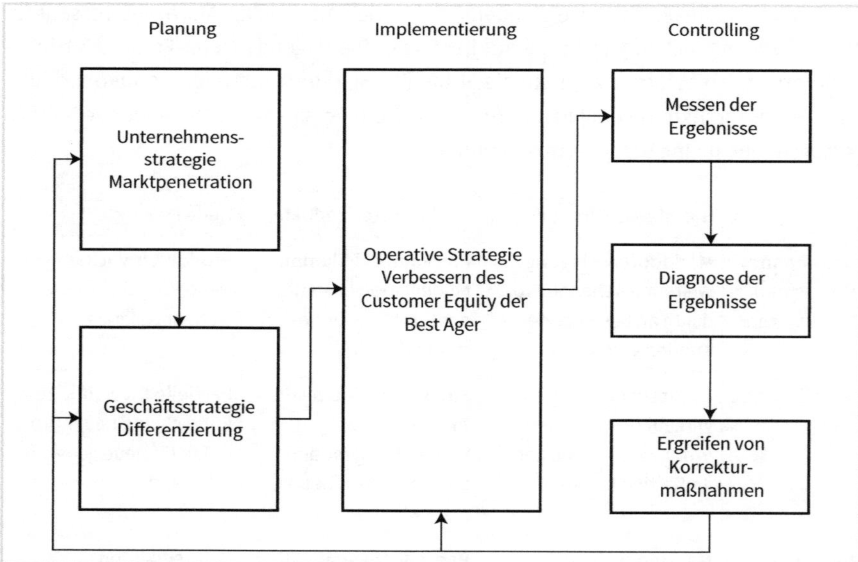

Abb. 46: Strategien in einem kybernetischen Regelkreislauf

19.2 Strategien festigen

Sobald eine Strategie ausgearbeitet wurde, sollten folgende fünf Fragen nach Porter (2006) geprüft und mit »Ja« beantwortet werden können, um zu erfahren, ob es sich um eine gute Strategie handelt:

1. Verfügt Ihr Unternehmen über ein einzigartiges Wertversprechen (UVP, Unique Value Proposition) für Best Ager, das es von Mitbewerbern abhebt?
2. Differenziert sich Ihre Wertschöpfungskette und ist sie maßgeschneidert?
3. Sind Kompromisse und auch die Entscheidung, was nicht zu tun ist, klar?
4. Passen die Aktivitäten zusammen und verstärken sie sich gegenseitig?
5. Besteht eine Kontinuität der Strategie mit kontinuierlicher Verbesserung bei der Umsetzung der Strategie?

Um das **Wertversprechen** des Unternehmens für Best Ager zu definieren, sollte das Marketing die Antworten zu den Fragenbereichen Kund:innen, Bedarf und Preis erarbeiten. Daraus kann sich ergeben, dass ein neuartiges Wertversprechen auch den Kuchen vergrößern bzw. die Branche erweitern kann.

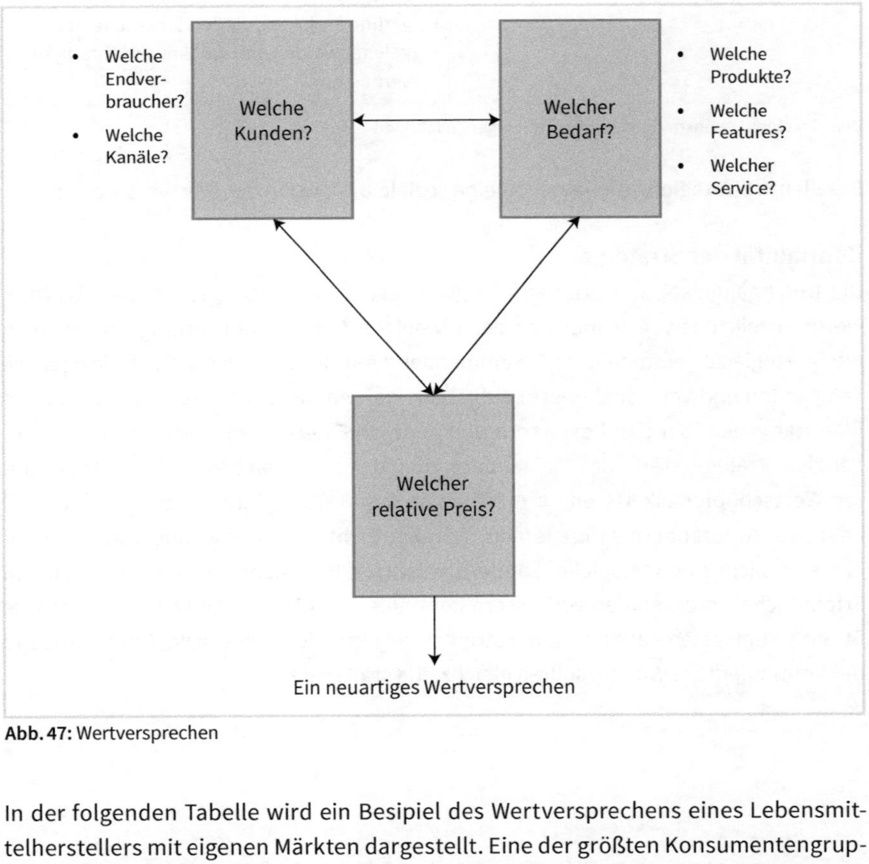

Abb. 47: Wertversprechen

In der folgenden Tabelle wird ein Besipiel des Wertversprechens eines Lebensmittelherstellers mit eigenen Märkten dargestellt. Eine der größten Konsumentengruppen dieses Unternehmens sind Best Ager. Durch die unverwechselbaren Aktivitäten differenziert sich das Unternehmen und schafft im Markt eine strategische Positionierung.

Wertversprechen	Unverwechselbare Aktivitäten
• natürliche, frische, organische und zubereitete Lebensmittel mit exzellentem Service zu erstklassigen Preisen • Best Ager als gebildete, bürgerliche und wohlhabende Kunden, die sich für Lebensmittel als Teil eines gesunden Lebensstils begeistern	• einladende Artikelformate mit ansprechender Verpackung und trendigem Produktangebot • jedes Geschäft führt lokale Produkte und hat die Befugnis, Verträge mit den örtlichen Landwirten abzuschließen • Informationen und Schulungen für Käufer zusammen mit Produkten • High-Touch-Kundendienst im Geschäft durch sachkundiges, hochmotiviertes Personal • eigene Beschaffungs- und Verarbeitungseinrichtungen, um die Qualität und den Preis zu kontrollieren • Bewahren der regionalen Strukturen • »grüne Projekte«, die von Mitarbeitenden geleitet werden, um die Umweltleistung zu verbessern

Beispiel eines Lebensmittelherstellers mit eigenen Märkten

Exzellente Strategien beinhalten oft eine soziale Dimension des Wertversprechens.

Kontinuität der Strategie

Die Durchgängigkeit der Strategie ist grundlegend für einen nachhaltigen Wettbewerbsvorteil. Deswegen muss es der jeweiligen Organisation ermöglicht werden, die Strategie zu verstehen. Im Zusammenhang mit der Strategie sollten einzigartige Fähigkeiten und Vermögenswerte aufgebaut werden. Dies bedeutet auch, eine klare Identität gegenüber den Best Agern und anderen Externen zu schaffen. Eine durchgängige Strategie stärkt das Ineinandergreifen der einzelnen Elemente in der gesamten Wertschöpfungskette und ermöglicht es dem Unternehmen, sich schneller und effektiver zu verändern und zu lernen. Ständige Richtungswechsel oder Neuerfindungen sind nicht nur kostspielig, sondern verwirren Best Ager und Mitarbeiter:innen. Erfolgreiche Unternehmen verbessern kontinuierlich die Art und Weise, wie sie ihre Strategie umsetzen – aber nicht die Strategie an sich. Die strategische Kontinuität und der kontinuierliche Wandel sollten gleichzeitig stattfinden.[247]

247 Porter, 2006

19.3 Unternehmensstrategie

Die Strategie auf Unternehmensebene kann durch die sogenannte **Strategic Position and Action Evaluation Matrix (SPACE-Matrix)** – durch die Bewertung der strategischen Position und der Maßnahmen – ermittelt werden. Die SPACE-Matrix wurde von Rowe et al. (1982) entwickelt und enthält die Bewertung der Stabilität des Umfelds, der Finanzkraft, des Wettbewerbsvorteils und der Branchenstärke. Die Auswertung der Matrix liefert verschiedene strategische Optionen auf Unternehmensebene, die wiederum mit einer quantitativen Bewertung priorisiert werden können.[248]

Die SPACE-Matrix ist eine Methode, um die geeignete Strategie für ein bestimmtes Unternehmen zu ermitteln. Die vier allgemeinen Arten von Strategien, die je einen Quadranten der Matrix bilden, sind »aggressiv«, »konservativ«, »defensiv« oder »wettbewerbsfähig« und beinhalten eine Reihe von weiteren Unterstrategien. Die Anwendung der Methode führt zu einem Vektor auf der Matrix, wobei die Achsen zwei interne Dimensionen – Finanzkraft (FK) und Wettbewerbsvorteil (WV) – sowie zwei externe Dimensionen – Umweltstabilität (US) und Branchenstärke (BS) – abbilden. Nach Rowe et al. (1982) sind diese vier Dimensionen die wichtigsten Determinanten für die strategische Gesamtposition eines Unternehmens.

Die Matrix ermöglicht die kombinierte Bewertung von Finanz- und Marketingfaktoren. Diese Faktoren spiegeln die internen und externen Dimensionen der Matrix wider. Jeder Faktor muss mit einer Bewertung zwischen +1 (schlechteste Situation) und +6 (beste Situation) für die Finanz- und Branchenstärke und zwischen –1 (beste Situation) und –6 (schlechteste Situation) für die Umweltstabilität und den Wettbewerbsvorteil angegeben werden. Nach der Bewertung wird der Durchschnittswert für jede Dimension (FK, WV, US, BS) errechnet. Die Summe aus dem WV-Durchschnitt und dem BS-Durchschnitt ergibt die x-Koordinate und die Summe des US-Durchschnitts und des FK-Durchschnitts die y-Koordinate des Richtungsvektors in der SPACE-Matrix. Der Richtungsvektor muss vom Ursprung durch den Schnittpunkt gezogen werden.

Es muss erwähnt werden, dass die SPACE-Matrix nicht ohne Einschränkungen ist. Erstens erfordert sie immer intuitive Einschätzungen und fundierte Annahmen. Die Bewertungen und Punktzahlen erfordern wertende Entscheidungen, auch wenn sie auf objektiven Informationen beruhen. Eine weitere Einschränkung des Modells ist, dass es nur so gut sein kann wie die vorausgesetzten Informationen und Analysen, auf die

248 David, 1986; Gib/Margulies, 1991

es sich stützt. Die SPACE Matrix muss auf das jeweilige Unternehmen zugeschnitten werden.

Abbildung 48 zeigt die grafische Darstellung des Ergebnisses der SPACE-Matrix. Die Punkte wurden auf zwei Achsen aufgetragen und ergeben den Richtungsvektor, der die strategische Ausrichtung des Unternehmens veranschaulicht. In dieser beispielhaften Ergebnisdarstellung ist ein Unternehmen aus der Lebensmittelbranche (links) und aus der Autohandelsbranche (rechts) abgebildet. Der Richtungsvektor des Lebensmittelhersteller befindet sich im konkurrierenden Quadranten und deutet auf ein Unternehmen mit starken Wettbewerbsvorteilen in einem umkämpften Markt hin. Die SPACE-Matrix legt dem Unternehmen eine konkurrierende Strategie nahe. Zu dem Bereich der Wettbewerbsstrategie zählen: Marktdurchdringung, Marktentwicklung, Produktentwicklung, Integration und Joint Venture.

Das Autohaus verfügt über drei finanziell stark aufgestellte Standorte und einen finanziell schwachen Standort. Die Richtungsvektoren der Standorte A und C des Autohauses liegen im konservativen Quadranten und beschreiben ein Unternehmen, das seine Stärke in einer stabilen Branche erreicht hat, die kaum wächst und keine großen Wettbewerbsvorteile vorzuweisen hat. Unternehmen in diesem Quadranten sollten folgende Strategien verfolgen: Marktdurchdringung, Marktentwicklung, Produktentwicklung oder konzentrische Diversifizierung.

Die Position des Richtungsvektors des Standortes B ist ebenfalls im konservativen Quadranten und zeigt ein Unternehmen, das sich in einer technologisch stabilen, aber umsatzmäßig rückläufigen Branche befindet. Standort B ist im gleichen Quadranten und könnte die gleichen Strategien anwenden, die für die Standorte A und C genannt wurden.

Im Gegensatz dazu ist der Richtungsvektor des Standortes D des Autohauses im defensiven Quadranten. Dies deutet auf ein finanziell angeschlagenes Unternehmen in einer instabilen Branche hin. Die defensiven Strategien könnten Abbau, Veräußerungen, Liquidation und konzentrische Diversifizierung sein.

Die Ergebnisse der anderen Analysen – wie die BCG-Matrix, die Produktportfolioanalyse oder die Marketingmix-Analyse – sollten eine ähnliche Strategieausrichtung nahelegen wie die aus der SPACE-Matrix. Jedoch passen in der Regel nicht alle ermittelten Strategien zu einem Unternehmen. Die angemessenste Strategie wird evaluiert und weiter verfolgt.

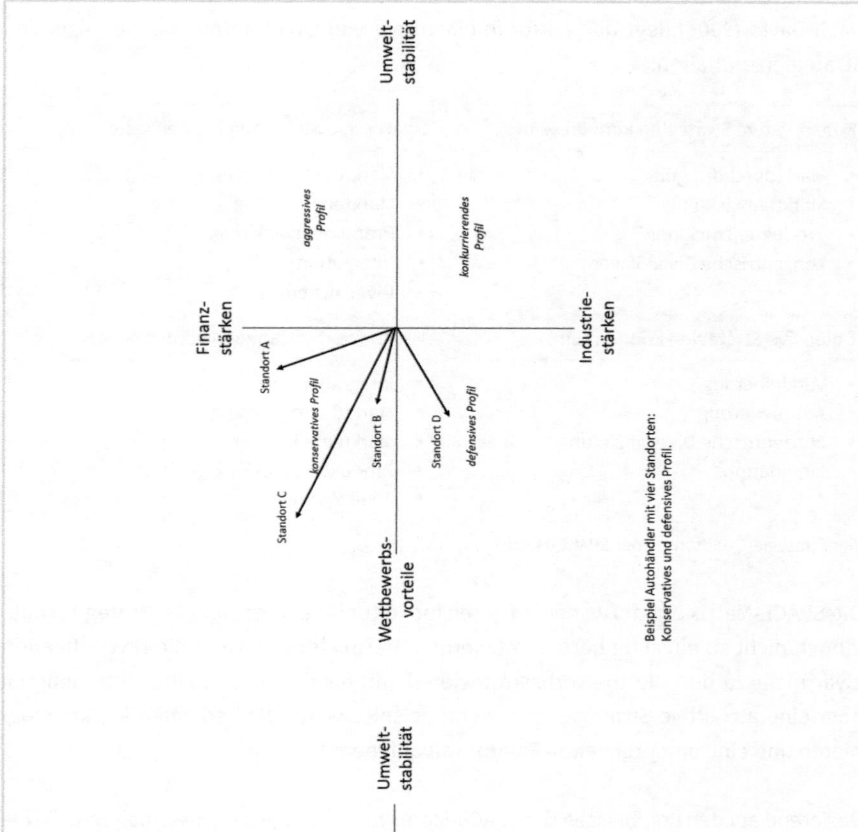

Abb. 48: Einordnung der Unternehmensprofile aus unterschiedlichen Branchen

Nach David (2006) liegt der Vektor in einem der vier Quadranten, die die folgenden Strategien enthalten:

Konservative Strategien können sein:	**Aggressive Strategien können sein:**
• Marktdurchdringung • Marktentwicklung • Produktentwicklung • konzentrische Diversifizierung	• Marktdurchdringung • Marktentwicklung • Produktentwicklung • Integration • Diversifizierung
Defensive Strategien können sein:	**Wettbewerbsstrategien können sein:**
• Verkleinerung • Ausgliederung • konzentrische Diversifizierung • Liquidation	• Integration • Marktdurchdringung • Marktentwicklung • Produktentwicklung • Joint Ventures

Vier Strategie-Quadranten der SPACE-Matrix

Die SPACE-Matrix ergibt zwar einen guten Indikator für eine geeignete Strategie, sollte jedoch nicht zu einseitig betrachtet werden. Beispielsweise zählt die Diversifikation zwar nicht zu den Wettbewerbsstrategien, kann für das dargestellte Unternehmen aber eine attraktive Strategie sein, wenn beispielsweise die bedienten Märkte stagnieren und eine entsprechende Finanzkraft aufgebaut wird.

Basierend auf den Ergebnissen der SPACE-Matrix und vorangegangener Analysen, die die Unternehmensstrategie bestimmen, lassen sich folgende Strategieoptionen ableiten:

Marktdurchdringung

Die Marktdurchdringung versucht durch größere Marketingbemühungen größere Marktanteile für aktuelle Produkte in heutigen Märkten zu gewinnen.

- **Vorteile**
  - Die Strategie lässt sich relativ schnell umsetzen, da bestimmte Produkte bereits bekannt sind und lediglich der Vertrieb neu ausgerichtet werden muss.
  - Ein fester Kundenstamm macht die Strategie attraktiver.
- **Nachteile**
  - Im Markt besteht bereits ein hoher Wettbewerb/Rivalität.
  - Der leichte Markteintritt, ansteigende Rohstoffpreise sowie ein gesättigter Markt machen die Durchdringung schwierig.
- **Ausblicke/Chancen**

  Der Wettbewerbsvorteil kann durch Alleinstellungsmerkmale ausgebaut werden. Das Unternehmen muss diese durch Verkaufs- und Werbemaßnahmen an ihre Kundensegmente kommunizieren und seine Kundenbeziehungen zu Best Agern verbessern.

- **Risiko/Investment**
  Der Markt könnte schon gesättigt sein bzw. die Rezession könnte entgegenwirken. Investitionen müssen im Vertrieb und Marketing erfolgen, Kunden- und Marktanalysen sowie CRM-Systematik eingeführt werden.

Marktentwicklung

Aktuelle Produkte werden in neue (geografische) Gebiete eingeführt.

- **Vorteile**
  Durch die Vorstellung der Produkte in neuen Regionen/Ländern könnten die jeweiligen Produktlebenszyklen neu gestartet werden und es wäre möglich, die gleichen Vorteile, die im aktuellen Markt in den vergangenen Jahren erzielt wurden, zu erreichen. Zudem könnte der Wettbewerb durch die Expansion in neue Regionen reduziert werden.
- **Nachteile**
  Hier ist es ähnlich wie bei der Marktdurchdringung. Hinzu kommen fehlende Erfahrungen und Netzwerke in den neuen (geografischen) Märkten.
- **Ausblicke/Chancen**
  Obwohl die Wachstumsrate in einigen Produktbereichen stabil ist, entwickelt sie sich nur langsam. Wenn es kein Potenzial mehr für die Marktdurchdringung gibt, muss das Unternehmen seinen Markt zum richtigen Zeitpunkt am richtigen Markt entwickeln.
- **Risiko/Investment**
  Das Aufbauen eines neuen Netzwerks braucht Zeit und ist mit Risiken verbunden.

Diversifikation (konzentrisch)

Konzentrische Diversifikation tritt auf, wenn ein Unternehmen verwandte Produkte/ Dienstleistungen oder Märkte ergänzt. Es nutzt Synergien von bestehenden Produkten, die Neukunden-Gruppen ansprechen könnten.

- **Vorteile**
  Für das Unternehmen ist es keine »völlig neue Welt«. Durch die Synergienutzung können neue Kundengruppen akquiriert werden. Es ist eine effektive Strategie, wenn die Branche nicht oder nur langsam wächst und das Unternehmen ein starkes Management hat. Es kann Vorteile aus den kundenspezifischen Anpassungen und der Steigerung des Informationsaustauschs gewinnen.
- **Nachteile**
  Produkte müssen angepasst oder neue Produkte entwickelt werden, die für die Verbraucher attraktiv und profitabel sind. Die Entwicklung und Positionierung der Produkte ist zunächst mit neuen Investitionen verbunden. .
- **Ausblicke/Chancen**
  Die Hersteller unterscheiden sich kaum. Dadurch ist es durchaus interessant, wenn das Unternehmen es schafft, attraktive Produkte mit dem richtigen Marke-

tingmix zu vermarkten. Es kann dabei auf bestehende Ressourcen und Kompetenzen zurückgreifen und relativ schnell neue Verkäufe generieren.

- **Risiko/Investment**
  Es kann passieren, dass die neuen Produkte von den Best Agern nicht angenommen werden. Kurz nach Einführung der neuen Produkte besteht auch die Möglichkeit, dass sie durch Ersatzprodukte abgelöst werden.

(Vertikale) Integration (Vorwärtsintegration)

Grundsätzlich ist damit eine Organisationsform gemeint, die das Ziel verfolgt, die Wertschöpfungs- und Lieferketten des Unternehmens bestmöglich zu gestalten. Das Unternehmen kann die vor- oder nachgelagerten Produktionsstufen (Verarbeitungs- und/oder Handelsstufen) in einen einheitlichen Produktionsprozess zusammenführen.

- **Vorteile**
  Das Unternehmen kann Synergien innerhalb der Produktionsprozessstufen nutzen und die Effizienz steigern: Ziele wie Qualitätskontrollen, schnellere Produktmodifikationen, Kapazitätsauslastung, Vermeidung von Leerlauf und Stillstand lassen sich einfacher umsetzen. Die Vorprodukte können optimal auf die Endprodukte abgestimmt werden.
- **Nachteile**
  Aufgrund fehlender Erfahrung könnten interne Kosten für Kontrollen und Koordination entstehen. Die wachsende Unternehmensgröße verursacht steigende Kosten für Organisation und Verwaltung.
- **Ausblicke/Chancen**
  Bestehende Fähigkeiten und Ressourcen können auf neue Produkte, Dienstleistungen oder Märkte übertragen werden.
- **Risiko/Investment**
  Interne Kontroll- und Koordinationskosten sollten kleiner sein als externe Kontroll- und Koordinationskosten. Jedoch wird dafür zusätzliches Personal benötigt.

Nach der Festlegung der strategischen Optionen für das Unternehmen, kann eine quantitative Bewertung vorgenommen werden. Mithilfe der **Quantitative Strategic Planning Matrix (QSPM)** kann eine nach Prioritäten geordnete Liste von Strategien erstellt werden.[249] Sie bewertet, welche alternativen Strategien die besten sind, und zwar auf der Grundlage zuvor ermittelter externer und internen kritischen Faktoren und unter Berücksichtigung eines guten intuitiven Urteils. Die Bewertungstechnik der QSPM ist in der folgenden Tabelle dargestellt. Die linke Spalte der QSPM besteht aus den internen und externen Schlüsselfaktoren aus der EFE und IFE. Die jeweiligen Gewichte stammen ebenfalls aus der EFE/IFE. Die oberste Zeile zeigt die realisierbaren alternativen Strategien für das Unternehmen basierend auf den Ergebnissen der

249 Vgl. David, 1986; Gib/Margulies, 1991

SPACE- und der BCG-Matrix. Zusätzlich sollte berücksichtigt werden, dass nicht immer alle Alternativen in Betracht gezogen werden können, wenn sie nicht zur Philosophie des Unternehmens passen. Außerdem werden lediglich die Strategien innerhalb eines bestimmten Sets relativ zueinander bewertet.

Beim Beispiel des oben dargestellten Autohandelsunternehmens (vgl. Kap. 18) liegt das Ergebnis in der SPACE-Matrix im Quadranten für konservative Strategien. Drei alternative Strategien – Marktdurchdringung, Marktentwicklung und konzentrische Diversifizierung – werden deswegen in Betracht gezogen. Die gerundete Summe der Gesamtattraktivität von 5,98 zeigt, dass Marktdurchdringung eine attraktivere Strategie ist als die anderen. Da aber das Ergebnis der QSPM zeigt, dass die konzentrische Diversifizierung als zweitattraktivste Strategie bewertet wird, sollte sie ebenfalls berücksichtigt werden. Die konzentrische Diversifizierung bietet besondere Möglichkeiten zur Nutzung von Synergieeffekten. Daher sollten die Marktdurchdringung und die konzentrische Diversifizierung näher erläutert werden.

DIGITALE EXTRAS

Strategiealternativen		**Marktpenetration**	**Marktentwicklung**	**Konzentrische Diversifikation**
Schlüsselfaktoren	**Gewichtung**	**AS**	**AS**	**AS**
Chancen (extern)				
Autotrends (Kundenanpassungen, Antriebstechnik, autonomes Fahren, Nachhaltigkeitsaspekte)	0,1055	2	3	4
Erhöhte Investitionen in Straßeninfrastruktur	0,0931	3	1	3
Expansionsmöglichkeiten	0,1005	3	4	3
Regionale Entwicklungen	0,0853	4	2	2
Risiken (extern)				
Hohe Rivalität/Konkurrenz	0,1005	1	2	2
Steigende Nebenkosten (Kraftstoff/Strom)	0,0865	1	1	3
Marktsituation (Rezession)	0,1342	2	1	1
Lieferkettenengpässe	0,1985	2	2	3
Fachkräftemangel	0,0959	1	1	2
Gesamtsumme	**1,0000**			

Strategiealternativen		**Marktpenetration**	**Marktentwicklung**	**Konzentrische Diversifikation**
Schlüsselfaktoren	**Gewichtung**	**AS**	**AS**	**AS**
Stärken (intern)				
Solide Kundenbasis an Best Agern	0,1293	4	3	2
Finanzielle Situation	0,1025	3	3	4
Hohe/r Markenwert/-erkennung	0,0995	4	3	2
Qualifizierter Mitarbeiterstamm	0,1525	4	3	2
Schwächen (intern)				
Strategisches Denken	0,1571	4	4	4
Marketingaktivitäten bzgl. Best Ager	0,0994	4	4	4
Prozessverständnis	0,1198	4	3	2
Serviceeffizienz	0,1399	4	3	3
Gesamtsumme	**1,0000**			
Total Attractiveness Score		**5,98**	**5,15**	**5,41**

QSPM

Erklärung der QSPM

Die aus der IFE- und EFE-Matrix abgeleiteten externen und internen Schlüsselfaktoren wurden jeweils mit einem Gewicht versehen, um ihre relative Bedeutung herauszustellen. Für jede Strategie wurde ein Attractiveness Score (AS) bzw. Attraktivitätswert ermittelt, der multipliziert mit dem Gewicht des spezifischen Ziels zu einem Total Attractiveness Score (TAS) bzw. Gesamtattraktivitätswert führt. Die AS-Werte sind wie folgt zu interpretieren: 1 = nicht attraktiv, 2 = einigermaßen attraktiv, 3 = angemessen attraktiv und 4= sehr attraktiv. Ein Gedankenstrich (–) würde erscheinen, wenn der Faktor keinen Einfluss auf die getroffene Wahl hat. Die Gesamtpunktzahl für jede Strategie findet sich in der untersten Zeile, bei der Summe der Attraktivitätswerte.

Marktdurchdringung

Die vorgeschlagene Marktdurchdringungsstrategie ist eine Wachstumsstrategie, die auf dem Produkt-Markt-Wachstumsmodell von Ansoff beruht. Es geht darum zu überlegen, wie das Unternehmen mit seinen aktuellen Produkten und Dienstleistungen mehr Marktanteile bei Best Agern gewinnen kann. Einen größeren Marktanteil kann das Unternehmen durch das Gewinnen von Best Agern von anderen Premiummarken oder sogar Volumenmarken erreichen. Ein anderer Weg ist die Gewinnung von Nichtnutzern, z. B. durch vordefinierte Kontaktpunkte. Dies könnte jedoch schwierig sein, da die Zielgruppe hauptsächlich bereits ein oder zwei Autos nutzt und die Nichtnutzer möglicherweise nicht unbedingt mit einem Auto einer Premiummarke einsteigen. Bestehende Kunden davon zu überzeugen, häufiger Dienstleistungen zu nutzen oder in Anspruch zu nehmen, ist eine weitere Möglichkeit. Die Verkürzung der Serviceintervalle und die allgemeine Erhöhung der Kontaktzahlen könnten den Absatz verbessern.

Darüber hinaus kann die Marktdurchdringung durch die Einstellung von Verkäufern und die Erhöhung der Ausgaben für Werbung und Verkaufsförderung an die Zielgruppe erfolgen. Das Unternehmen muss strategisch entscheiden, ob die Marketingziele durch die bestehenden Tochtergesellschaften erreicht werden können. Wenn der Umsatz pro Tochtergesellschaft auf dem derzeitigen Markt nicht maximiert werden kann, bestünde eine Möglichkeit, den Umsatz zu steigern, darin, neue Filialen in bestehenden Märkten aufzubauen. Das Unternehmen sollte erst dann in neue Märkte expandieren, wenn die bestehenden Märkte vollständig durchdrungen sind. Außerdem ist es nicht empfehlenswert, gleichzeitig mehrere Strategien zu verfolgen, da dies recht riskant sein kann und die Konzentration verloren geht. Das hier dargestellte Unternehmen verfügt über ein ausreichendes Durchdringungspotenzial, um den Umsatz zu maximieren, wenn Marketing und Medien voll ausgeschöpft werden.

Konzentrische Diversifikation

Durch eine konzentrische Diversifizierung kann das Unternehmen eine strategische »Passung« erreichen, die es ermöglicht, Synergieeffekte zu erzielen.[250] Im Prinzip ermöglicht eine Synergie, dass zwei oder mehr Teile eines Unternehmens zusammen eine größere Gesamtwirkung erzielen können als durch ihre unabhängigen Aktivitäten.[251]

Synergien können innerhalb des Finanz-, Marketing-, Betriebs- oder Verwaltungsbereichs erreicht werden. Unternehmen mit hoher Verschuldung suchen nach Möglichkeiten, ihre Kapitalstruktur auszugleichen, z. B. durch den Erwerb von schuldenfreien Niederlassungen oder Partnern. Eine angespannte finanzielle Situation legt nahe, finanzielle Synergieeffekte anzustreben. Marketingaktivitäten wie nationale Werbung und Vertrieb könnten durch Synergien mit Lieferanten oder anderen Händlern gestartet werden. Es könnten Marketingaktivitäten mit Organisationen vorangetrieben werden. Betriebseinheiten könnten zusammengelegt werden, um die Synergien insgesamt zu verbessern. Schließlich kann die Synergie von Managementerfahrung und Fachwissen genutzt werden, um Wachstum zu erzielen.

250 Mintzberg et al., 2005a, S. 103
251 Peng, 2006

Porter (1998) hat vier Konzepte für Unternehmensstrategien im Rahmen der Diversifizierung identifiziert: Portfoliomanagement, Umstrukturierung, Transfer von Fähigkeiten und gemeinsame Nutzung von Aktivitäten zur Erzielung von Wettbewerbsvorteilen. Nach Porter sollte eine Diversifizierungsstrategie die gemeinsame Nutzung von Marketingaktivitäten ermöglichen. Außerdem kann das Unternehmen durch den Transfer von Fähigkeiten einen Wettbewerbsvorteil erzielen. Es ist zu überlegen, inwiefern man mit neuen, aber verwandten Dienstleistungen (oder Produkten) wachsen kann, indem dabei die Synergien der bestehenden genutzt werden. Mit dieser Strategie können sogar neue Kundengruppen angesprochen werden. Durch die Bindung bestehender Kunden können neue Kundengruppen gewonnen werden.

Die konzentrische Diversifizierung kann eine wirksame Strategie sein, wenn die Branche nicht oder langsam wächst, was auch von Mühlbacher et al. bekräftigt wird: »Diversification may be an attractive strategy when served markets stagnate.«[252]

Nach Muto (2001) ist eine konzentrische Diversifizierung gerechtfertigt, wenn

- die Aufnahme neuer, aber verwandter Produkte den Absatz der gegenwärtigen Produkte erheblich verbessern würden;
- die neuen, aber verwandten Produkte zu sehr wettbewerbsfähigen Preisen angeboten werden können;
- sich die Produkte eines Unternehmens derzeit in der abnehmenden Phase des Produktlebenszyklus befinden;
- ein Unternehmen über ein starkes Managementteam verfügt.

19.4 Geschäftsstrategie

Die Formulierung der Strategien auf Geschäftsebene erfolgt nach demselben Ansatz wie bei der Strategie auf Unternehmensebene. Um die verschiedenen Optionen auf der Ebene der Geschäftsstrategie zu verstehen, kann beispielsweise das **generische Strategiemodell** von Porter angewandt werden. Das Konzept der generischen Strategien stellt die alternativen strategischen Positionen in einer Branche dar.[253] Die drei verschiedenen Strategien, bestehend aus Kostenführerschaft, Differenzierung und Fokussierung sollen Unternehmen zu Wettbewerbsvorteilen führen. Sie werden als »generisch« bezeichnet, weil sie alle auf jedes Unternehmen und jede Branche anwendbar sind. Folglich hängt die relative Attraktivität der verschiedenen generischen Strategien mit der Wahl des Wettbewerbsbereichs zusammen.

252 Mühlbacher et al. 1999, S. 370
253 Porter, 1985

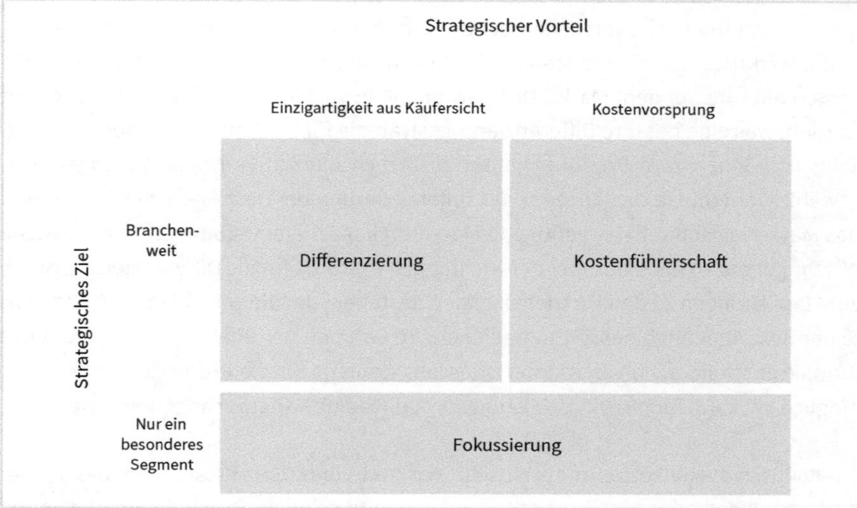

Abb. 49: Porters generische Strategien

Die allgemeine **Kostenführerschaft** betont die Produktion von standardisierten Produkten zu sehr niedrigen Stückkosten für preissensible Konsumenten.[254] Diese Strategie ist für Anbieter von Premiumprodukten weniger attraktiv. Insbesondere bei Produkten im Premiummarkensegment spielen die Preise eine geringere Rolle und Best Ager sind weniger empfänglich für niedrige Preise. Anders verhält es sich bei Massenprodukten. Best Ager sind dabei preissensibler. Im Allgemeinen legen Best Ager großen Wert auf die Einheitlichkeit der Premiumprodukte, aber weniger auf den Preis. Daher sind Best Ager bereit, den Preis für ein besseres Produkt zu zahlen. Hohe Qualitätsstandards und Authentizität der gesamten Lieferkette verwehren einen Zugang zu kostengünstigen Vertriebskanälen innerhalb eines Unternehmens. Neue zukünftige Produktionsmethoden (Losgröße 1) und die Fortentwicklung digitaler Prozesse könnten wahrscheinlich zu mehr Servicequalität führen. Darüber hinaus kann die Einführung neuer Technologien, z. B. durch Augmented Reality, Service-Bots und Prescriptive Maintenance, die anfangs kostspielig sind, zu effizienteren Prozessen und einer Reduzierung der Warte- und Arbeitszeit führen. Personalkosten im Vertrieb sind möglicherweise kein Treiber für den Kostenpreis, aber im Kundendienst sind die Personalkosten ein wichtiger Teil für den Wertschöpfungsprozess. Anbieter von Premiummarken sollten nicht den Weg der Kostenführerschaft einschlagen.

Differenzierung »konzentriert sich auf die Erzielung einer überlegenen Leistung in einem wichtigen Nutzenbereich, der von einem großen Teil des Marktes geschätzt

254 David, 2005

wird«.[255] Unternehmen versuchen bei der Differenzierungsstrategie, eine starke führende Marktposition zu erlangen, und in vielen Fällen sind sie bereits einer der wichtigsten Akteure auf dem Markt. Der Markt kann in verschiedene Segmente unterteilt werden, was eine bessere Differenzierungsstrategie für bestimmte Segmente ermöglicht. Es können zum Produktangebot zusätzlich innovative Dienstleistungen ausgewählt werden, die das Konzept der Differenzierung bei Best Agern weiter stärken. Das Marketing sollte dafür genügend Marketingkapazitäten haben, um verschiedene Wertangebote zu fördern. Einer der wichtigsten Faktoren für die Differenzierung ist, ob gute Beziehungen zu den Vertriebskanälen bestehen, um die verschiedenen Segmente der Best Ager angemessen zu bedienen. Im Rahmen der Differenzierung muss das Produktportfolio auch Variationen zulassen. Wenn es für die Produkte nur begrenzt möglich ist, kann für die Dienstleistungsprodukte eine Variation angeboten werden.

Die Fokusstrategie konzentriert sich auf Produkte und Dienstleistungen, die die Bedürfnisse eines oder mehrerer engeren Segmente erfüllen. Durch die **Fokussierung** auf eines der kleinen Zielsegmente wird Kostenführerschaft oder Differenzierung angestrebt.[256] Fokussierungsstrategien können eingesetzt werden, wenn sich das Produkt oder das Personal deutlich von der Konkurrenz unterscheidet.

Folgender eigens entwickelter Fragebogen – basierend auf den Definitionen der generischen Strategien von David (2005), Kluyver und Pearce (2003), Kotler (2003), Mandour (2010) und natürlich Porter (1985) – hilft dabei, das jeweilige Gewicht der einzelnen Strategien zu visualisieren. Die Kundenumfrage am Beispiel von Autohauskunden ist wie folgt aufgebaut:

1. Wechselmöglichkeiten

1. Wo haben Sie es gekauft?
2. Wo haben Sie Ihren vorangegangenen Kauf getätigt?
3. Seit wann sind Sie bei dem oben gewählten Händler?

2. Umfang und Häufigkeit des Kaufs

1. Wie viel geben Sie beim (Auto-)Kauf normalerweise aus (Euro)?
2. Wie oft kaufen Sie im Durchschnitt ein neues Auto?

3. Wertbestimmende Faktoren (Value-Equity-Treiber)

1. Wie beurteilen Sie die Gesamtqualität der folgenden Autohändler?
2. Wie beurteilen Sie die Wettbewerbsfähigkeit der Preise jedes dieser Autohändler?
3. Befinden sich die Autohäuser in einer günstigen geografischen Lage?

255 Kotler, 2003, S. 106
256 Vgl. Kotler, 2003; David, 2005

4. Ist es einfach, einen Termin bei den Autohändlern zu bekommen?
5. Bitte bewerten Sie die regulären Preise, die von jedem dieser Händler im Vergleich zu anderen Autohändlern verlangt werden.
   (viel weniger als andere bis viel höher als andere)
6. Bitte bewerten Sie die Preisnachlässe, die von jedem dieser Autohändler angeboten werden.
   (sehr hohe bis gar keine)

4. Brand Equity

1. Meine Einstellung gegenüber dem Händler ist äußerst positiv.
2. Ich beobachte und beachte oft die Werbeaktionen der Händler.
3. Ich beobachte und beachte oft die Informationen, die die Händler schicken.
4. Die Händler sind sozial engagiert.
5. Die Händler sind aktive Sponsoren von Gemeinschaftsveranstaltungen.
6. Die Händler haben hohe ethische Standards in Bezug auf ihre Kunden und Mitarbeiter.
7. Das Image der Händler passt gut zu meiner Persönlichkeit.

5. Equity Drivers (nur für den in Frage 3 ausgewählten aktuellen Autohändler)

1. Ich nehme weitere Finanzdienstleistungen des Händlers in Anspruch.
2. Ich bin dem Händler gegenüber loyal.
3. Ich kenne die Verfahren des Händlers gut.
4. Der Händler weiß sehr viel über mich.
5. Der Händler erkennt, dass ich etwas Besonderes bin.
6. Ich fühle mich mit anderen Kunden dieses Händlers verbunden.
7. Wie beurteilen Sie die persönliche Betreuung, die Sie erhalten?

6. Intrinsische Händlerqualität

1. Wie beurteilen Sie die Qualität der Einhaltung von Vereinbarungen?
2. Wie beurteilen Sie die Qualität der Wartung?
3. Wie beurteilen Sie die Qualität der Reparaturen?
4. Wie beurteilen Sie die Qualität der Erklärungen bei Reparaturen?
5. Wie beurteilen Sie die Qualität der Erklärungen bei der Wartung?
6. Wie beurteilen Sie die Qualität der Kommunikation?
7. Wie beurteilen Sie die Geschwindigkeit, mit der Sie bedient werden?

7. Extrinsische Händlerqualität

1. Wie beurteilen Sie die Qualität der Gestaltung der Werkstatt?
2. Wie beurteilen Sie die Atmosphäre in der Werkstatt?
3. Wie beurteilen Sie die Gestaltung des Ausstellungsraums?
4. Wie beurteilen Sie die Ausstrahlung des Ausstellungsraumes?

8. Zahlungsbereitschaft der Händler

1. Die Reparaturen beim Händler sind kostspielig.
2. Der Händler hat mir einen guten Inzahlungnahmewert für mein altes Auto gegeben.
3. Der Händler ist mir mein Geld wert.
4. Das Preis-Leistungs-Verhältnis bei diesem Händler ist gut.
5. Ich glaube, ich habe beim Händler zu viel für meine Marke bezahlt.
6. Wie empfinden Sie die Wartungskosten beim Händler?

9. Vertrauen in den Händler

1. Ich vertraue dem Händler.
2. Ich verlasse mich auf den Händler.

10. Händlerwechselkosten

1. Es ist schwierig für mich, zwischen Händlern zu wechseln.
2. Es ist mühsam für mich, zwischen Händlern zu wechseln.

DIGITALE EXTRAS

Hinweis

Dieser Fragebogen inklusive Werteskala steht Ihnen als digitales Extra zum Download zur Verfügung.

Fragebogen kann auch online mit Werteskala zur Verfügung gestellt werden.

Die Ergebnisse des Fragebogens wurden nach Best Agern ausgewertet. Aus Abbildung 50 geht hervor, dass die attraktivste Strategie eine Differenzierungsstrategie ist. An zweiter Stelle, basierend auf der generischen Strategieanalyse, steht die Fokussierung. Es wird zwar erwogen, die Strategie der Fokussierung zu verfolgen, jedoch sollte parallel geprüft werden, inwiefern diese Strategie auch genügend Gewinn- oder

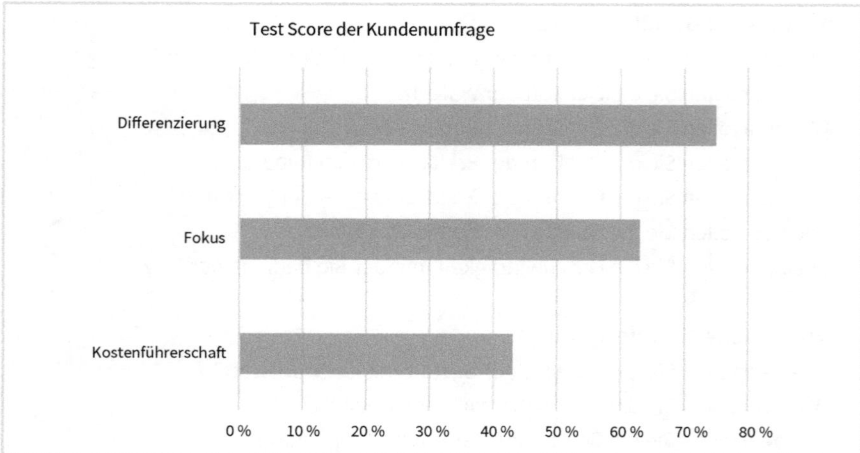

Abb. 50: Test Score der Kundenumfrage

Wachstumspotenzial in diesem Geschäft bietet, insofern der Fokus lediglich auf ein oder zwei Segmente bzw. Nischen gerichtet ist.

Nicht alle Strategien können durch die drei unterschiedlichen generischen Strategien von Porter kategorisiert werden. Zunehmend geht man auch von Kombinationen verschiedener Strategien aus, da die Komplexität der Märkte heutzutage nicht mehr nur durch eine Strategie getragen werden kann.

Nach Porter besteht der schlimmste Strategiefehler darin, mit Mitbewerbern in den gleichen Dimensionen zu konkurrieren.[257] Ein Unternehmen sollte eine klare Vorstellung davon haben, welche besonderen Vorteile es den Best Agern bieten möchte, um eine gute Markt- und Wettbewerbsposition zu erhalten. Dies können zusätzliche Serviceleistungen, Preisvorteile, Nachhaltigkeitskonzepte, ein besonderes Image usw. sowie verschiedene Kombinationen davon sein. Dabei sind auch Fragen der Positionierung und der Definition von Best-Ager-Zielgruppen einzubeziehen. Zwei entscheidende Fragen sollte ein Unternehmen immer wieder reflektieren:

1. Wer sind meine Kunden?
2. Was biete ich meinen Kunden, damit sie sich unter all den konkurrierenden Angeboten gerade für mein Produkt entscheiden?

Es kann im Grunde möglich sein, das ein Unternehmen Differenzierung und Kostenführerschaft – zwei Strategien als Kombination – verstärkt verfolgt. Im Gegensatz zu herkömmlichen Strategieansätzen wird der Best Ager und nicht die Mitbewerber in den Mittelpunkt der Strategie gestellt. In dieser strategischen Logik legt ein Unternehmen Wert auf Wertschöpfung, Innovation und Nachhaltigkeit gleichermaßen. Die Kombination stellt sicher, dass Innovation nicht nur technologiegetrieben und futuristisch ist, sondern im Auge behält, was den Best Agern wirklich einen nachhaltigen Mehrwert bringt und was nicht.

Wertinnovation findet nur statt, wenn Unternehmen Innovation an Nachhaltigkeit, Nutzen, Preis und Kostenposition ausrichten. Das bedeutet, dass ein Unternehmen z. B. gleichzeitig Differenzierung und niedrige Kosten anstrebt: Es geht darum, die Kosten zu senken und gleichzeitig den Wert für die Kunden zu steigern. Die Verbesserung von Nutzen und Preis erhöht den Käuferwert, während die Verbesserung der Kostenstruktur die Kosten senkt. Zusammen ermöglichen sie eine Wertinnovation, von der sowohl die Best Ager als auch das Unternehmen profitieren. Um dies zu erreichen sollten folgende Fragen beantwortet werden[258]:

- **Eliminieren:** Welche Faktoren, in denen die Industrie seit Langem konkurriert, sollten eliminiert werden?

257 Porter, 2006
258 Kim/Mauborgne, 2005, S. 29

- **Reduzieren:** Welche Faktoren sollten weit unter den Industriestandard reduziert werden?
- **Steigern:** Welche Faktoren sollten weit über den Industriestandard gesteigert werden?
- **Kreieren:** Welche Faktoren sollten kreiert werden, die die Industrie noch nie geboten hat?

Schließlich kann das Fazit gezogen werden, dass das Wissen des Marketingmanagements über die Best Ager wächst. Ihr Unternehmen hat nun die Chance, seine aktuelle Situation mithilfe der die in diesem Buch dargestellten Tools, Strategien, Daten, Informationen und Impulse zu verbessern und sich einen Wettbewerbsvorteil zu verschaffen.

Darüber hinaus geht es grundsätzlich um die Verbesserung der Kundenorientierung. Für ein erfolgreiches Best-Ager-Marketing sollten auf Geschäftsebene vor allem Differenzierung und Fokussierung bevorzugt werden. Best Ager wollen durch den Konsum und durch die an sie gerichtete Kommunikation differenziert wahrgenommen werden. Das strategische Ziel des Marketings fokussiert sich dabei auf die Best Ager als bestimmtes Kundensegment.

Folgende strategische Optionen können für ein Best-Ager-Marketing empfohlen werden:[259]

Empowering Best Ager Brand Equity

Der Markenwert beeinflusst die Einstellung der Kunden gegenüber der Marke und stellt eine emotionale Bindung zur Marke her..

- **Umsetzbare Faktoren**
  - Markenbekanntheit
  - Einstellung des Kunden gegenüber der Marke
  - Kundenwahrnehmung der Markenethik
- **Nachteile**
  Es ist nicht immer möglich zu kontrollieren, welche Informationen zum Kunden vordringen und welche nicht.
- **Zukunftsaussichten**
  Weitere Entscheidungen können zur Markenerweiterung getroffen werden, wie das Eingehen von Marken- und Influencerpartnerschaften, neue Produktplatzierungen und die Beeinflussung der Kundenwahrnehmung zur Markenethik.
- **Risiko/Investment**
  - Die Investitionen zur Erhöhung des Markenwerts durch eigene Marketingkampagnen sind enorm.
  - Außerdem ist das Risiko eines Streuverlustes gegeben.

259 In Anlehnung an Rust et al., 2000, S. 67–111

Empowering Best Ager Value Equity

Value Equity ist der Mehrwert, den der Kunde durch die Nutzung der Markenleistung wahrnimmt. Value Equity bildet dadurch ein gewisses Kundenerlebnis. Was alles gibt der Kunde schließlich für die Nutzung der Marke auf?

- **Umsetzbare Faktoren**
  - Qualität
  - Preis
  - Komfort
- **Nachteile**
  Es ist nicht möglich, die Strategie für alle Kunden passend auszurichten, und Verluste müssen hingenommen werden.
- **Zukunftsaussichten**
  Die Kundenanalyse muss qualitativ hochwertige Ergebnisse liefern, auf deren Basis dann wiederum Produkte/Dienstleistungen entwickelt werden können, die die Erwartungen der Kunden nicht nur befriedigen, sondern übertreffen.
- **Risiko/Investment**
  Die Investitionen in Forschung und Entwicklung sind generell sehr hoch und es sollte geprüft werden, inwiefern solche Investitionen für ein Unternehmen überhaupt relevant sind.

Empowering Best Ager Retention Equity

Diese strategische Option hat zum Ziel, die Wahrscheinlichkeit, dass Kunden erneut beim eigenen Unternehmen kaufen und auch größere Käufe tätigen, zu maximieren und die Wahrscheinlichkeit, dass Kunden beim Mitbewerber kaufen, zu minimieren.

- **Umsetzbare Faktoren**
  - Affinitätsprogramme
  - Programme für besondere Anerkennung und Behandlung
  - Programme zum Aufbau einer Markengemeinschaft (Brand Community)
  - Programme zum Aufbau von Wissen
- **Nachteile**
  Es ist mit einem hohen Aufwand hinsichtlich Kundenpflege und Akquise verbunden.
- **Zukunftsaussichten**
  Aktivitäten zur Kundenbindung werden die Loyalität der Kunden erhöhen. Folglich wird sich die Bindungsrate erhöhen, was zu einer verbesserten Wachstumsrate und schließlich zu steigenden Einnahmen führt. Zusätzlich stellt das Empowering Retention Equity ein Alleinstellungsmerkmal sowie einen entscheidenden Wettbewerbsvorteil dar.
- **Risiko/Investment**
  - Risiko der Umsetzung
  - Auswahl von Programmen, die nicht den Kundenerwartungen entsprechen
  - fehlende Anerkennung des individuellen Mitarbeiterbeitrags zur Erhöhung der Kundenbindung

Zero Option

Die Null-Option dient als Vergleich zu den anderen Strategien. Wie der Name schon sagt, beinhaltet die Null-Option keine Aktionen und behält laufende Aktivitäten bei.

- **Umsetzbare Faktoren**
  Es wird weiter agiert wie gehabt und keine (neuen) Aktionen umgesetzt.
- **Nachteile**
  Die Null-Option wirkt sich mit hoher Wahrscheinlichkeit nachteilig auf Bindungsrate, Wachstum und Fluktuation aus.
- **Zukunftsaussichten**
  Es werden weder Alleinstellungsmerkmale noch ein Wettbewerbsvorteil kreiert.
- **Risiko/Investment**
  Insbesondere in Märkten hoher Rivalität ist die Wahrscheinlichkeit sehr hoch, dass Kunden abwandern und bei Mitbewerbern kaufen.

Die Strategieoptionen auf Geschäftsebene sind in Abbildung 51 dargestellt: Empowering Best Ager Value Equity, Empowering Best Ager Brand Equity, Empowering Best Ager Retention Equity. Sie bilden die Basis für die Erhöhung des Best Ager Equity eines Unternehmens.

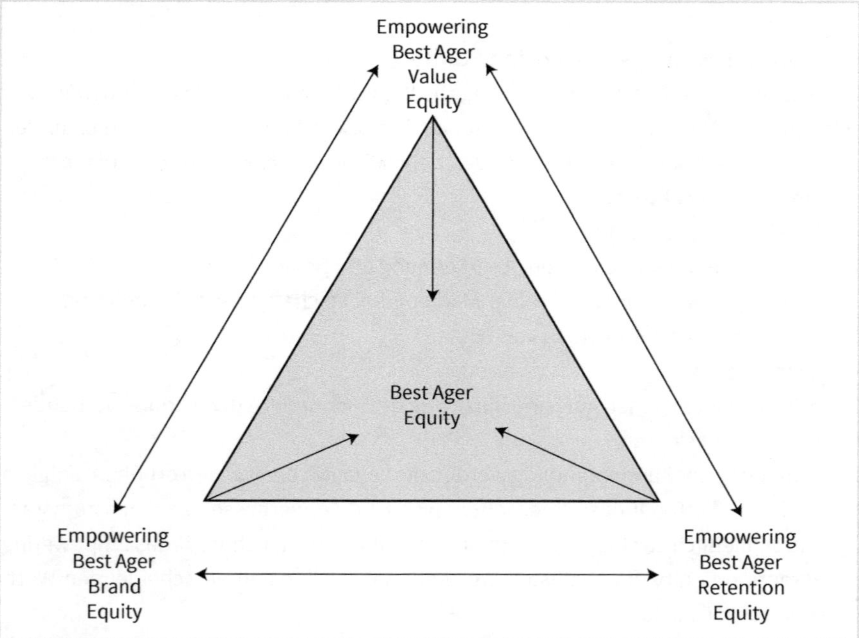

Abb. 51: Basis zu Erhöhung des Best Ager Equity

Die drei Strategieoptionen und die Zero-Option können wiederum durch eine QSPM dargestellt und evaluiert werden. In den meisten Fällen fällt es dem Marketing leichter, die Retention zu beeinflussen, als den Wert oder gar die Marke.

Die folgenden Programme, die im Anschluss detailliert erklärt werden, führen zu einer Verbesserung der Retentionsrate:

- Loyalitätsprogramme
- Affinitätsprogramme
- Programme für besondere Anerkennung und Behandlung
- Programme zum Aufbau einer Markengemeinschaft (Brand Community)
- Programme zum Aufbau von Wissen

19.4.1 Treue muss Freude machen: Loyalitätsprogramme

Eine Möglichkeit, die Kundenbindung zu fördern, sind **Loyalitäts- bzw. Treueprogramme**, die versuchen, die Kunden zum Wiederkauf zu motivieren, indem sie den Kunden auf der Grundlage ihrer Geschäftsbeziehungen zu einem Unternehmen belohnen.[260] Das Ziel von Treueprogrammen ist hauptsächlich die Entwicklung von Beziehungen, die Förderung der Nutzung von Dienstleistungen und die Bindung von Kunden. Laut Christian Rikkers, Marketingspezialist und CEO von JDV International, sind Loyalitätsprogramme durchaus interessant, aber sie werden nicht genutzt: »Es gibt zu viele, alle bieten das Gleiche an und haben keine smarte Kopplung. Kunden fangen an, nicht mehr offen dafür zu sein.«[261]

Loyalitätsprogramme nach Schema F funktionieren bei Best Agern nicht. Bekannte Kundenbindungsprogramme der Airlines begannen bereits in den 1980ern. Für Best Ager sind solche Programme nichts Neues und es besteht das Risiko, dass sie gesättigt sind und darin keinen Mehrwert mehr sehen.

Eine repräsentative Umfrage des Instituts für Generationenforschung im Jahr 2020 zu den Einkaufgewohnheiten der Bevölkerung in Deutschland liefert hier klare Antworten (vgl. Abb. 52).

260 Blackwell et al., 2006
261 Interview mit Christiaan Rikkers 2023

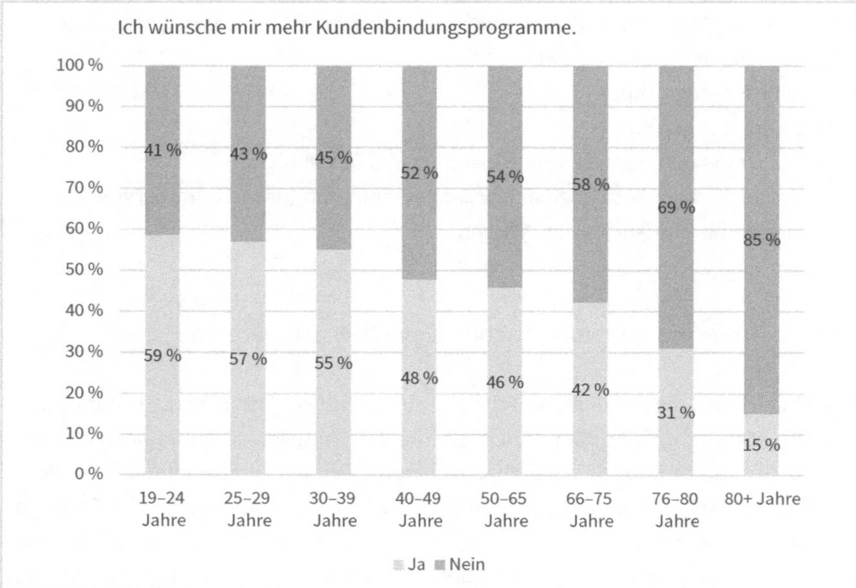

Abb. 52: Befragungsergebnisse zur Frage: »Ich wünsche mir mehr Kundenbindungsprogramme« in Abhängigkeit vom Alter dargestellt (n = 1.404)

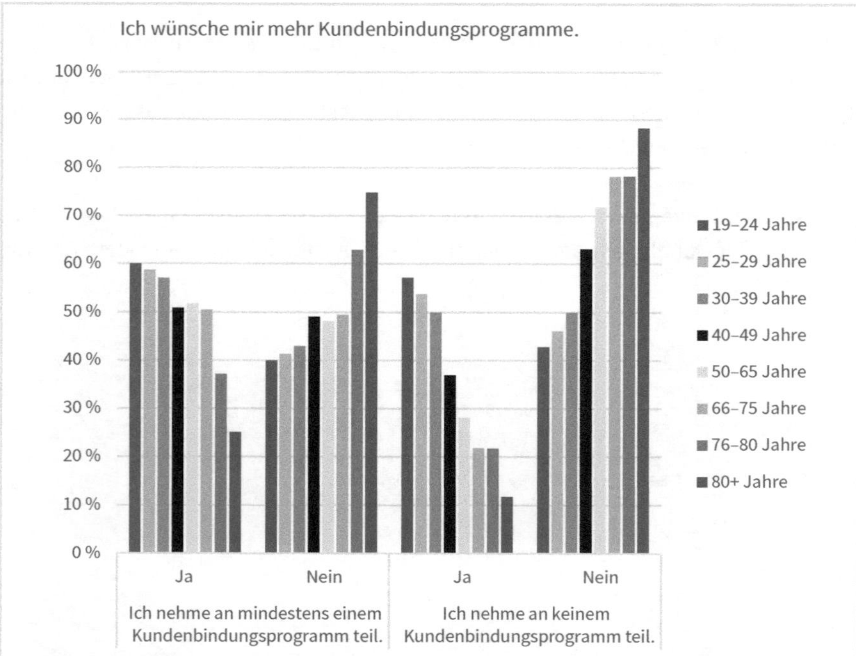

Abb. 53: Befragungsergebnisse zur Frage: »Ich wünsche mir mehr Kundenbindungsprogramme« in Abhängigkeit vom Alter und von der Teilnahme an einem Kundenbindungsprogramm dargestellt (n = 1.394)

Um auszuschließen, dass die Best Ager bereits in Kundenbindungsprogramme eingebunden sind und daher keine mehr für nötig erachten oder gar »gesättigt sind«, hat das Institut für Generationenforschung den Wunsch nach Kundenbindungsprogrammen der Teilnahme an Kundenbindungsprogrammen gegenübergestellt.

In diesem Fall wird man mit Kundenbindungsprogrammen die Beziehung zu Best Ager schwerer intensivieren können als zu anderen Altersgruppen. Selbst wenn sie noch nicht an einem Kundenbindungsprogramm teilnehmen, lehnen Best Ager mit zunehmenden Alter Kundenbindungsprogramme eher ab. Doch wie lässt sich die Beziehung zu den Best Agern dann intensivieren?

Insbesondere im Premiummarkensegment wird die Beziehung mit Best Agern nicht durch Rabattprogramme, wie z. B. Preisnachlässe und kostenlose Upgrades, verbessert, da diese Kunden nicht wirklich preissensibel sind. Morais et al. (2006) schlagen die folgenden drei kritischen Elemente bei der Entwicklung eines Kundenbindungsprogramms vor:

1. Treueprogramme müssen den Kunden das Gefühl geben, dass sie eine besondere Behandlung erfahren.
2. Sie müssen Mechanismen enthalten, mit denen die Kunden dem Anbieter etwas zurückgeben können.
3. Die Programme müssen die Entwicklung einer Kundengemeinschaft fördern.

Trotz der weiten Verbreitung von Loyalitätsprogrammen ist ihre Wirksamkeit alles andere als klar. Einige Studien kommen zu dem Ergebnis, dass Loyalitätsprogramme die Kundenbindung erhöhen. Andere stellen keinen Einfluss auf die Kundenbindung, aber eine Verbesserung des Share of Wallet fest. Wieder andere finden fast keinen Unterschied im Verhalten von Mitgliedern und Nichtmitgliedern von Loyalitätsprogrammen.[262]

Bei Loyalitätsprogrammen hängt der Erfolg stark von deren Struktur und Design ab. Wie sollten diese Programme aussehen? Sollte die Ausgabe einer Werbeprämie in bar oder in Form von Waren erfolgen? Sollten Prämien für Luxus oder Notwendigkeiten verwendet werden? Sollte das Anreizsystem probabilistisch (z. B. bei einer bestimmten Punkteanzahl besteht die Möglichkeiten, etwas zu gewinnen) oder deterministisch sein? Ist es besser, das Produkt des eigenen Unternehmens als Prämie anzubieten oder dem Wunsch der Verbraucher nach Abwechslung nachzukommen und verschiedene Prämien z. B. von Partnern anzubieten?

262 Vgl. Bolton et al., 2000; Sharp/Sharp, 1997; Dowling/Uncles, 1997

Untersuchungen ergaben, dass Produkte und Services, insbesondere hedonistischer Luxus, als bessere und weniger kostspielige Belohnung funktionieren als Bargeld.[263] Bargeldlose (Luxus-)Belohnungen haben demnach einen höheren wahrgenommenen Wert. Luxuriöse Belohnungen sind besser. Je höher der Aufwand für eine Belohnung, desto größer ist die Präferenz für eine Luxusbelohnung.

Kunden bevorzugen im Allgemeinen eine kleine Belohnung, die sie sicher bekommen, als eine große Belohnung, von der nicht klar ist, ob sie sie überhaupt bekommen. Manche Anbieter kombinieren auch einen sicheren und unsicheren Reward. Ein bekanntes Beispiel ist das Monopoly-Spiel bei McDonalds.

Die Ergebnisse einer Untersuchung von Kivetz (2003) zeigen auf, dass Belohnungen und Leistungen, die mit dem Aufwand vereinbar sind (z. B. firmeneigene Produkte als Reward), eher den Verbraucherpräferenzen entsprechen.

Die Umfrage des Instituts für Generationenforschung liefert Klarheit: Es ist der **persönliche Kontakt**, den Best Agern beim Einkaufen schätzen und der ihnen wichtig ist. Über ihn können die Best Ager gebunden werden. In einer qualitativen Befragung, die das Institut für Generationenforschung im Anschluss an die quantitative Befragung zu den Einkaufsgewohnheiten durchführte, gaben von 15 von 20 Befragten über 50 Jahren an, bevorzugt dort einzukaufen, wo sie Mitarbeiter:innen um Rat fragen könnten.

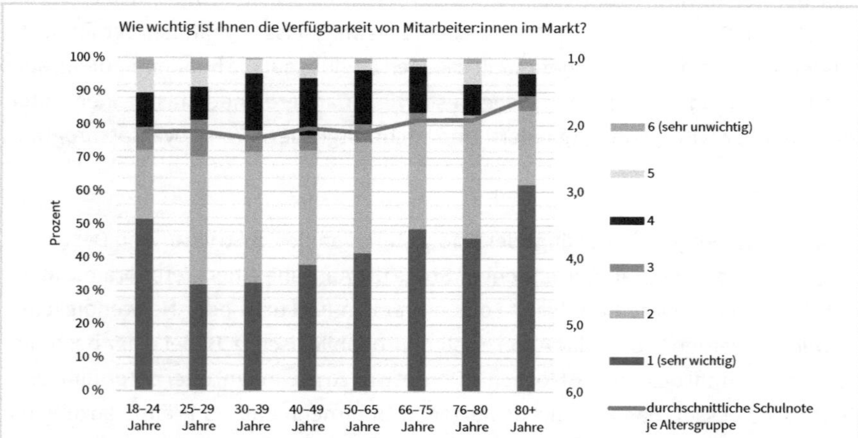

Abb. 54: Befragungsergebnisse zur Frage: »Wie wichtig ist Ihnen die Verfügbarkeit von Mitarbeiter:innen im Markt?« in Abhängigkeit vom Alter dargestellt (n = 1.550; 6-stufige Likert-Skala zur Erfassung der Antworten auf Basis von Schulnoten, dabei entspricht 1 »sehr wichtig« und 6 »sehr unwichtig«)

263 Vgl. nach Kivetz/Simonson, 2002

Auch in der Autohandelsbranche besteht dieser Bezug. So ergaben Untersuchungen, dass die Markenloyalität nicht vom Fahrzeug herrührt, sondern hauptsächlich vom Kaufprozess und der Eigentumserfahrung. Die Kundenzufriedenheit gilt als kritischer Wettbewerbsfaktor. Die Kundenzufriedenheit hängt stärker vom Autohändler ab als vom Auto selbst. Das Verhalten der Verkäufer:innen ist mit 30 Prozent verantwortlich für die Kundenloyalität und somit mit Abstand der entscheidendste Faktor beim Autokauf.[264]

Für das Marketing besteht die Herausforderung darin, nicht einfach von anderen zu kopieren, sondern neue Programme zu kreieren. Den persönlichen Kontakt in Kundenbindungsprogrammen zu integrieren kann sehr effektiv sein, um Best Ager zu häufigeren Käufen zu ermutigen, sie davon abzuhalten, zur Konkurrenz zu wechseln, und sogar neue Kunden zu gewinnen. Dabei besteht die Herausforderung für ein Unternehmen darin, den richtigen Weg zu finden, um die Wechselkosten zu erhöhen, ohne die Kunden abzuschrecken. Preisnachlässe sind bei Best Agern als Belohnungen im Rahmen eines Kundenbindungsprogramms nicht so effektiv. Vielmehr geht es darum, durch die richtige Kommunikation, eine kontinuierliche Interaktion und die Wertewahrnehmung eine dauerhafte Beziehung zwischen Kunden und Anbietern aufzubauen.[265]

Viele Best Ager lieben die Marke und sind ihr über Jahre treu. Aber inwiefern gibt die Marke dies an die Kund:innen zurück? Eine Frage, die sich das Marketing in Bezug auf Loyalitätsprogramme durchaus stellen darf. Es ist wie in einer Ehe: Beziehungen müssen gehegt und gepflegt werden.

Zusammenfassend kann gesagt werden, dass gut designte Loyalitätsprogramme effektiv darin sein können, neue Best Ager zu akquirieren und bestehende Kunden zu animieren, mehr zu konsumieren bzw. sie davon abzuhalten, zum Mitbewerber zu wechseln.

19.4.2 Mit Herz und Verstand: Affinitätsprogramme

Ein pensionierter Neuseeländer namens Burt Munro stellte einen Geschwindigkeitsrekord mit seinem 46 Jahre alten Motorrad auf. Dieser Film mit dem Titel »Mit Herz und Hand« basiert auf der wahren Geschichte des Motorradenthusiasten, der ab 1962 auf einer selbst modifizierten Indian von 1920 mehrere Geschwindigkeitsrekorde aufstellte.

264 Hirsh et al., 1999
265 Morais et al., 2006

Hier zeigt sich: Man ist nie zu alt, um einen Rekord aufzustellen. Und Leidenschaft, Emotionen und Interessen verbinden. Marketingprogramme mit Herz und Verstand bilden eine weitere Möglichkeit, die Kundenbindung bei Best Agern zu erhöhen. Affinitätsprogramme suchen nach den Interessen der Kunden und versuchen so, die emotionale Bindung an das Unternehmen zu stärken.[266] Das Programm konzentriert sich auf Kunden, die ein gemeinsames Interesse teilen. Die Wirksamkeit des Programms hängt davon ab, wie gut ein Unternehmen in der Lage ist, die wichtigsten Kundeninteressen zu erkennen und schließlich eine emotionale Bindung an das angebotene Produkt oder die Dienstleistung herzustellen.

Marketingmanager müssen daher bedenken, dass Affinitätsprogramme nur dann anwendbar sind, wenn die Marke einen starken Lifestyle repräsentiert, wie Apple, Tesla, Nike oder Ikea. Daher müssen die Mitglieder eines Affinitätsprogramms wirklich an den Produkten des Unternehmens interessiert sein und auch bereit sein, Zeit zu investieren, um mehr darüber zu erfahren. Wie der milliardenschwere Geschäftsmann Scott David Cook einst sagte: »Eine Marke ist nicht länger das, was wir dem Verbraucher sagen – es ist das, was die Verbraucher einander von ihr erzählen.«[267] Marketing muss einen Weg finden, den Kunden so mit dem Produkt oder der Dienstleistung zu verbinden, dass es ein Teil seines Lebens wird. Dies wird die Wechselkosten und schließlich die Kundenbindung erheblich erhöhen.

Apple hat seinen eigenen Mikrokosmos geschaffen und die Cross-Promotion (iPhone und Apple Watch) seiner Produkte perfektioniert. Die Marke ist nicht nur bei Jungen sehr beliebt, sondern auch zum Lifestyle für viele Best Ager geworden. Deshalb ist es für das Unternehmen ein Leichtes, durch Affinitätsprogramme eine Verbindung zwischen seinen Kunden und den angebotenen Produkten und Dienstleistungen herzustellen.

Wenn das Marketing z. B. durch die Customer Journey, Customer Surveys und das Kano-Modell die wichtigsten Kundeninteressen identifiziert hat – wie favorisierte Hobbys, Freizeitgestaltung, Arbeitsweisen –, kann das Unternehmen damit beginnen, eine emotionale Bindung aufzubauen.

19.4.3 Sonderbehandlung von Kunden – Balsam für die Seele

Best Ager schätzen die besondere Anerkennung und Behandlung mehr als finanzielle Belohnungen. Eine Sonderbehandlung motiviert Best Ager eher zum Wiederkauf als zum Beispiel ein Preisnachlass.[268] Besondere Anerkennungs- und Behandlungspro-

266 Rust et al., 2000
267 Intqua, 2022
268 Rust et al., 2000

gramme sind wie Balsam für die Seele. Eine besondere Behandlung, einschließlich immaterieller und besonderer Ressourceninvestitionen, kann eine Win-win-Situation zwischen Unternehmen und Kunden ermöglichen. Sie steigert nicht nur den Referenzwert und den Akquiseerfolg – Best Ager können sich auch revanchieren, nämlich in Form von Markengemeinschaften. Personen gehören Markengemeinschaften an, wenn sie ein starkes Interesse an einer Marke haben. Sie sind die »Fans« einer Unternehmensmarke.

Empfehlungen zur Sonderbehandlung können auch aus den anderen Programmen entnommen werden. Eine Kombination der Programme bietet sich an. Eine Form der Sonderbehandlung ist beispielsweise das Versenden von Prospekten oder Broschüren. Gerade Best Ager schätzen im Zeitalter der Digitalisierung immer noch Printmedien (Reise-, Kleidungs- oder Fahrzeugbroschüren). »Viele sagen uns zum Beispiel, wir bräuchten keine Printmedien mehr und es ginge alles nur noch online. Das können wir so aber nicht bestätigen. Das ist nach wie vor ein Kanal«, so Alexander Stein, Digitalisierungsmanager einer Kurverwaltung auf Rügen.[269] Vor dem Kauf eines Autos informieren sich 72 Prozent der Best Ager über Autoprospekte. Die sogenannte Frühstückszeitung hat bei Best Agern noch einen hohen Stellenwert. Wenn sich Best Ager bereits im Ruhestand befinden, können sie sich die Zeit nehmen, bewusster zu lesen. Wenn Best Ager noch im Berufsleben stehen, ist herauszufinden, welcher Gruppe sie zuzuordnen sind. Sind sie auf der Managementebene tätig, steht dies für weniger Zeit und mehr Stress. Dieses Kundensegment sollte mit einem speziellen Behandlungsprogramm angesprochen werden, das maßgeschneiderte Angebote bereitstellt, die für Kunden weniger zeitaufwendig sind, wie z. B. Bestellanlieferungen, Abholung des Autos zum Service, Anbieten eines Ersatzes etc.

Persönliche Erfahrungen mit dem Produkt spielen für Best Ager eine noch wichtigere Rolle als für jüngere Menschen. Dies ergab beispielsweise eine Umfrage von *hellofresh* für seine Produkte (78 Prozent bei 18- bis 29-Jährigen vs. 88 Prozent bei 50-bis 59-Jährigen). Um einen Wettbewerbsvorteil zu erlangen, muss das Unternehmen in nahezu allen Punkten überzeugen und authentisch wirken. Wenn ein Mitarbeiter einem Kunden nicht helfen kann, sollte dies nicht ignoriert werden. Vielmehr ist es die Aufgabe eines jeden Mitarbeiters, das Problem zu lösen, oder, wenn er es nicht kann, jemanden zu finden, der das Problem des Kunden löst. Gerade in Deutschland wird Service in Unternehmen zwar großgeschrieben, aber nur minimal umgesetzt – Servicewüste Deutschland. Der kulturelle Wandel erfordert Training und geeignete Strukturen, um ein solches Verhalten zu unterstützen. Insbesondere die Mitarbeiter, die Vertreter des Unternehmens sind, benötigen spezielle Schulungen im Bereich Kundenbeziehung. Denn ihr Verhalten und ihre Interaktionen mit Kunden haben einen wesentlichen Einfluss auf die Kundenzufriedenheit und -bindung, da sie dafür verantwortlich sind, dass sich der Kunde als etwas Besonderes fühlt.

269 Aus dem Interview mit Alexander Stein 2023

Die Programme sollten unterschiedliche Segmente berücksichtigen und entsprechend geeignet sein. Wenn die meisten Best-Ager-Konsument:innen Ihres Markenprodukts zum Beispiel kulturell orientiert und im Allgemeinen gut informiert sind, sind sie anders zu adressieren als Best-Ager-Konsument:innen der Mitbewerberprodukte. Prinzipiell können weitere Empfehlungen für Sonderbehandlungen und Anerkennungsprogramme gegeben werden, die Verbesserungspotenzial für das Customer Equity darstellen. Wichtige Informationen, um weitere Programme zu kreieren, können aus der Konsumentenanalyse und aus Konsumenten- und Kundenzufriedenheitsumfragen gewonnen werden.

19.4.4 Brand Community: Das Ganze ist mehr als die Summe seiner Teile

Markengemeinschaftsprogramme bzw. Brand Communities stehen in engem Zusammenhang mit der Sonderbehandlung und den Affinitätsprogrammen. So spielen die sozialen Bindungen des Einzelnen zu anderen Best-Ager-Kund:innen eine wichtige Rolle beim Aufbau loyaler Beziehungen zu einem Unternehmen.[270] Die Mitarbeitenden eines Unternehmens werden als Anbieter von Sonderbehandlungen und Interaktionen gesehen. Abbildung 55 zeigt die Wechselbeziehungen zwischen Anbieter, Kunden und Markengemeinschaft.

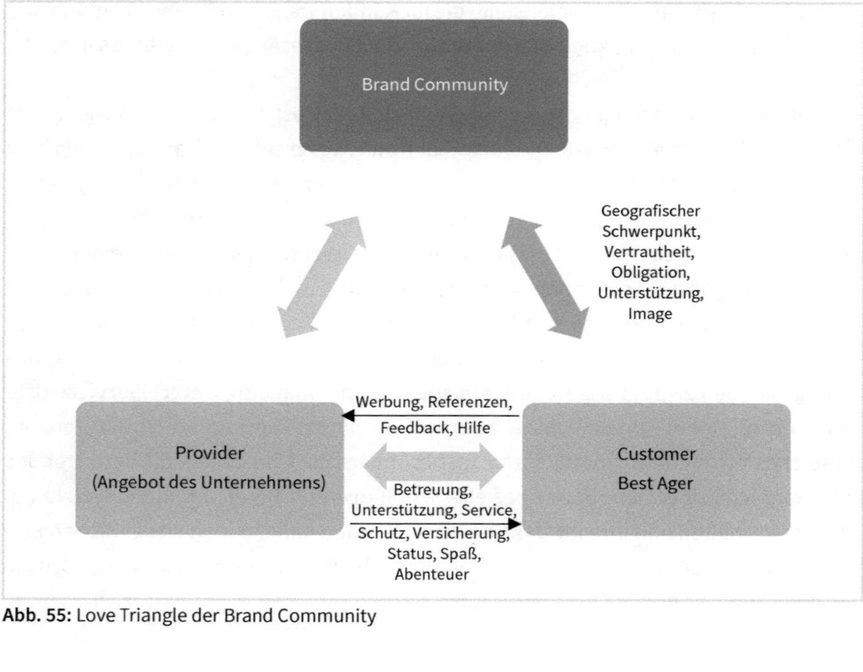

Abb. 55: Love Triangle der Brand Community

270 Morais, et. al, 2006

Wenn ein Anbieter einen Kunden als etwas Besonderes anerkennt und ihn auch so behandelt, wirkt sich dies positiv auf den Referenzwert aus, da der Kunde das Produkt oder die Dienstleistung an Freunde und Familie weiterempfiehlt. Eine Kunden-Anbieter-Beziehung umfasst mehr als nur den Austausch von Produkt und Geld.

Es geht darum, eine Verbindung und Gemeinschaft zu schaffen – das macht eine Brand Community aus. Ganz wie in dem Song »We are the champions«, über den Freddie Mercury 1978 gegenüber dem Magazin *Circus* berichtete: »Ich wollte einen Song zum Mitmachen haben, etwas, an dem sich die Fans festhalten können.«[271]

Sobald sich in dieser Beziehung gegenseitiges Vertrauen entwickelt hat, wird die Loyalität enorm zunehmen. Außerdem kann dadurch ein starkes Gemeinschaftsgefühl mit der Marke erwachsen. Nach Morais et al. (2006) erleben Mitglieder von Markengemeinschaften ein Gefühl der Zugehörigkeit durch gemeinsames Engagement für ein Produkt oder eine Marke. Außerdem können sie Erfahrungen vor, während und nach dem Kauf austauschen. Ein weiteres Merkmal von Markengemeinschaften ist, dass die Mitglieder ein Gefühl der Verpflichtung gegenüber der Gemeinschaft als Ganzes verspüren.[272] Dies kann sogar zusätzlich das Dienstleistungsniveau für die Kunden verbessern. Die folgende Tabelle veranschaulicht die Chancen und Risiken von Gemeinschaften.[273]

Chancen	Risiken
• Steigerung des Kundenerlebnisses • Steigerung der Kundenbindung • Erhöhung des Referenzwerts • Zugriff auf Lead-User	• wenig Einfluss auf die Communitys • Vervielfachung negativer Effekte (viral)
Nutzen von Chancen durch das Unterstützen der Communitys	Kontrollieren der Risiken durch das Beobachten der Communitys

Chancen und Risiken der Communitys

Ein Unternehmen sollte versuchen, die Chancen zu nutzen, die Communitys zu unterstützen und die Risiken regelmäßig zu kontrollieren. Wenn dies richtig gemacht wird, entsteht eine Win-win-Situation, in der sowohl das Unternehmen als auch die Gemeinschaft voneinander profitieren und ein hohes Interesse an einer langen Beziehung haben.

271 https://www.udiscover-music.de/popkultur/queens-we-are-the-champions-eine-hymne-fur-die-fans
272 Muniz/O'Guinn, 2001
273 Wentzel et al., 2005

Um die Markengemeinschaften zu etablieren, werden Informationen über den eigentlichen Kauf, das Kaufverhalten und die Interessen der Konsumenten benötigt. Daraus kann eine Community entwickelt werden, die gezielt die Gruppe der Best Ager mit gleichen Interessen anspricht und ein soziales Band zwischen ihnen schafft. Diese kann auch durch einen Influencer etabliert und gesteuert werden. Social Media schaffen einen einfachen Zugang zur Analyse, wie Best Ager miteinander interagieren und welche User:innen aus der Sicht der Community als wertvoll angesehen werden.

Einer der größten Konsumbereiche der Best Ager ist die Gesundheit. Beispielsweise haben Apps für psychische Gesundheit oft einen Community-Aspekt. Innerhalb der Analyse sollten folgende Fragen beantwortet werden:

- Welche Inhalte/Ereignisse enthalten die meisten Interaktionen und Aufrufe?
- Wie wirken sich die Ereignisse auf die Wahrscheinlichkeit aus, sich mit der Gemeinschaft zu beschäftigen?
- Wie und wie oft treten die Kund:innen miteinander in Kontakt?
- Führt das Engagement der Community-Mitglieder zu einer höheren Kaufrate im Laufe der Zeit?

19.4.5 Wissen verleiht Vorsprung: Programme zum Wissensaufbau

Programme zum Wissensaufbau sind insbesondere dort notwendig, wo die Kundengruppe der Best Ager vernachlässigt wurde, wenn ein Unternehmen keine starke Markenbekanntheit oder keinen Wiedererkennungswert hat oder nicht in der Lage ist, das Interesse der Best Ager zu wecken oder emotionale Bindungen aufzubauen. Wann immer ein Kunde mit einem Unternehmen interagiert, kann das Unternehmen etwas über den Kunden lernen und umgekehrt.

Nach Rust et al. muss das Unternehmen diese Informationen nutzen, um eine Beziehung zum Kunden aufzubauen und künftige Transaktionen für den Kunden effektiver und effizienter zu gestalten. Dadurch werden strukturelle Verbindungen zwischen Unternehmen und Kunden – einschließlich Vertrauen und einer Lernbeziehung zum Kunden – aufgebaut. Die Informationen über den Kunden ermöglichen es dem Unternehmen, maßgeschneiderte Dienstleistungen anzubieten und dem Kunden das Gefühl zu geben, ein geschätzter und besonderer Kunde zu sein und mit seinen Bedürfnissen wahrgenommen zu werden. Nach einer gewissen Zeit und mehreren Interaktionen oder Käufen können das Unternehmen und der Kunde voneinander lernen, und der Kunde erhält zusätzliche Vorteile vom Unternehmen, was den Wechsel zu einem Mitbewerber kostspieliger macht.[274]

274 Rust et al., 2000

Im Rahmen der Programme zum Wissensaufbau ist es wichtig, sich nicht nur auf Markterhebungen zu verlassen, um etwas über Best Ager zu erfahren. Es ist auch notwendig, den Markt selbst zu beobachten und sich mit den unzufriedensten Best Agern zu beschäftigen und ihre Bedenken anzuhören. Manager:innen, Mitarbeiter:innen und Vorgesetzte sollten mit den schlimmsten betrieblichen Problemen konfrontiert werden.[275] Die Mitarbeitenden sollten für die Notwendigkeit eines strategischen Shifts sensibilisiert werden und schließlich sollten sie aus dieser Einsicht heraus auch nachhaltig und sinnvoll handeln.

Wissensaufbauprogramme müssen dort implementiert werden, wo das Marketing nicht dazu in der Lage ist, das Interesse oder die emotionalen Bindungen der Best Ager durch andere Programme zu erfassen. Einerseits ist es notwendig, Daten über den betreffenden Best Ager sorgfältig zu erheben, wann immer er mit dem Unternehmen interagiert. Andererseits muss das Unternehmen das Wissen auch mit dem Kunden teilen, damit er mehr über das Unternehmen erfährt – einschließlich nicht nur der Service- und Produktangebote, sondern auch der Unternehmensmission und -geschichte etc. Es gilt: »Tue Gutes und sprich darüber.« Der Ansatz des Informationsaustauschs schafft Vertrauen zum Unternehmen und ermöglicht es, den Kunden über eines der oben genannten Programme zu binden.

Das Kundenwissen über Händlerprozesse ist oft sehr gering und wird als intransparent wahrgenommen. Im Allgemeinen gehen Kunden davon aus, dass der Händler viele Informationen über sie hat, diese aber nicht sinnvoll nutzt. Folgende Kundenfragen geben noch mehr Aufschluss in Bezug auf die Kundenbindung:

- Wie bewerten Sie die persönliche Aufmerksamkeit des Händlers?
- Fühlen Sie sich mit anderen Kunden des Unternehmens verbunden?
- Wie sehr vertrauen Sie dem Händler?
- Wie zuverlässig finden Sie den Händler?
- Wie hoch ist die Wahrscheinlichkeit eines Folgekaufs?
- Wie hoch ist die Wahrscheinlichkeit, den Service beim nächsten Kauf zu nutzen?

Das Sammeln von Kundeninformationen umfasst, das Identifizieren von Cross-Selling-Präferenzen der Kunden oder ihren Share of Wallet. Wenn der Kunde verschiedene Produkte kauft, erhöht sich die Retentionsrate. Bei der richtigen Vorgehensweise werden immer mehr Informationen über die Kunden vorhanden sein, um letztendlich ein vollständiges Bild von jedem Kunden zu erhalten.

Das **Customer Profiling** wurde insbesondere durch Social Media und Datenbroker perfektioniert. Datenbroker, wie *Acxiom* oder *Oracle*, haben gewaltige Profilinforma-

275 Kim/Mauborgne, 2005

tionen über die gesamte Bevölkerung. Es gilt jedoch zu vermeiden, dass durch Verkäuferprovisionierungen und durch das Zurückhalten bestimmter Informationen »innere Wettbewerbe« im Unternehmen entstehen und die Zusammenarbeit zwischen Vertriebsmannschaften und die Synergienutzung gefährdet werden. Deswegen sind die Ziele jedes Marketingmanagers nicht die Maximierung der Rentabilität einzelner Bereiche oder Filialen, sondern die Maximierung der Rentabilität eines Kunden (Retentionsrate). Dies sollte von jedem Mitarbeiter im Unternehmen gelebt werden. Dies setzt voraus, dass die Kundenorientierung des Unternehmens jedem Mitarbeiter bewusst ist. Die Sensibilisierung dafür muss kontinuierlich erfolgen und es sind Systeme im Unternehmen nötig, die das Teilen von Wissen und Fähigkeiten und das Nutzen von Synergien verstärken und belohnen.

Die Retention hat den größten Einfluss auf die Kundenrentabilität. Die meisten Vertriebsmitarbeitenden werden aber immer noch auf der Grundlage von Gesamtumsatz oder Neukundengewinnung provisioniert. In der Tat vergisst die Fokussierung auf die Einnahmenseite oft die Ausgabenseite. Daher sollte die Erhöhung der Retentionsrate des gesamten Unternehmens belohnt werden. Das Belohnungssystem sollte alle Mitarbeitenden des Unternehmens einschließen, um ein noch stärkeres Bewusstsein für die Best-Ager-Orientierung zu gewinnen.

20 Ausblick: Next Best Ager – die Generation X

Die Best Ager gehen in Rente, schon rücken die neuen Best Ager nach: Die Generation X ist im Anmarsch – und das mit voller Wucht. Diese Alterskohorte der zwischen 1965 und 1979 Geborenen besteht aus ca. 16,8 Millionen potenziellen Konsument:innen in Deutschland. Diese Kohorte ist charakterisiert durch ein bewusstes Abgrenzen von ihrer Elterngeneration. In der Jugendzeit der Generation X entstanden die meisten Subkulturen mit extrem viel Dynamik, die sich nicht nur in deren Einstellung wiederfindet, sondern vor allem auch im Musik-, Entertainment- und Fashionkonsum. Die Mitglieder der Generation X streben nach Status und Karriere und zeichnen sich – im Gegensatz zu den Babyboomern – eher durch kleine Familien aus. Sie sind digital affin, waren maßgeblich am Erfolg des Computers und der Entwicklung des Internets beteiligt. Sie kennen die Mechanismen hinter den Systemen.

In dem Roman »Generation X« des kanadischen Schriftstellers Douglas Coupland ist eine Grafik abgedruckt mit dem Satz: »Use Jets while you still can.« Der Spruch legt nahe, dass die Generation X einen gewissen Druck verspürt, alles zu erleben und zu konsumieren, bevor es zu spät ist. Es scheint so, als sei die Generation X konsumfreudiger als andere, weil ihren Mitgliedern besonders bewusst ist, dass alles jederzeit zu Ende sein kann. Diese Generation erlebte in Deutschland den Kalten Krieg und Tschernobyl hautnah mit. In Couplands Zitat schwingt etwas Dystopisches mit. Nicht nur mit Blick auf die Grenzen des Wachstums, die durch das kapitalistische Wirtschaften längst erreicht sind, sondern auch im Hinblick auf die Reduktion der Zahl der Best Ager gegenüber den Babyboomern wird sich das Konsumlevel reduzieren, andere Formen der Bedürfnisbefriedigung könnten an Bedeutung gewinnen. Es sind schlichtweg nicht genügend Leute da, um dieses Ausmaß an Wohlstand auch in Zukunft gewährleisten zu können. Die »Alterspyramide«, die für vergangene Generationen der Form eines Tannenbaums glich, wird sich allmählich einer V-Form annähern.

Die Prognose, die entscheidend für das zukünftige Marketing und die damit verbundene zwangsläufige Erweiterung einer genaueren Segmentierung der Daten über 65-Jähriger ist, ist eindeutig: Der Horizont der Best-Ager-Altersgrenze muss erweitert werden. Wir werden älter und im Alter bleiben wir fit. Die Altersspanne von 50 bis 70 Jahre der Best-Ager-Segmentierung wird zukünftig bis 75 Jahre gehen. In Zukunft wird sich die Medizin sehr viel mehr auch auf gesunde Menschen fokussieren. Die großen Tech-Firmen, wie beispielsweise Apple, gehen bereits diesen Weg und sammeln fleißig Daten mithilfe der Apple Watch, um dann Fragen zu beantworten wie: Was können Menschen in Bezug auf Ernährung, Bewegung, physische und psychische Belastung und Depressionen tun, damit sie sich noch wohler fühlen, erst gar nicht krank werden? Die Bedeutung von Telemedizin, künstlicher Intelligenz und Robotik nimmt stark zu und ermöglicht einen großen Wissenssprung für das Gesundheitswesen. Dennoch kann die Personallücke im Gesundheitswesen nicht nur durch die Unterstützung der Robotik geschlossen werden, denn bis 2030 sind mehr als 11,5 Prozent der Weltbevölkerung über 65 Jahre alt.[276] Zunächst wird jede Hilfe, die den Alltag erleichtert dankend angenommen, wenn das Kosten-Nutzen-Verhältnis für den Einzelnen passt. Eine Studie des Instituts für Generationenforschung ergab, dass 21,9 Prozent der Befragten für »Ich würde abwarten, ob die Technik eines Mikrochipimplantats mir meinen Alltag erheblich erleichtert« stimmten. Vor allem für medizinische Zwecke ist die Bereitschaft innerhalb der Bevölkerung, sich einen Mikrochip implantieren zu lassen, relativ hoch. 39,9 Prozent der Befragten würden sich einen als Frühwarnsystem, zum Beispiel für Schlaganfälle, einsetzen lassen. Immerhin sehen noch 18 Prozent Möglichkeiten für Ausweise in Mikrochipform und 16,4 Prozent würden den Mikrochip für den alltäglichen Gebrauch, etwa anstelle von Schlüsseln, nutzen.[277]

Die zukünftigen Best Ager sind für digitale Innovationen noch aufgeschlossener als ihre Vorgängergeneration. Die Innovationen müssen jedoch einen tatsächlichen Mehrwert bieten, beispielsweise die Gesundheit fördern. Darüber hinaus sollten sie unkompliziert, authentisch und bezahlbar sein. Außerdem wird die Technik immer intuitiver und integrierter. Das heißt, dass User:innen in Zukunft weniger eingeben und weniger Klicks benötigen, um ihr Ziel zu erreichen. Die Technik wird die Gewohnheiten und Eigenheiten von User:innen lernen und Gefühlslagen und Wünsche antizipieren. Sie wird viel mehr Entscheidungen abnehmen (müssen), da Konsument:innen mit der Komplexität der immer größer werdenden digitalen Welt und ihren Optionen überfordert sein werden.

Zukünftig wird es vielmehr um Kundenerlebnisse der Best Ager gehen. Die Begeisterung für immersive Erfahrungen nimmt zu. Dabei wird für das Best-Ager-Marketing entscheidend sein, wie das Marketingteam denkt. Wer Generationen versteht und deren unterschiedliche Perspektiven einnehmen kann, ohne diese zu werten, hat einen entscheidenden Vorteil. Wer die Best Ager versteht, kann auch das Verständnis zwischen allen Generationen fördern mit dem Ziel eines erfolgreichen Miteinanders und einer generationengerechten und nachhaltigen Zukunft: *Generation Thinking*.

276 Wenn Sie mehr lesen möchten, sei Ihnen der Artikel »Das geht unter die Haut: Was ist die nächste Stufe der Digitalisierung?« empfohlen: it-daily, 2022, https://www.it-daily.net/it-management/digitalisierung/das-geht-unter-die-haut-was-ist-die-naechste-stufe-derdigitalisierung

277 eHealth.com, 2022

Abbildungsverzeichnis

Literaturverzeichnis

Åberg, E.; Kukkonen, I.; Sarpila, O.: From double to triple standards of ageing. Perceptions of physical appearance at the intersections of age, gender and class. Journal of Aging Studies, 55, 2020. URL: https://doi.org/10.1016/j.jaging.2020.100876 (letzter Aufruf: 23.01.2023).

Adam, U.; Mühling, T.: Familiale Pflege: Hilfe- und Unterstützungsleistungen von Erwachsenen für ihre Eltern in quantitativen Datenquellen. ifb-Materialien, 3-2014, Bamberg: Staatsinstitut für Familienforschung an der Universität Bamberg (ifb), 2014. URL: https://nbn-resolving.org/urn:nbn:de:0168-ssoar-46975-5 (letzter Aufruf: 26.02.2023).

Akerlof, G.; Kranton, R.: Identity and Schooling: Some Lessons for the Economics of Education. Journal of Economic Literature 40, 2002, S. 1167–1201.

Ambler, T.; Bhattacharya, C. B.; Edell, J.; Keller, K. L.; Lemon, K. N.; Mittal, V.: Relating Brand and Customer Perspectives on Marketing Management. Journal of Service Research, 5(1), 2002, S. 13–25.

Ansoff, I.: Corporate Strategy: An Analytic Approach to Business Policy for Growth and Expansion. McGraw-Hill Publishing Company, New York, 1965.

ARD/ZDF: ARD/ZDF-Onlinestudie. 2021. URL: https://www.ard-media.de/media-perspektiven/studien/ardzdf-onlinestudie/ardzdf-onlinestudie-2021/ (letzter Aufruf: 23.03.2023).

Babin, B.; Darden, W.; Griffin, M.: Work and Fun – Measuring Hedonic and Utilitarian Shopping Value. Journal of Consumer Research, 20(4), 1994, S. 644–656.

Bauer, H. H.; Hammerschmidt, M.: Customer-based corporate valuation: Integrating the concepts of customer equity and shareholder value. Management Decision, 43(3), 2005, S. 331–348.

Bäcker, G.; Kistler, E.: Verteilung der Nettoäquivalenzeinkommen. Bedarfsgewichtete pro-Kopf Einkommen. Bundeszentrale für politische Bildung, 2021. URL: https://www.bpb.de/themen/soziale-lage/verteilung-von-armut-reichtum/237427/verteilung-der-nettoaequivalenzeinkommen/#:~:text=Wenn%20das%20verf%C3 ProzentBCgbare%20Haushaltsgesamteinkommen%20durch%20die%20Summe%20der,personeller%20Wohlstandsindikat*or.%20Es%20wird%20auch%20als%20Netto%C3 ProzentA4quivalenzeinkommen%20bezeichnet (letzter Aufruf: 26.02.2023).

Bagwell, L.; Bernheim, D.: Viable Effects in a Theory of Conspicuous Consumption. The American Economic Review, 86(3), 1996, S. 349–374.

Bauer, H.; Hammerschmidt, M.: Customer-based corporate valuation. Integrating the concepts of customer equity and shareholder value. Management Decision, 43(3), 2005.

Bauer, H.; Hammerschmidt, M.; Braehler, M.: The Customer Lifetime Value Concept and its Contribution to Corporate Valuation. Yearbook of Marketing and Consumer Research, Vol. 1, 2003.

Bayón, T.; Gutsche, J.; Bauer, H.: Customer Equity Marketing: Touching the Intangible. European Management Journal, 20(3), 2002, S. 213–222.

Bell, D.; Deighton, J.; Reinartz, W. J.; Rust, R. T.; Swartz, G.: Seven Barriers to Customer Equity Management. Journal of Service Research, 5(1), 2002, S. 77–85.

Berger, P. D.; Nasr, N. I.: Customer lifetime value: Marketing models and applications. Journal of Interactive Marketing, 12(1), 1998, S. 17–30.

Berry, L. L.: Relationship Marketing. In: Berry, L. L.; Shostack, G. L.; Upah, G. D. (Hrsg.): Emerging Perspectives on Service Marketing, Chicago, 1983, S. 25–38.

Best, R.: Market-based management, strategies for growing customer value and profitability. 3. Aufl., Pearson Education International, New Jersey: Prentice Hall 2004.

Beyer, A.-K.; Wurm, S.; Wolff, J. K.: Älter werden – Gewinn oder Verlust? Individuelle Altersbilder und Altersdiskriminierung. In: Mahne, K.; Wolff, J. K.; Simonson, J., Tesch-Römer, C. (Hrsg.): Altern im Wandel. Zwei Jahrzehnte Deutscher Alterssurvey (DEAS). Wiesbaden: Springer VS, 2017, S. 329–343.

Blackwell, R.; Miniard, P.; Engel, J.: Consumer Behavior. 10. Aufl., Mason: Thomson South-West, 2006.

Blattberg, R. C; Deighton, J.: Manage marketing by the customer equity test. Harvard Business Review, 74(4), 1996, S. 136–144.

Blattberg, R.; Neslin, S.: Sales Promotion – concepts, methods, and strategies. Englewood Cliffs: Prentice Hall, 1990.

Bolton, L. K.: A Dynamic Model of Consumers' Usage of Services: Usage as an Antecedent and Consequence of Satisfaction. Journal of Marketing Research, 36(2), 1999, S. 171–186.

Bolton, R. N.; Lemon, K. N.: A Dynamic Model of Customers' Usage of Services: Usage as an Antecedent and Consequence of Satisfaction. Journal of Marketing Research, 36(2), 1999, S. 171–186.

Bolton, R.; Kannan, P.; Bramlett, M.: Implications of Loyalty Program Membership and Service Experiences for Customer Retention and Value. Journal of the Academy of Marketing Science, 28(1), 2000, S. 95–108.

Booms, B. H.; Bitner, M. J.: Marketing strategies and organization structures for service firms. In: Donnelly, J. H.; George, W. R. (Hrsg.): Marketing of Services. American Marketing Association, Chicago, 1981, S. 47–51.

Boston Consulting Group: Digitales Deutschland 2021. Status quo und Vorschläge zur Beschleunigung. URL: https://web-assets.bcg.com/03/08/765379154f45b685b9f9e19bc180/bcg-digitales-deutschland-2021.pdf (letzter Aufruf: 23.03.2023).

Brandenburger, A. M.; Nalebuff, B. J.: The Right Game: Use Game Theory to Shape Strategy. Harvard Business Review, Jul.-Aug., 1995.

Brandt, M.; Deindl, C.: Intergenerational transfers to adult children in Europe: Do social policies matter? Journal of Marriage and Family, 2013, S. 235–251.

Brauer, K.: Ageism in Ageing Societies: Ein »natürliches« Phänomen? In: Rehberg, K.-S. (Hrsg.): Die Natur der Gesellschaft: Verhandlungen des 33. Kongresses der Deutschen Gesellschaft für Soziologie in Kassel 2006. Frankfurt a. M.: Campus Verlag, 2008, S. 1355–1366.

Bruhn, M.: Kundenorientierung. Bausteine für ein exzellentes Customer Relationship Management (CRM). 5. Aufl., Basel: Beck-Wirtschaftsberater im dtv, 2016.

Bucher, A.: Lebensernte. Psychologie der Großelternschaft. Berlin: Springer Verlag, 2019.

Bundesinstitut für Bevölkerungskunde (BiB): Renteneintritt der Babyboomer: Für viele ist schon mit 63 Schluss. Pressemitteilung. 10.12.2022. URL: https://www.bib.bund.de/DE/Presse/Mitteilungen/2022/2022-12-10-Renteneintritt-der-Babyboomer-Fuer-viele-ist-schon-mit-63-Schluss.html (letzter Aufruf: 21.03.2023).

Bundesministerium für Ernährung und Landwirtschaft: Öko-Barometer 2021. Umfrage zu Konsum von Bio-Lebensmitteln. Berlin: Bundesministerium für Ernährung und Landwirtschaft, 2021.

BWL-Lexikon: Marktsegmentierung. 2022. URL: https://www.bwl-lexikon.de/wiki/marktsegmentierung/ (letzter Aufruf: 16.12.2022).

Cannon, J. N.; Cannon, H. M; Schwaiger, M.: Incorporating Strategic Product-Mix Decisions into Simulation Games: Modeling the »Profitable-Product Death Spiral«. Developments in Business Simulation and Experiental Learning, 33, 2006, S. 269–277.

Cialdini, R. B.: Die Psychologie des Überzeugens. Ein Lehrbuch für alle, die ihren Mitmenschen und sich selbst auf die Schliche kommen wollen. 6. Aufl., Bern: Hogrefe Verlag, 2016.

Chan K. W.; Mauborgne, R.: Value innovation: a leap into the blue ocean. Journal of Business Strategy, 26(4), 2005, S. 22–28.

Ching, W.-K.; Ng, M. K; So, M. M.: Customer migration, campaign budgeting, revenue estimation: the elasticity of Markov Decision Process on customer lifetime value. AMO – Advanced Modeling and Optimization, 6(2), 2004, S. 65–80.

Cornelsen, J.: What is the customer worth? Customer value analyses in relationship marketing on the basis of car buyers. Yearbook of Marketing and Consumer Research, 1(1), 2002, S. 27–46.

Coyne, K. P.; Subramaniam, S.: Bringing discipline to strategy. The McKinsey Quarterly, Nr. 4, 1996, S. 14–25.

Crawford, M.: Not disengaged. Grandparents in literature and reality. In: Sociological Review, 29(3), 1981, S. 499–519.

Criteo: Verhalten von App-Nutzern im Jahr 2020: Deutschland. URL: https://www.criteo.com/de/wp-content/uploads/sites/3/2020/07/Criteo-Global-App-Survey-2020-DE.pdf (letzter Aufruf: 04.04.2023).

Dahrendorf, R.: Homo Sociologicus. Ein Versuch zur Geschichte, Bedeutung und Kritik der Kategorie der sozialen Rolle. Opladen, 1974 (1958).

Dahrendorf, R.: Pfade aus Utopia. Arbeiten zur Theorie und Methode der Soziologie. München: Piper, 1986.

D'Aveni, R. A.: Coping with hypercompetition: Utilizing the new 7S's framework. Academy of Management, 9(3), 1995a, S. 45–57.

D'Aveni, R. A.: Hypercompetitive Rivalries. Competing in highly dynamic environments. New York: The Free Press, 1995b.

David, F.: Strategic Management, Concepts and Cases. 10. Aufl., New Jersey: Pearson Prentice Hall, 2005.

David, F.: The Strategic Planning Matrix – A Quantitative Approach. Long Range Planning 19, Nr. 5, 1986, S. 102.

Dawkins, P. M.; Reichheld, F. F.: Customer Retention as a Competitive Weapon. Directors and Boards, 14(4), 1990, S. 42–47.

Degens, F.: Quick Guide Influencer Marketing – Wie Sie durch Multiplikatoren mehr Reichweite und Umsatz erzielen. Wiesbaden: Springer Gabler, 2018.

Denninger, T.; Schütze, L. (Hrsg.): Einleitung. Alte und neue Verhandlungen zu Alter(n) und Geschlecht. In: Alter(n) und Geschlecht. Neuverhandlungen eines sozialen Zusammenhangs. Münster: Westfälisches Dampfboot, 2017, S. 7–22.

Deutscher Dialogmarketing Verband e. V.: Uniserv-Studie: Unternehmen kämpfen mit optimaler und nachhaltiger Datenqualität, 2018. URL: https://www.ddv.de/unternehmen/uniserv-gmbh/pressemitteilungen/uniserv-studie-unternehmen-kaempfen-mit-optimaler-und-nachhaltiger-datenqualitaet.html?tx_gopress_press%5Baction%5D=show&tx_gopress_press%5Bcontroller%5D=Press&tx_gopress_press%5Bpress%5D=26502&cHash=9938166065c19d1e3deabad26eb31fda (letzter Aufruf: 23.03.2023).

Dowling, G.: Creating Corporate Reputations. New York: Oxford University Press, 2001.

Dowling, G. R.; Uncles, M.: »Do Customer Loyalty Programs Really Work?« Sloan Management Review, Summer 1997, S. 71–82.

Doyle, D.; Bernbach, D.: DDB, Strategic Planning Generations Study – Global Advertising Agency, USA, 2005.

Drucker, P.: The Practice of Management. New York: Harper Collins, 1986.

Eberle, T. S.: Altern als subjektive Erfahrung. In: Keller, R.; Meuser, M. (Hrsg.): Alter(n) und vergängliche Körper. Wiesbaden: Springer VS, 2017, S. 13–43.

eHealth.com: Studie bestätigt: Mikrochip-Implantate als Frühwarnsystem für Krankheiten denkbar, 2022. URL: https://e-health-com.de/details-news/studie-bestaetigt-mikrochip-implantat-als-fruehwarnsystem-fuer-krankheiten-denkbar/ (letzter Aufruf: 23.06.2022).

Fedorow, R.: Seniorenmarketing im Einzelhandel: Marketingstrategien zur Erhaltung und Neugewinnung von Kunden der Zielgruppe Best Ager. Hamburg: Diplomica Verlag GmbH, 2010.

Felser, G.: Konsum im Alter. Das höhere Lebensalter und seine Relevanz für den Verbraucherschutz. Wiesbaden: Springer Fachmedien, 2018.

fischerAppelt: DigitAger Report. Einblick in die Köpfe der Generation 60+. 09.01.2023, 2023. URL: https://www.fischerappelt.de/blog/digitager-report-vol-1 (letzter Aufruf: 27.02.2023).

Fleig, J.: Mit dem Kano-Modell die Kundenzufriedenheit messen. 2022. URL: https://www.business-wissen.de/hb/mit-dem-kano-modell-die-kundenzufriedenheit-messen/ (letzter Aufruf: 02.02.2023).

Friedrich, B.: Wir vom Jahrgang 1950. Kindheit und Jugend. Gudensberg-Gleichen: Wartberg Verlag, 2008.

Fries, P. J.: Influencer-Marketing – Informationspflichten bei Werbung durch Meinungsführer in Social Media. Wiesbaden: Springer Fachmedien, 2018.

Generali Deutschland AG (Hrsg.): Generali Altersstudie 2017. Wie ältere Menschen in Deutschland denken und leben. Berlin, Heidelberg: Springer VS, 2017.

Gersmann, H.; Willms, B.: Graue Haare, Zeit und Geld. Die Tageszeitung vom 15. Februar 2005, S. 6.

GfK Marktforschung GmbH: Jüngere Wohlhabende leben im Süden Deutschlands. Altersspezifische Kaufkraft aus der GfK-Kaufkraftstudie. Nürnberg: GfK GmbH, 2005.

Gib, A.; Margulies, R.: Making Competitive Intelligence Relevant to the User. Planning Review 19, Nr. 3, Mai-Juni 1991, S. 21.

Gorden, I.: Relationship Marketing: New Strategies, Techniques and Technologies to Win the Customers You Want and Keep Them Forever. John Wiley and Sons Publishers, 1999.

Gupta, S.; Lehmann, D.: Managing Customers as Investments. The strategic value of customers in the long run. New Jersey: Wharton School Publishing, 2005.

Hall, J.; Robertson; N.; Shaw, M.: An Investigation of Perceived Value and Consumable Goods. In: Tidwell, P. M; Muller, T. E (Hrsg.): AP - Asia Pacific Advances in Consumer Research, 4, Provo, UT: Association for Consumer Research, 2001, S. 350–354.

Hamel, G.; Prahalad, C.: Strategic Intent. Harvard Business Review, Mai-Juni 1989, S. 63– 76.

Hansotia, B.: Customer metrics and organisational alignment for maximising customer equity. Journal of Database Marketing & Customer Strategy Management 12, 2004, S. 9–20.

Hartung, A.: Alter(n)swirklichkeiten und Medienwandel. Warum die Rede von den Digitalen Immigranten in die Irre führt. In: Zimmermann, H.-P.; Kruse, A.; Rentsch, T.: Kulturen des Alterns. Plädoyer für ein gutes Leben bis ins hohe Alter. Frankfurt a. M.; New York: Campus, 2016, S. 113–132.

Heinrich-Böll-Stiftung; Bund für Umwelt und Naturschutz Deutschland; Le Monde Diplomatique: Der Fleischatlas 2021. Berlin: Druckhaus Kaufmann, 2021.

Helliwell, J. F. et al.: World Happiness Report 2020. New York: Sustainable Development Solutions Network. URL: https://worldhappiness.report/ed/2020/ (letzter Aufruf: 21.03.2023).

Henderson, B.: The Logic of Business Strategy. New York: Ballinger, 1984.

Hiebing, R.; Cooper, S.: The Successful Marketing Plan. A Disciplined and Comprehensive Approach. 2. Aufl., Illinois: NTC Business Books, 1997.

Hirsh, E. et al.: Changing Channels in the Automobile Industry. Strategy + Business 14, Frühjahr 1999.

Hogan, J. E.; Lemon, K. N.; Rust, R. T.: Customer Equity Management: Charting New Directions for the Future of Marketing. Journal of Service Research, 5(1), 2002, S. 4–12.

Höpfinger, F. et al.: Enkelkinder und ihre Grosseltern – intergenerationelle Beziehungen im Wandel. Zürich: Seismo-Verlag, 2006.

Höpflinger, F.: Zur Entwicklung (post-)moderner Altersbilder. Leitvorstellungen und Realität. In: Zimmermann, H.-P.; Kruse, A.; Rentsch, T.: Kulturen des Alterns. Plädoyer für ein gutes Leben bis ins hohe Alter. Frankfurt a. M.; New York: Campus, 2016, S. 287–302.

Hörl, J.: Zum Lebensstil älterer Menschen. In: Kruse, A. (Hrsg.): Psychosoziale Gerontologie. Bd. 1. Göttingen: Hogrefe, 1998, S. 65–78.

Howe, N.; Strauss, W.: The Fourth Turning. Life Course Associates, USA, 2006.

Igel, C.: Großeltern in Europa. Generationensolidarität im Wohlfahrtsstaat. Wiesbaden: VS Verlag für Sozialwissenschaften, 2012.

Innovationsreport: Frau und Auto: Babyboomer schlagen Generation @. 24.03.2006. URL: http://www.innovations-report.de/html/berichte/studien/bericht-57082.html (letzter Aufruf: 27.02.2023).

Intqua.de: After-Sales-Marketing: Definition, Anwendung und Vorteile, 2022. URL: https://www.intqua.de/after-sales-marketing/ (letzter Aufruf: 04.04.2023).

Jackson, B.: Winning and keeping industrial customers. Lexington, MA: D.C. Health and Company, 1985.

Jain, D.; Singh, S. S.: Customer lifetime value research in marketing: A review and future directions. Journal of Interactive Marketing, 16(2), 2002, S. 34–46.

Jeller, T.: Die Beziehung zwischen Großeltern und Enkelkindern. Zur Bedeutung einer transgenerationalen Wertevermittlung. Masterarbeit an der Leopold-Franzens-Universität Innsbruck, 2019.

Jeste, D. V.; Oswald, A. J.: Individual and Sociental Wisdom: Explaining the Paradox of Human Aging and Well-Being. Psychiatry Interpersonal & Biological Processes, 77(4), 2014. URL: https://pubmed.ncbi.nlm.nih.gov/25386770/ (letzter Aufruf: 21.03.2023).

Johnson, K.: Choosing the Right Program. Direct Marketing, 61, Juni 1998, S. 36–38.

Kano, N.: Upsizing the organization by attractive quality creation. In: Kanji, G. K. (Hrsg.): Total Quality Management. Proceedings of the First World Congress. Dordrecht: Springer Science+Business Media, 1995, S. 60–72.

Kano, N.; Seraku, N.; Takahashi, F. et al.: Attractive Quality and Must-Be Quality. Journal of the Japanese Society for Quality Control 14(2), 1984, S. 147–156.

Keane, T. J.; Wang, P.: Applications for the lifetime value model in modern newspaper publishing. Journal of Direct Marketing, 9(2), 1995, S. 59–66.

Keller, K. L.: Strategic Brand Management: Building, Measuring, and Managing Brand Equity. New Jersey: Prentice-Hall, 1998.

Kirchmaier, R.: Senioren: die sparsame Generation. Wirtschaftspsychologie aktuell: Zeitschrift für Personal und Management, 2. Jg., 2005, S. 53.

Kivetz, R.: The Effects of Effort and Intrinsie Motivation on Risky Choice. Marketing Science, 22(4), 2003, S. 477–502.

Kivetz, R.; Simonson, I.: Self Control for the Righteous: Toward a Theory of Pre-Commitment to Indulgence. Journal of Consumer Research, 29(2), September 2002, S. 199–217.

Kim, C.; Mauborgne, R.: Blue ocean strategy. How to create uncontested market space and make the competition irrelevant. Boston: Harvard Business School Press, 2005.

Kluyver, de C. A.; Pearce, J. A.: Strategy. A view from the top. An executive perspective. New Jersey: Prentice Hall, 2003.

Knorr, C.: Kano-Modell. In: Projektmagazin, 2017, URL: https://www.projektmagazin.de/methoden/kano-modell (letzter Aufruf: 02.02.2023).

Kotler, P.: Marketing Management. 11. Aufl., New Jersey: Prentice Hall, 2003.

Kotter, J.: A Force for Change. New York: Free Press, 1990.

Krieb, C.: 14 goldene Regeln für erfolgreiches Seniorenmarketing. In: Krieb, C.; Reidl, A. (Hrsg.): Senioren-Marketing: So erreichen Sie die Zielgruppe der Senioren, Landsberg am Lech: Verl. Moderne Industrie, 2001, S. 57–133.

Kruse, A.: Die Psyche im Alter. Was uns Biografie und Spätwerk Johann Sebastian Bachs lehren. In: Zimmermann, H.-P.; Kruse, A.; Rentsch, T.: Kulturen des Alterns. Plädoyer für ein gutes Leben bis ins hohe Alter. Frankfurt a. M.; New York: Campus, 2016, S. 335–361.

Latino, J.; Latino, R.; Latino, K.: Root Cause Analysis. CRC Press, 2002.

Lilien, G.; Rangaswamy, A.: Marketing Engineering, Computer-Assisted Marketing Analysis and Planning. 2. Aufl., New Jersey: Prentice Hall, 2003.

Maas, R.: Cyberpsychologie in der Arbeitswelt. München: Hanser Fachbuchverlag, 2021a.

Maas, R.: Neueste Generationenforschung aus ökonomischer Perspektive. Reichen die Generation X, Y, Z für die Beschreibung der Realität aus? Stuttgart: Kohlhammer, 2021b.

Macmillan, H.; Tampoe, M.: Strategic Management: Process, Content and Implementation. New York: Oxford University Press, 2001.

Mahne, K.; Wolff, J. K.; Simonson, J., Tesch-Römer, C.: Altern im Wandel: Zwei Jahrzehnte Deutscher Alterssurvey. In: Dies. (Hrsg.): Altern im Wandel. Zwei Jahrzehnte Deutscher Alterssurvey (DEAS). Wiesbaden: Springer VS, 2017, S. 11–27.

Mandour, Y.: Marketing – en strategiemodellen. 2. Aufl., Koninklijke Boom Uitgevers, 2010.

Mannheim, K.: Das Problem der Generationen. Kölner Vierteljahrshefte für Soziologie, 1927, S. 2–3.

Marn, M. V.; Rosiello, R. L.: Managing Price, Gaining Profits. Harvard Business Review, 1992, S. 84–94.

Marx, D.: Das Kano-Modell der Kundenzufriedenheit: Ein Modell zur Analyse von Kundenwünschen in der Praxis. Hamburg: Igel Verlag RWS, 2014.

Mayer, N.: »We Are The Champions« by Queen: The making of the ultimate stadium anthem. Gold, 2022. URL: https://www.goldradiouk.com/artists/queen/we-are-the-champions-queen-facts-sports-anthem/ (letzter Aufruf: 21.03.2023).

Mayer, T.: Online-Kommunikation mit Best Agern im Rahmen des Seniorenmarketings. Anforderungen und strategische Ausrichtung. Hamburg: Diplomica Verlag GmbH, 2008.

Meyer-Hentschel, H.; Meyer-Hentschel, G. (Hrsg.): Jahrbuch Seniorenmarketing 2010/2011. Strategien und Innovationen. Frankfurt a. M.: Deutscher Fachverlag, 2011.

Meyer-Hentschel Institut: Erfolgsfaktor Packaging, 2010. URL: https://meyer-hentschel.com/packaging-download-site/ (letzter Aufruf: 03.04.2023).

McCarthy, E.: Basic Marketing: A Management Approach. Homewood: R.D. Irwin, 1964.

MindTake Research: Kaufverhalten der Generation 55+ im E-Commerce in Österreich 2019. Marktmeinungmensch, 2019. URL: https://www.marktmeinungmensch.de/studien/kaufverhalten-der-generation-55-im-e-commerce-in-o/ (letzter Aufruf: 04.04.2023).

Mintzberg, H.; Ahlstrand, B.; Lampel, J.: Strategy Safari. A guided tour through the wilds of strategic management. New York: Free Press, 2005a.

Mintzberg, H.; Ahlstrand, B.; Lampel, J.: Strategy Bites Back. It is far more, and less, than you ever imagined. New Jersey: Pearson Prentice Hall, 2005b.

Mirror On The Industry: Mirror On The Industry. Teil 3, 2021. URL: https://www.4sales.com/_flysystem/s3filesystem/2022-10/MOTI%20Pt.%203 Prozent20-%20Final_0.pdf (letzter Aufruf: 30.01.2023).

Mittal, V.; Kumar, P.; Kooreman, P.; Haan, M. A.: Price Anomalies in the Used Car Market. De Economist, 154, 2006, S. 41–62.

Mittal, V.; Kumar, P.; Tsiros, M.: Attribute-Level Performance, Satisfaction, and Behavioral Intentions over Time: A Consumption-System Approach. Journal of Marketing, 63(2), 1999, S. 88–101.

Morais, D.; Kerstetter, D.; Yarnal, C.: The Love Triangle: Loyal Relationships among Providers, Customers, and Their Friends. Journal of Travel Research, 44, Mai 2006, S. 379–386.

Mühlbacher, H.; Dahring, L.; Leihs, H.: International Marketing, a global perspective. 2. Aufl., London: International Thomson Business Press, 1999.

MullenLowe Group UK: Gendered Ageism: The New Sexism in Advertising. 2022. URL: https://www.mullenlowegroupuk.com/gendered-ageism-the-new-sexism-in-advertising (letzter Aufruf: 30.01.2022).

Muniz, A.; O'Guinn, T.: Brand Community. Journal of Consumer Research, 27(4), 2001, S. 412–432.

Muto, S.: Seeing a Boost. Hospitals Turn to Retail Stores. Wall Street Journal 7, November 2001.

Nasi, J.: Arenas of strategic thinking. Helsinki: Foundation for Economic Education, 1991.

Neumann, L.: Hat die Einzelhandelsimmobilie in der Innenstadt noch eine Zukunft? FCH Consult. 19.11.2020. URL: https://www.fch-gruppe.de/Beitrag.aspx?ID=13981#_ftn2 (letzter Aufruf: 21.03.2023).

Oerter, R.: Großeltern zwischen Tradition und Innovation. In: Klosinski, G.: Großeltern heute – Hilfe oder Hemmnis? Analysen und Perspektiven für die pädagogisch-psychologische Praxis. Tübingen: Attempto Verlag, 2008, S. 13–32.

Osterwalder, A.: The Business Model Ontology. A Proposition in a Design Science Approach. Universite de Lausanne, Ecole des Hautes Etudes Commerciales, These, 2004.

Parasuraman, A.; Zeithaml, V. A.; Berry, L. L.: A Conceptual Model of Service Quality and Its Implications for Future Research. Journal of International Marketing, 49(4), 1985, S. 41–50.

Pencun, M. T.: Generation 50plus im Internet. Grundlagen – Analyse – Perspektiven. Berlin: VDM Verlag Dr. Müller, 2005.

Peng, M.: Global Strategy. International Student Edition. Mason: Thomson South-West, 2006.

Peters, T. J.; Watermann, R. H.: In Search of Excellence. Lessons from America's Best Run Companies. Haper Collins Publishers Inc., 1982.

Podium (o. J.): State of Online Reviews. URL: https://www.podium.com/resources/podium-state-of-online-reviews/ (letzter Aufruf: 28.02.2023).

Porter, M.: Competitive Advantage: Creating and Sustaining Superior Performance. New York: The Free Press, 1985.

Porter, M.: Competitive Strategy: Techniques for Analyzing Industries and Competitors. New York: The Free Press, 1980.

Porter, M.: On Competition. A Harvard Business Review Book, 1998.

Porter, M. E.: Creating Tomorrow's Advantages. In: Hahn, D.; Taylor, B. (Hrsg.): Strategische Unternehmensplanung – Strategische Unternehmensführung. Stand und Entwicklungstendenzen. 9. Aufl., Wiesbaden: Springer, 2006, S. 267–274.

Pyndick, R. S.; Rubinfeld, D. L.: Microeconomics. 5. Aufl., New York: Prentice Hall, 2001.

Reichheld, F. F.; Sasser W. E.: Zero defections: quality comes to services. In: Lewis, M. A.; Slack, N. (Hrsg.): Operations Management. Critical Perspectives on Business and Management, 2, London; New York: Routledge, 1990, S. 289–299.

Reichheld, F.; Sasser, W.: Zero-Migration: Im Sog der Qualitätsrevolution. In: Bruhn, M.; Homburg, C. (Hrsg.): Handbuch Kundenbindungsmanagement. Wiesbaden, 2003, S. 147–161.

Reichheld, F. F.; Schefter, P.: E-Loyalty: Your Secret Weapon on the Web, Harvard Business Review, 78(4), Juli-August 2000. URL: https://www.researchgate.net/publication/238739618_E-Loyalty_Your_Secret_Weapon_on_the_Web#:~:text=In%20the%20July-August%202000 Prozent20issue%20of%20the%20Harvard,the%20trust%20of%20customers%20 Prozent28Reichheld%20and%20Schefter%2C%202000 %29 (letzter Aufruf: 28.02.2023).

Reichheld, F. F.: The One Number You Need to Grow. Havard Business Review, 2003.

Reinartz, W. J.; Kumar, V.: On the Profitability of Long-Life Customers in a Noncontractual Setting: An Empirical Investigation and Implications for Marketing. Journal of Marketing, 64(4), 2000, S. 17–35.

Rooney, J. J.; Vanden Heuvel, L. N. V.: Quality Basics. Root Cause Analysis for beginners. Quality Progress, 37(7), Juli 2004, S. 45–56.

Ropohl, G.: Allgemeine Technologie – Eine Systemtheorie der Technik. 3. Aufl., Karlsruhe: Universitätsverlag Karlsruhe, 2009.

Rossow, J.; Koll-Stobbe, A.: Diskursive Konstruktionen und Reflektionen von Altersbildern – Ein Blick auf Sprache und Interaktionsnormen. Journal für Psychologie, 23(1), 2015, S. 31–54.

Rowe, A. J.; Mason, R. O.; Dickel, K. E.: Strategic Management and Business Policy: A Methodological Approach. The Academy of Management, 8(1), 1982, S. 167–169.

Rowley, J. (2005): The four Cs of customer loyalty. Marketing Intelligence & Planning, 23(6), 2005, S. 574–581.

Rud, O.: CRM special report: Model CRM. Target Marketing, 25(6), Juni 2002, S. 64.

Rust, R. T.; Zeithaml, V. A.; Lemon, K.: Driving Customer Equity. How customer lifetime value is reshaping corporate strategy. New York: The Free Press, 2000.

Rust, R. T.; Lemon, K. N.; Zeithaml, V. A.: Return on Marketing: Using Customer Equity to Focus Marketing Strategy. Journal of Marketing, 68(1), 2004, S. 109–127.

Sattler, H.: Corporate Brand Equity. In: Albach, H. (Hrsg.): Konzernmanagement. Corporate Governance und Kapitalmarkt, Wiesbaden: Gabler, 2001, S. 235–249.

Schütte, V.: 50-plus in der Werbung. Wie die Best Agers ins Bild gesetzt werden. Saarbrücken: VDM, 2006.

Senf, Y. (2008): Best Ager als Best Targets? Betrachtung der Zielgruppe 50plus für das Marketing. Hamburg: Diplomica Verlag GmbH.

Sharp, B.; Sharp, A.: Loyalty Programs and Their Impact on Repeat-Purchase Loyalty Patterns. International Journal of Research in Marketing, 14, 1997, S. 473–486.

Shay, J.; Rothaermel, F.: Dynamic Competitive Strategy: Towards a Multi-perspective Conceptual Framework. Long Range Planning, 32(6), 1999, S. 559–572.

Simon-Kucher & Partners: Trend Radar Studie 2019: Die neue Macht der Kunden – warum Konsumenten Produktbewertungen lieben. 2019.

Sontag, S.: The Double Standard of Aging. The Saturday Review, 23.09.1972, S. 29–38.

Spuling, S. M.; Wettstein, M.; Tesch-Römer, C.: Altersdiskriminierung und Altersbilder in der Corona-Krise, 2020. URL: https://www.dza.de/fileadmin/dza/Dokumente/Fact_Sheets/Fact_Sheet_Corona2_Altersbilder.pdf (letzter Aufruf: 19.12.2022).

Statista: Umfrage zur Häufigkeit des Kommunizierens über Soziale Medien bei Personen ab 60 Jahren in Deutschland in den Jahren 2019 und 2020. 2020, URL: https://de.statista.com/statistik/daten/studie/1101100/umfrage/nutzungshaeufigkeit-von-sozialen-medien-bei-senioren/ (letzter Aufruf: 23.03.2023).

Statista: Altersstruktur der Bevölkerung in Deutschland zum 31. Dezember 2021. 2021, URL: https://de.statista.com/statistik/daten/studie/1351/umfrage/altersstruktur-der-bevoelkerung-deutschlands/ (letzter Aufruf: 26.02.2023).

Statista: Inwieweit nutzen Sie Apps von Einzelhandelsunternehmen, Baumärkten, Einrichtungshäusern, Supermärkten etc., um sich über Angebote oder Rabattaktionen zu informieren? 2022. URL: https://de.statista.com/statistik/daten/studie/1325067/umfrage/nutzung-von-apps-von-einzelhandelsunternehmen-nach-altersgruppen-in-deutschland/ (letzter Aufruf: 03.04.2023).

Statista: Anteil der befragten Internetnutzer, die Facebook nutzen, nach Altersgruppen in Deutschland in den Jahren 2012 bis 2021/22. 2023, URL: https://de.statista.com/statistik/daten/studie/691569/umfrage/anteil-der-nutzer-von-facebook-nach-alter-in-deutschland/ (letzter Aufruf: 27.02.2023).

Statistisches Bundesamt (Destatis) (Hrsg.): Wirtschaftsrechnungen. Statistik zu Einkommen und Lebensbedingungen (Mikrozensus-Unterstichprobe zu Einkommen und Lebensbedingungen). Fachserie 15, Reihe 3, 2022.

Steinwehr, U.: Die Deutschen und das Glück. Deutsche Welle, 20.03.2019. URL: https://www.dw.com/de/die-deutschen-und-das-gl%C3 %BCck/a-47968287 (letzter Aufruf: 21.03.2023).

Süddeutsche Zeitung: Ein Anruf bei … Darren Ehlert. Interview von Elisa Britzelmeier. 18.02.2023. URL: https://www.sueddeutsche.de/leben/ein-anruf-bei-darren-ehlert-1.5752793 (letzter Aufruf: 21.03.2023).

Temple Rocks, P.: Ageism In Marketing Is Not Only Harmful; It's Bad For Business, 2020. URL: https://www.forbes.com/sites/forbescommunicationscouncil/2020/01/03/ageism-in-marketing-is-not-only-harmful-its-bad-for-business/?sh=7deb0e5b745b (letzter Aufruf: 26.01.2023).

Tsiros, M.: Attribute-Level Performance, Satisfaction and Behavioral Intentions Over Time: A Consumption System Approach. Journal of Marketing, 63(2), 1999, S. 88–101.

Verhoef, P.; Langerak, F.; Donkers, B.: Understanding Brand and Dealer Retention in the New Car Market: The Moderating Role of Brand Type. ERIM Report Series Research in Management, ERS-2004-084-MKT, Rotterdam, 2004.

Wehner, L.; Hödl, S.: Empathisch-lösungsorientierte Kommunikation. In: Wehner, L. (Hrsg.): Dicke Luft – Konfliktmanagement in Gesundheitsberufen. Berlin, Heidelberg: Springer, 2012, S. 67–89.

Wentzel, D.; Tomczak, T.; Schoegel, M.: Communities – Chancen und Gefahren für die marktorientierte Unternehmensführung. IMH-HSG, St.Gallen, Thesis 3, 2005.

Weser, A.: Das Marktpotenzial der Generation 50plus in Deutschland als Anforderung an die zukünftige Kommunikationspolitik. Wie reagieren Werbung und Medien? Hamburg: Bauer Media Akademie (Diplomarbeit), 2007.

Wichert, S.: Alt sein mag akzeptiert sein, alt aussehen dagegen ist so unerwünscht wie noch nie. Über weibliche Stars und ihren Kampf gegen die Zeit. In: Neue Zürcher Zeitung, 08.09.2022. URL: https://www.nzz.ch/feuilleton/linda-evangelista-madonna-paltrow-wie-weibliche-stars-altern-ld.1701547?mktcid=smch&mktcval=twpost_2022-09-08 (letzter Aufruf: 04.04.2023).

Witell, L.; Dahlgaard, J. J., Löfgren, M.: Theory of attractive quality and the Kano methodology – the past, the present, and the future. Total Quality Management and Business Excellence, 2013. URL: https://www.researchgate.net/publication/262868045_Theory_of_attractive_quality_and_the_Kano_methodology_-_the_past_the_present_and_the_future (letzter Aufruf: 06.02.2023).

Wurm, S.: Lebensalter, drittes und viertes. In: Dorsch – Lexikon der Psychologie, 2019. URL: https://dorsch.hogrefe.com/stichwort/lebensalter-drittes-und-viertes (letzter Aufruf: 19.01.2022).

Zeithaml, V. A.; Parasuraman, A; Berry, L. L.: Delivering Quality Service: Balancing Customer Perceptions and Expectations. New York: The Free Press, 1990.

Stichwortverzeichnis

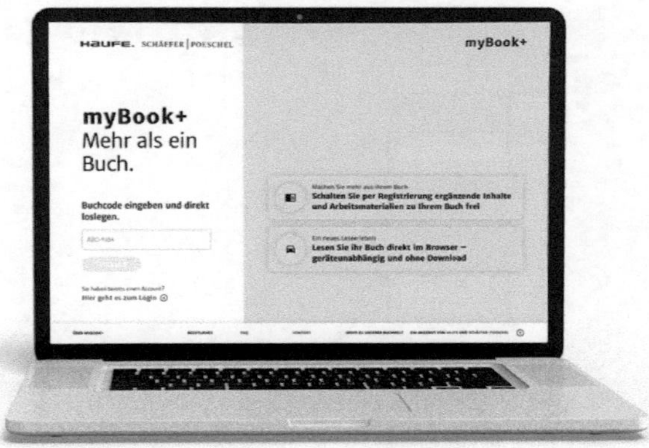

Ihre Online-Inhalte zum Buch: Exklusiv für Buchkäuferinnen und Buchkäufer!

▶ **https://mybookplus.de**

▶ Buchcode: DPH-35793